Erfolgreich in die Führungsposition

Reiner Bröckermann

Erfolgreich in die Führungsposition

Die wichtigen Kompetenzen für Führungskräfte

1. Auflage

Schäffer-Poeschel Verlag Stuttgart

Bibliografische Information der Deutschen Nationalbibliothek

Die Deutsche Nationalbibliothek verzeichnet diese Publikation in der Deutschen Nationalbibliografie; detaillierte bibliografische Daten sind im Internet über http://dnb.dnb.de/ abrufbar.

Print: ISBN 978-3-7910-5526-8 Bestell-Nr. 10837-0001
ePub: ISBN 978-3-7910-5527-5 Bestell-Nr. 10837-0100
ePDF: ISBN 978-3-7910-5528-2 Bestell-Nr. 10837-0150

Reiner Bröckermann
Erfolgreich in die Führungsposition
1. Auflage, Juli 2022

www.schaeffer-poeschel.de
service@schaeffer-poeschel.de

Bildnachweis (Cover): © Mangostar, Adobe Stock

Produktmanagement: Dr. Frank Baumgärtner
Lektorat: Heike Münzenmaier

Schäffer-Poeschel Verlag Stuttgart
Ein Unternehmen der Haufe Group SE

Für meinen Vater, Friedrich Bröckermann

Vorwort

Dieses Buch ermöglicht allen, die erstmals als Führungskraft tätig werden, eine fundierte Vorbereitung auf ihre Führungsaufgabe. Aber auch wer bereits Führungsverantwortung übernommen hat, wird Anregungen zur Optimierung finden.

Als neue Führungskraft macht man sich unweigerlich viele Gedanken darüber, wie man vorgehen muss, selbst wenn Führung schon Gegenstand einer Aus-, Fort- oder Weiterbildung gewesen sein sollte. Im Folgenden sollen die Gedanken gebündelt und etwaige Kenntnisse vertieft werden.

Um rein intuitives Handeln zu vermeiden, muss es gelingen, sich durch zu hohe Erwartungen an sich selbst nicht zu sehr unter Druck zu setzen und immer wieder in Fettnäpfchen zu tappen. All das würde den Erfolg in der neuen Position gefährden.

Von der Vielzahl anderer Veröffentlichungen hebt sich die hier vorliegende durch ihren speziellen Praxisbezug ab.

- Die wissenschaftlichen Werke schweigen sich weitgehend über die Umsetzung aus. Das ist bedauerlich, weil die Führungswissenschaft viele praktikable Ansätze bietet. Diese Ansätze werden im Folgenden so aufgegriffen, dass man sich nicht in theoretischen Details verliert.
- Die Abhandlungen namhafter Führungskräfte und Ratgeber lassen die theoretischen Hintergründe vermissen, ohne die eine Übertragung in eigenes Handeln nicht möglich ist. So gehen die gut gemeinten Ratschläge oft ins Leere. Deshalb werden im weiteren Verlauf Theorie und Praxis zusammengeführt.

Auf den folgenden Seiten wird aufgezeigt, wie erfolgreiche Führung funktioniert. Dabei geht es nicht nur um das unentbehrliche Know-how. Die Leserschaft soll darüber hinaus lernen, eigenständig auch in schwierigen Situationen zu überzeugen und konsequent zu führen.

Vor allem aber soll das Buch Lust darauf machen, Führungsverantwortung zu übernehmen.

Im Text werden viele geschlechtsneutrale Begriffe verwendet, selten auch Begriffe in der männlichen Form, Letztere aber ausschließlich aus Gründen der besseren Lesbarkeit.

Dem professionellen, verlässlichen Team des Schäffer-Poeschel Verlags, vor allem Herrn Dr. Frank Baumgärtner und Frau Heike Münzenmaier, sei für die jederzeit erstklassige Unterstützung gedankt.

Prof. Dr. Reiner Bröckermann

Wuppertal, im Frühjahr 2022

Inhaltsverzeichnis

1 Führungsperspektiven

1.1 Führungskraft und Führungsaufgabe: Im Fokus

Was ist **Führung** überhaupt? Sobald sich zwei oder mehr Menschen in einer Gruppe organisieren, um die anfallenden Tätigkeiten aufzuteilen und zu erledigen, um, mit anderen Worten, arbeitsteilig tätig zu werden, müssen sie sich miteinander fachlich und personell abstimmen.

Bei der fachlichen Abstimmung, auch fachliche Führung, Geschäfts- oder **Unternehmensführung** genannt, geht es um Gegenstände, Prozesse und Strukturen im erlernten Beruf (Wegge 2004, S. 98).

Bei der personellen Abstimmung, der **Personalführung**, stehen ausschließlich die für das Unternehmen tätigen Menschen im Fokus. Weil das so ist, setzen sich alle Einzeldisziplinen der Wissenschaft, die den Menschen im Blick haben, mit diesem Phänomen auseinander: die Soziologie, die Psychologie, die Sozialpsychologie und viele andere mehr. Eine umfassende und allgemein akzeptierte Führungstheorie ist jedoch bislang ebenso wenig zustande gekommen wie eine alle Aspekte und Situationen umgreifende Definition. Den meisten Definitionen ist aber das Element der Beeinflussung gemeinsam: Andere werden beeinflusst, etwas zu tun oder zu unterlassen, um die gemeinsame Arbeit zu bewältigen.

Laut einer repräsentativen Erhebung für das Deutsche Institut für Wirtschaftsforschung mit mehr als 27.000 Befragten waren in Deutschland hochgerechnet insgesamt knapp über 4,9 Millionen Führungskräfte in der Privatwirtschaft tätig, darunter 30 Prozent Frauen (Holst/Friedrich 2017, S. 3).

ÜBUNGSAUFGABE

Claire Valentin ist Assistentin der Geschäftsführerin Sabrina Gassner. Claire gibt Sabrinas Weisungen an die Hauptabteilungsleiterinnen und -leiter weiter. Warum ist Claire eine Führungskraft bzw. warum ist sie es nicht?

Eine **Führungskraft** ist eine Person, deren Aufgabe die besagte Personalführung ist. Andere Bezeichnungen für eine solche Person sind Managerin bzw. Manager, Head of ..., Vorgesetzte bzw. Vorgesetzter, Abteilungsleiterin bzw. Abteilungsleiter, Sachgebietsleiterin bzw. Sachgebietsleiter, Betriebsleiterin bzw. Betriebsleiter, Teamleiterin bzw. Teamleiter, Meisterin bzw. Meister, Vorarbeiterin bzw. Vorarbeiter und viele andere mehr. Manche machen hier einen vermeintlichen Unterschied zwischen Leiterin bzw. Leiter und Führungskraft aus. Bei genauerem Hinsehen ist das jedoch Wortklauberei.

Und wie beeinflusst man als Führungskraft andere, das heißt, was ist die **Führungsaufgabe**?

- Personalführung beruht darauf, dass alle Betroffenen aufrichtig miteinander kommunizieren. **Kommunikation** ist demnach die Basis der Personalführung.
- Darüber hinaus ist Personalführung eine Beeinflussung, die nur fruchten kann, wenn die Beteiligten in der Lage sind, **motiviert** zu Werke zu gehen.

Ohne eine versierte Kommunikation und ohne eine belastbare Motivation kann Personalführung nicht fruchten. Diese beiden Elemente sind quasi die Klammer um alle anderen (Abb. 1.1):

- Zur Aufgabe der Personalführung zählen die **Zielvereinbarungen** mit den Mitarbeiterinnen und Mitarbeitern.
- Wenn Sie Personal führen, müssen Sie **planen**, mit wie vielen und welchen Mitarbeiterinnen und Mitarbeitern Sie wo und wann die gesetzten Ziele erreichen können.
- Personal zu führen heißt auch, von den Mitarbeiterinnen und Mitarbeitern etwas zu fordern, Aufgaben, Befugnisse und Verantwortung zu **delegieren**.
- Das macht freilich nur Sinn, wenn Sie die Mitarbeiterinnen und Mitarbeiter so **fördern**, dass sie den anstehenden Problemen gewachsen sind.
- Um Pläne und Ziele gemeinsam mit anderen Menschen umzusetzen, ist es wichtig, dass alle gut **zusammenarbeiten**.
- Es ist ebenfalls wichtig, zu **beurteilen**, ob und wie die Mitarbeiterinnen und Mitarbeiter ihre Aufträge erledigt haben.
- Schließlich müssen Führungskräfte sich **selbst managen**. Sie müssen verstehen, wie sie auf andere einwirken, wie sie wahrgenommen werden und wie man den Überblick wahrt.

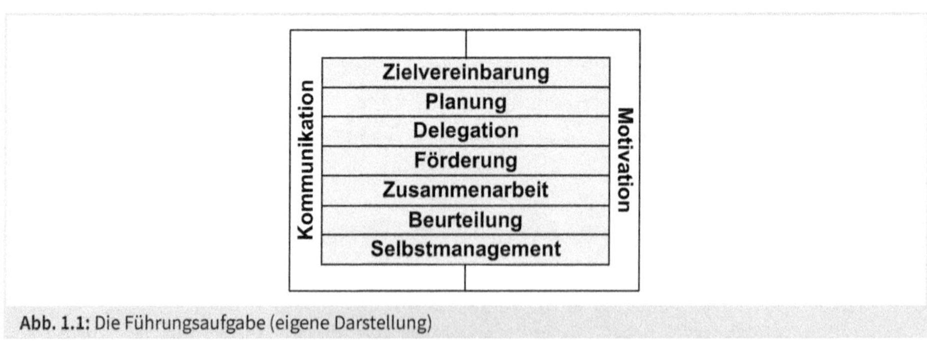

Abb. 1.1: Die Führungsaufgabe (eigene Darstellung)

Damit wurden die wichtigsten Tätigkeiten der Personalführung beschrieben. Die Elemente der Führungsaufgabe spiegeln sich in der Gliederung dieses Buchs wider.

1.2 Führungspersönlichkeit und Führungseigenschaften: Kommt es darauf an?

Wenn es bei Personalführung darum geht, andere zu beeinflussen, dann, so scheint es, kommt es vorrangig auf die Führungskräfte an. So schreibt nahezu jedes Unternehmen, jede Organisation, ja sogar nahezu jeder Staat Erfolge oder Misserfolge vor allem den jeweiligen Führungskräften zu. Deshalb machen sich Unternehmen, Verwaltungen und gesellschaftliche Institutionen auf die Suche nach Personen, die mit hoher Wahrscheinlichkeit eine erfolgreiche Führungskraft sind oder noch werden können.

Sie sind oder werden erfolgreich, weil, so die naheliegende Überlegung, der Führungserfolg durch persönliche Merkmale, durch Talente oder Eigenschaften eben dieser Führungskräfte bestimmt ist. Deshalb komme es bei personellen Entscheidungen darauf an, Führungspositionen mit **Führungspersönlichkeiten** zu besetzen.

Dieser Ansatz folgt den Pfaden der Eigenschaftstheorien der Führung, deren Spuren in diversen Varianten vom Altertum bis zum heutigen Tage nachvollziehbar sind. Ihre Ausgangshypothese lautet, dass sich Führungskräfte von anderen Menschen grundsätzlich unterscheiden. In den im Detail recht unterschiedlichen Eigenschaftstheorien wird übereinstimmend der Standpunkt vertreten, Führungskräfte zeichneten sich durch besonders herausragende **Führungseigenschaften** aus, die allerdings ungenau beschrieben werden. Jedenfalls sollen sich diese Eigenschaften in einem einzigen Charakterzug, der Führungspersönlichkeit, verdichten. Jede Person, der dieser Charakterzug zu eigen ist, soll unabwendbar eine Führungsaufgabe übernehmen und Erfolg dabei haben. Bis heute sind Unmengen derartiger Eigenschaften in wissenschaftliche Analysen einbezogen worden. Die Ergebnisse waren freilich kläglich: Menschen mit einer bestimmten Persönlichkeitsstruktur sind im einen Fall zum Führen geeignet, im anderen nicht (Stogdill 1972, S. 86 ff., 1974, S. 1 ff.).

ÜBUNGSAUFGABE

Vielleicht sind Sie Fan einer Mannschaftssportart wie Fußball oder Handball. Wie kommt es, dass manche »Führungspersönlichkeit« einer Vereinsmannschaft, wenn sie in die Nationalmannschaft berufen wird, keinen Erfolg dabei hat, auch dort die Führung zu übernehmen.

Etwa seit der Jahrtausendwende hat das Interesse an der Persönlichkeit bzw. den Eigenschaften als Erklärungsansatz trotzdem wieder zugenommen. Neuere Forschungsmethoden brachten überraschende Erkenntnisse über die »**Big Five**«, die Eigenschaften Gewissenhaftigkeit, Empfänglichkeit für äußere Einflüsse (Extraversion), Verträglichkeit, emotionale Stabilität (Gegenpol des Neurotizismus) und Offenheit zutage. Insgesamt zeigen die Befunde interessanterweise, dass diese Eigenschaften sowohl bei der Frage, ob jemand eine Führungsaufgabe übernehmen wird, als auch bei der Vorhersage des Führungserfolgs eine mäßige, aber doch messbare Rolle spielen. Die Wahrscheinlichkeit, dass beispielsweise extrovertierte Menschen, denen es leichter fällt, Kontakt aufzubauen, mit anderen zu kommunizieren und sie zu überzeugen, Führungskräfte werden und als solche auch erfolgreich sind, ist damit ein wenig größer als für Personen, die sich eher zurückhalten (Felfe 2009, S. 24 ff.).

Was kann man daraus schließen? Es ist ja nicht überraschend, dass gewissenhafte, emotional stabile, für andere offene Menschen eher eine Stelle bekommen, auch eine Führungsposition. Angesichts der Tatsache, dass unter anderem die Kommunikation, Planung und Zusammenarbeit zur Führungsaufgabe zählen, ist es genauso wenig überraschend, wenn so veranlagte Führungskräfte, vornehmlich zu Beginn, etwas besser mit der Personalführung zurechtkommen als andere. Die Persönlichkeit eines Menschen ist also nicht völlig belanglos für seine beruflichen Aufgaben, auch nicht für die Führungsaufgabe. Lediglich ist der Denkansatz, dass erfolgreiche Personalführung einzig und allein auf die Eigenschaften bzw. Talente der jeweiligen Führungskraft zurückzuführen ist, abwegig. Jeder Mensch hat Talente, und manche Talente begünstigen die Lösung spezieller Probleme, vor allem im Falle mangelnder Erfahrung mit solchen Problemen. Es gibt aber nicht das eine, wissenschaftlich unumstrittene, markante Führungstalent, und **erfolgreiche Führung kann gelernt werden** (Blessin/Wick 2017, S. 50 ff.).

Und schließlich ist **erfolgreiche oder misslungene Führung nicht nur den Führungskräften geschuldet**. Da ist einmal das Umfeld, beispielsweise die gesamtwirtschaftliche Situation, das einen gehörigen Einfluss ausübt. Und es sind nicht nur die Führungskräfte, die in ihrem Zuständigkeitsbereich Einfluss auf die Mitarbeiterinnen und Mitarbeiter ausüben. Es kommt auch auf diese Mitarbeiterinnen und Mitarbeiter an, die ihre Führungskräfte gleichfalls beeinflussen, die sich – nicht immer erwartungsgemäß – verhalten und Verhalten provozieren. Folglich gilt etwa der Trainer eines abgeschlagenen Fußballvereins nicht als ein für alle Mal gescheitert, selbst dann nicht, wenn er entlassen wird. Manche, die dieses Schicksal teilen, finden danach anspruchsvolle Positionen in anderen Vereinen, mit denen sie Erfolg haben.

1.3 Führungsqualifikation und Führungskompetenz: Darauf kommt es an

Wenn Menschen lernen können, erfolgreich zu führen, stellt sich die Frage, was sie dafür lernen sollen, mit anderen Worten: Welche Qualifikation sie erwerben sollen.

Die Fertigkeiten, über die ein Mensch als Voraussetzung für die Ausübung einer beruflichen Tätigkeit verfügt oder verfügen muss, bezeichnet man zusammengefasst als Qualifikation. **Führungsqualifikation** ist folglich das Know-how, das ein Mensch als Voraussetzung für die Bewältigung der Führungsaufgabe haben muss. Eine Führungskraft muss also in der Lage sein, versiert zu kommunizieren, sie muss dafür sorgen können, dass alle Beteiligten motiviert zu Werke gehen, Ziele vereinbaren sowie planen, delegieren, fördern, kooperieren, beurteilen und schließlich ein gutes Selbstmanagement betreiben können (Abb. 1.2, Bröckermann 2021a, S. 40).

Ein Mensch, der gerade die Fahrerlaubnis erworben hat, konnte, zuletzt bei der Prüfung, unter Beweis stellen, dass er wenigstens im Beisein der Fahrlehrerin bzw. des Fahrlehrers das notwendige Know-how für das Autofahren hat. Auf sich allein gestellt, ist dieser Mensch aber vielleicht nicht oder nicht immer in der Lage, ein Auto kompetent in einer schwierigen Situation zu beherrschen. Das beweisen jedenfalls die Unfallzahlen von Fahranfängern.

Es kommt mithin durchaus vor, dass ein Mensch zwar die notwendige Qualifikation vorweisen kann, es ihm aber an der Kompetenz mangelt. Der Begriff Kompetenz umschreibt die Fertigkeiten, die einen Menschen in die Lage versetzen, sich eigenständig zurechtzufinden, das heißt, sich selbst zu organisieren. Erfolgreiche Personalführung erfordert demnach neben der Führungsqualifikation auch Führungskompetenz. Mit **Führungskompetenz** ist somit das Rüstzeug gemeint, das eine Führungskraft befähigt, sich bei der Bewältigung der Führungsaufgabe eigenständig, also ohne äußeren Anstoß und ohne Hilfe von Dritten zurechtzufinden. Ergo muss man als Führungskraft kommunikativ und motivierend die Zielvereinbarung, Planung, Delegation, Förderung, Zusammenarbeit und Beurteilung in eigener Regie bewältigen und sein Selbstmanagement eigenständig in den Griff bekommen (Abb. 1.2, Heyse/Erpenbeck 2009, S. XI ff.).

ÜBUNGSAUFGABE

In den mehr oder weniger bekannten Katastrophenfilmen übernimmt oft eine Person die Führung. Welche Verhaltensmuster zeigen derartige Retterinnen bzw. Retter?

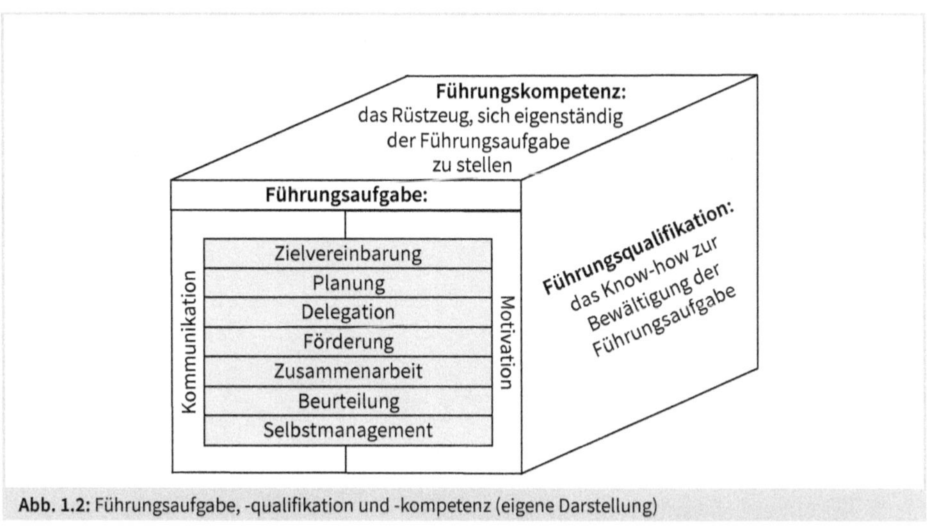

Abb. 1.2: Führungsaufgabe, -qualifikation und -kompetenz (eigene Darstellung)

In der Meisterausbildung, in einigen Studiengängen, vielen Seminaren und in den folgenden Kapiteln dieses Buchs, das ist jedenfalls die Absicht des Autors, wird die besagte Führungsqualifikation vermittelt und es werden Anstöße gegeben, diese Qualifikation durch Übung und Erfahrung zur Führungskompetenz auszubauen.

2 Kommunikation

2.1 Management by Information: Grundlagen erfolgreicher Kommunikation

Im Unterschied zur privaten Kommunikation können Beschäftigte es sich nicht aussuchen, mit wem sie sich verständigen. Sie müssen selbst Menschen, die ihnen gleichgültig oder gar unangenehm sind, als Kommunikationspartner akzeptieren, wenn es sich beispielsweise um Führungskräfte, Mitarbeiterinnen bzw. Mitarbeiter oder den Kollegenkreis handelt.

Kommunikation ist folglich eine Hauptaufgabe für jede Führungskraft und überhaupt für jede Mitarbeiterin und jeden Mitarbeiter. Durch Kommunikation gibt und gewinnt man Informationen. Rechtzeitige, umfassende Informationen verringern nicht nur die Gefahr von Fehlentscheidungen, sie stärken darüber hinaus das Zusammengehörigkeitsgefühl, führen zu einer Identifikation mit der Arbeit und fördern die Arbeitsmoral. Sowohl die Führungskräfte als auch die Mitarbeiterinnen und Mitarbeiter können sich nur dann voll für die Arbeit und den Arbeitgeber einsetzen, wenn sie ausreichend über das Warum und Wofür informiert sind und auch die Möglichkeit haben, gehört zu werden. Wo das erkannt wird, spricht man vom **Management by Information** (Regnet 2014, S. 218 ff.).

Als **Kommunikation** bezeichnet man den Prozess, durch den Informationen von einem Sender zu einem Empfänger über ein Medium, einen Kanal, übermittelt werden (Faßler 1997, S. 50).

- Dabei versteht man unter einer **Information** eine Nachricht, die von einem Sender an einen oder mehrere Empfänger übermittelt wird. Die Information ist folglich eine von einer Seite ausgehende und auf eine Seite beschränkte Übermittlung von Nachrichten.
- Von **wechselseitiger** Kommunikation spricht man, wenn alle Kommunikationspartner zugleich Sender und Empfänger sind, und
- von **sozialer** Kommunikation, wenn Sender und Empfänger Menschen sind.
- **Informelle** Kommunikation ist an keine Regelung gebunden. Sie soll einer eventuellen sozialen Isolation entgegenwirken. Die informelle Kommunikation ist aber auch als Gerüchteküche ein Lückenbüßer für Mankos der formellen Kommunikation. Deshalb ist die Abgrenzung zur formellen Kommunikation zumeist kaum möglich.
- **Formelle** Kommunikation dient dem Informations- und Gedankenaustausch hinsichtlich der Erledigung der Arbeit. Sie ist an Regelungen gebunden, die jedoch nicht immer verbindlich festgelegt sind. Meist bedient man sich institutionalisierter Informationswege. Das sind vor allem das Intranet, die Werkzeitschrift, der Geschäftsbericht, Rundschreiben und Anschläge am Schwarzen Brett. Diese Informationswege eignen sich für Informationen über alle Unternehmensaktivitäten und -planungen. Viele Unternehmen pflegen ihre institutionalisierten Informationswege mit eigens dafür eingestellten Experten vorbildlich. Aber die Führungskraft sollte hier Initiative zeigen, denn es wird von ihr verlangt, dass sie Ziele, Pläne und Maßnahmen kompetent umsetzt.

- Eine Führungskraft muss arbeitsbezogene Informationen übermitteln. Das geschieht primär in Gesprächen und Besprechungen. Diese direkte Kommunikation von Angesicht zu Angesicht, die **Face-to-Face**-Kommunikation in Gesprächen und Besprechungen, spielt im Rahmen der Personalführung eine herausragende Rolle. Auf sie wird deshalb im Folgenden genauer eingegangen.
- Die **indirekte** Kommunikation ist dadurch gekennzeichnet, dass hier nicht alle fünf Sinne des Menschen angesprochen werden, wie das beispielsweise mit Schriftstücken und Telefonaten der Fall ist. Freilich bieten die modernen Kommunikationsmedien vielfältige Variationen. So kann man ein Videotelefonat vielleicht eben noch zur Face-to-Face-Kommunikation zählen, obwohl man sich dabei nicht berühren und riechen kann, einen Audiochat und einen Tweet aber sicherlich nicht. Die indirekte Kommunikation muss die Kommunikation von Angesicht zu Angesicht immer öfter ersetzen, etwa wenn im Homeoffice gearbeitet wird.

Egal ob in einer direkten oder indirekten, formellen oder informellen Kommunikation, bevor man Informationen weitergibt, muss man sich fragen, **wen** man informieren muss und **in welchem Umfang** (Femppel/Zander 2008, S. 48 ff.).

- Heutzutage ist es nicht schwierig, sich Informationen zu beschaffen, sondern aus der **Informationsflut**, die das Internet bietet, die richtigen Informationen auszuwählen. Von Interesse sind im Führungskontext generell nur die Tatsachen und Ereignisse, die für die Mitarbeiterinnen und Mitarbeiter einen Neuigkeitswert haben, aber nicht alle. Interessant ist einerseits alles, was in unmittelbarem Zusammenhang mit der Arbeit steht und für eine ordnungsgemäße Erledigung unumgänglich ist. Andererseits interessieren auch Vorgänge, die sich auf das gesamte Unternehmen beziehen, beispielsweise die geplante Übernahme eines Konkurrenzunternehmens.
- Wenn die Unternehmensleitung auf **Geheimhaltung** besteht, wird gar nicht oder nur sparsam informiert. Das kann viele Gründe haben. Man will etwa vermeiden, dass die Presse alarmiert wird bzw. Aktionäre verunsichert reagieren, oder man will möglichst viel in kleinen Zirkeln entscheiden. Als Führungskraft sollte man für möglichst große Offenheit plädieren. Wenn die Unternehmensleitung trotzdem auf Geheimhaltung besteht oder bestehen muss, steht es außer Frage, sich daran zu halten. Bohrende Fragen der Mitarbeiterinnen und Mitarbeiter und eine Missstimmung kann die Führungskraft natürlich nicht ignorieren. Sie sollte die Gegenfrage stellen, worüber die Belegschaft sich konkret Sorgen macht. Auf diese Weise kann man zumindest grundlose Befürchtungen zerstreuen. Schließlich kann die Führungskraft den Mitarbeiterinnen und Mitarbeitern versichern, dass sie umgehend informiert werden, sobald das möglich ist, und jemand sich auch schon im Vorfeld für sie einsetzt.

ÜBUNGSAUFGABE

Wenn wir Menschen in einer Notlage antreffen, müssen wir unter Umständen die Polizei, die Feuerwehr oder einen Rettungsdienst informieren. Es gibt Empfehlungen dafür, was wir sagen sollen. Wie lauten sie und warum lauten sie so?

Wer Informationen gibt, will damit Ergebnisse erzielen. Das kann man nur, wenn die Informationen **gut aufbereitet** sind und gut aufbereitet sind sie, wenn man sich an den Empfehlungen aus Abb. 2.1 orientiert (Oppermann-Weber 2008, S. 27 f.).

Rechtzeitig und regelmäßig	Informationen müssen so terminiert sein, dass sie für die Arbeit berücksichtigt werden können.
Wahr	Die Mitarbeiterinnen und Mitarbeiter müssen sich darauf verlassen können, dass die gegebenen Informationen stimmig sind. Manipulationen durch Weglassen, Verschweigen, Verfälschen oder Hinzufügen versprechen vielleicht kurzfristig Vorteile, führen aber längerfristig zum Vertrauensverlust.
Vollständig	Die Mitarbeiterinnen und Mitarbeiter müssen alle notwendigen Informationen erhalten, sonst können sie die Zusammenhänge nicht verstehen, keine fundierte Arbeit leisten und keine Prioritäten setzen; andernfalls wächst das Misstrauen gegenüber Führungskräften und dem Kollegenkreis.
Gegliedert	Man muss Informationen so aufbereiten, dass sie sich Schritt für Schritt erschließen. Erläuterungen sind nur dort und unmittelbar dort angebracht, wo sie zum Verständnis notwendig sind.
Verständlich	Fremdwörter und Fachbegriffe werden von den einschlägigen Experten verstanden. Außerhalb des Expertenkreises sollte man sie vermeiden oder, wenn man sie doch verwenden muss, kurz erläutern. Bei umfangreichen, schwer verständlichen Themen muss man zunächst die Kerninformation erläutern.
Prägnant	Man sollte kurze Sätze bilden und am Thema bleiben. Alle Ausführungen, die nicht zum Thema gehören, lenken ab oder verwirren.
Anregend	Wenn man informiert, sollte man zu Beginn den Nutzen der Informationen verdeutlichen und dann einen Spannungsbogen in der Weise aufbauen, dass die Menschen, die man erreichen will, erwartungsvoll bleiben. Man muss sich daran ausrichten, was diese Menschen interessiert oder zumindest interessieren sollte.

Abb. 2.1: Informationsaufbereitung (eigene Darstellung)

Last, but not least ist es hilfreich, wenn man als Führungskraft gewisse **Informationsroutinen** festlegt (Abb. 2.2, Lehky 2007, S. 180 ff.).

Informationskanäle	Die Führungskraft muss verdeutlichen, wie sie selbst informiert werden will und wie sie die Mitarbeiterinnen und Mitarbeiter informiert, beispielsweise in Gesprächen, in Besprechungen oder per E-Mail.
Informationsdichte	Die Führungskraft sollte eindeutig signalisieren, wo sie auch über Details auf dem Laufenden gehalten werden will, weil sie die Angelegenheit für sehr wichtig oder brisant hält, und wo Zusammenfassungen oder Ergebnisprotokolle genügen.

Erreichbarkeit	Die Führungskraft muss ihren Ansprechpartnern mitteilen, wann sie erreichbar ist, wann sie störungsfreie Zeiten braucht und wie sie einen Termin vereinbaren möchte. Sie muss kundtun, ob sie stets für kurze Gespräche zu haben ist, also das Prinzip der offenen Tür praktiziert, oder nur zu einer bestimmten Tageszeit, bzw. ob eine Terminvereinbarung notwendig ist.
Abwesenheit	Die Beschäftigten, für die man zuständig ist, sollten wissen, wann man nicht zugegen ist. Die Führungskraft muss festlegen, worüber und mithilfe welcher Medien sie während der Abwesenheit informiert werden möchte und wer Unaufschiebbares in Stellvertretung entscheidet.
Unterschriften	Die Führungskraft muss klare und eindeutige Regelungen darüber treffen, was Mitarbeiterinnen und Mitarbeiter verantworten und damit auch unterschreiben können, wo sie gegenzeichnet und was sie alleine unterschreibt. Die Regelungen sollten sich am Inhalt, Volumen oder Adressaten orientieren und bindend fixiert werden.
Resonanz	Die Führungskraft muss mitteilen, wie häufig und wann sie Informationen zur Kenntnis nimmt, und sie muss sich vergewissern, dass die Informationen, die sie selbst übermittelt hat, richtig angekommen sind.

Abb. 2.2: Informationsroutinen (eigene Darstellung)

2.2 Face to Face: Gespräche und Besprechungen

Für Führungskräfte ist Mobilität, ein »**Management by Walking Around**«, unabdingbar. Sie dürfen sich nicht hinter dem eigenen Schreibtisch verschanzen. So wundert es nicht, dass die mündliche Kommunikation trotz der vielen elektronischen Medien nach wie vor einen hohen Stellenwert hat (Lehky 2007, S. 35 f.).

An einer **Besprechung**, die man auch als Meeting oder Sitzung bezeichnet, nehmen in der Regel deutlich mehr als zwei Personen teil. Hier kann man die eigenen Vorstellungen einbringen, Missverständnisse ausräumen und Fragen klären. Dazu eignen Besprechungen sich besonders, wenn sie nicht nur auf Anregung der Führungskräfte, sondern auch auf Anregung der Mitarbeiterinnen und Mitarbeiter ohne großen formellen Aufwand zustande kommen können. Besonders bewährt hat sich ein **Jour fixe**, eine turnusmäßige Mitarbeiterbesprechung an einem bestimmten Wochentag zu einer festen Stunde innerhalb der Arbeitszeit. Hier lernt man voneinander, man sieht, wie die Kolleginnen und Kollegen die Dinge sehen, man erlebt sich als Team und kann ein Wir-Gefühl entwickeln. Allerdings darf der Jour fixe nicht zu einer Endlosveranstaltung ausufern. Je nach Gruppengröße sollten 15, auch schon einmal 45, aber maximal 90 Minuten ausreichen. Für Themen, die mehr Raum brauchen, kann man eine spezielle Besprechung ansetzen (Lehky 2007, S. 186 ff.).

Ein **Gespräch** hat zwei oder kaum mehr Beteiligte. Es handelt sich um eine Unterhaltung, die in der Regel unter vier Augen zwischen gleichberechtigten Gesprächspartnern erfolgt. Es dient vornehmlich der Erörterung von speziellen Themen.

Wenn keine Führungskraft teilnimmt, gehören Mitarbeiterbesprechungen und Mitarbeitergespräche zur informellen Kommunikation. Sie sind häufig an keine Regeln gebunden, obwohl auch in diesem Zusammenhang ein Blick auf die weiter unten angeführten Empfehlungen hilfreich ist.

Einer Studie des Bundesarbeitsministeriums und des Instituts für Arbeitsmarkt- und Berufsforschung zufolge, die sich auf eine repräsentative Unternehmensumfrage stützt, erhöhen regelmäßige Mitarbeitergespräche die Zufriedenheit der Beteiligten. In 72 Prozent der Unternehmen wurden Mitarbeitergespräche geführt. Die Mitarbeiterinnen und Mitarbeiter waren dort im Schnitt zufriedener mit ihrer Arbeit als andere. Sie wiesen außerdem ein höheres Engagement auf und blieben länger im Unternehmen (Bundesarbeitsministerium/IAB 2016, S. 8).

Es gibt zwar keine allgemeingültigen Regeln der **Gesprächs- und Besprechungsführung**, da jede derartige Kommunikation anders ablaufen kann. Besprechungen und Gespräche haben aber generell mehr Erfolg, wenn man sich an einige Empfehlungen hält (Abb. 2.3, Linde/Heyde 2003, S. 27 ff.).

Vorbereitung	Durchführung	Aufbereitung
• Ablaufplan • Termin und • Zeitrahmen festlegen • Geeigneten Raum wählen • Sitzordnung • Einladen • Atmosphäre herstellen • Anliegen vergegenwärtigen • Argumente zurechtlegen	• Begrüßung • Information • Positiver Einstieg • Tagesordnung • Zeitplanung • Regelungen im Umfeld treffen • Schwerpunkte setzen • Regeln: aktivieren, aktiv und passiv zuhören, Fragen stellen, Aufmerksamkeit zeigen, Probleme lösen, offen, ruhig und verständlich sprechen • Diskussionsrunden, Arbeitsgruppen, Präsentationen oder Vorträge vorsehen • Versöhnlicher Ausklang • Ergebnisse zusammenfassen • Entscheidungen treffen • Ggf. neuen Termin vereinbaren • Verabschiedung	• Inhalte schriftlich festhalten • Eigene Zusagen umsetzen • Kontrolle der Zusagen der Gesprächspartner

Abb. 2.3: Gesprächs- und Besprechungsführung (eigene Darstellung)

Bei der **Vorbereitung** gilt es zunächst, einen Ablauf und einen Termin festzulegen. Man sollte sich innerhalb der Arbeitszeit, außerhalb der Pausen treffen und das rechtzeitig ankündigen. Der Zeitrahmen wird nach Maßgabe der Anliegen geplant. Zudem muss ein geräumiger, ruhiger Raum ausgewählt werden, der mit den notwendigen Medien ausgestattet ist. Zu Gesprächen trifft man sich im Regelfall im Büro des Einladers, vorausgesetzt es ist ein Einzelzimmer, das weitgehend ohne Unterbrechungen genutzt werden kann. Für manche Themen ist ein störungsfreier neutraler Raum oder das Büro des Gesprächspartners besser geeignet. Wenn man eine Sitzordnung festlegen muss, etwa bei feierlichen Anlässen oder wenn Delegationen zusammenkommen, müssen sich alle gut verständigen können. Die Führungskraft sollte frühzeitig einladen, für eine angenehme Atmosphäre und ungestörte Bedingungen sorgen, sich das Anliegen vergegenwärtigen und sich Argumente zurechtlegen (Nicolai 2019, S. 346 f.).

Die **Durchführung** beginnt mit einer Begrüßung, einer Information über die gesetzten Ziele und einem positiven Einstieg, der den Teilnehmerkreis in den Bann der anstehenden Thematik zieht. Im Fortgang werden die Tagesordnung, die Zeitplanung und etwaige Regelungen im Umfeld vorgestellt. Danach werden die Schwerpunkte in einer sinnvollen Abfolge abgearbeitet. Dabei ist die Bereitschaft zum Zuhören und zum gemeinsamen Lösen von Problemen gefordert. Die Führungskraft sollte nicht nur passiv zuhören, sondern Aufmerksamkeitsreaktionen zeigen und Rückmeldungen geben. So kann man zum zentralen Thema vordringen. Hilfreich sind eine verständliche, eindeutige Sprache sowie eine offene, ruhige Erörterung. Zuweilen muss man Menschen aktivieren. Dazu eignen sich Fragen. Sie sollten einfach und verständlich, kurz, präzise und eindeutig formuliert werden. Fragen zu vertraulichen oder unbekannten Sachverhalten soll ein erklärendes Beispiel vorangehen. Allgemeine Fragen sind zu vermeiden, da man sie nicht mit konkreten Erfahrungen verbinden kann. Bei offenen Fragen ist eine freie Antwortformulierung, also auch die Möglichkeit eines persönlichen Urteils und der Äußerung individueller Wünsche vorgesehen. Geschlossene Fragen beinhalten alle relevanten Antwortkategorien, dadurch allerdings auch die Gefahr der Suggestion. Diese Gefahr ist insbesondere dann gegeben, wenn Fragen zu Sachverhalten gestellt werden, über die die Befragten noch nicht nachgedacht haben. Bei Diskussionsrunden ist ein Hinweis auf die Diskussionsregeln angebracht. Bei komplexen Themen kann man Arbeitsgruppen bilden. Bei Vorträgen und Präsentationen muss die Führungskraft die Vortragenden kurz vorstellen, den Zeitrahmen begrenzen, Vertiefungs- und Verständnisfragen ermöglichen und gegebenenfalls kurze Zusammenfassungen in Thesenform vorsehen. Gespräche und Besprechungen sollten möglichst versöhnlich ausklingen. Man beendet sie, indem die Ergebnisse zusammengefasst und Entscheidungen gefällt werden. Dazu gehört die Beantwortung der Frage: »Wer macht was (gegebenenfalls wie, wo, womit und) bis wann?« Eventuell wird ein neuer Termin für die nächste Besprechung vereinbart. Schließlich verabschiedet man sich (Hossiep/Bittner/Berndt 2008, S. 23 ff.).

Die **Aufbereitung** konzentriert sich auf das Anfertigen und Weiterleiten eines Ergebnisprotokolls mit den Inhalten

- Besprechungsdatum: Termin, Uhrzeit, Dauer,
- Teilnehmerkreis: anwesend, entschuldigt, verspätet,
- Tagesordnungspunkte: erledigt, neu aufgenommen, vertagt,
- Maßnahmen: beschlossen, abgelehnt, verschoben,
- Aufträge: Aufgaben, Verantwortliche, Termine, Budgets,
- Sonstiges: neuer Sitzungstermin, Verteiler, Protokollführung, Protokolldatum, Unterschrift.

Eigene Zusagen sind umgehend umzusetzen. Schließlich sollte man die Kontrolle der Zusagen der Gesprächspartner einplanen (Kießling-Sonntag 2000, S. 52 f.).

ÜBUNGSAUFGABE

Bitte übernehmen Sie bei der Besprechung des nächsten gemeinsamen Vorhabens in Ihrem Freundeskreis die Initiative. Halten Sie sich dabei an die Empfehlungen aus Abb. 2.3.

2.3 Wortwechsel im Detail: Von der Bewerbung bis zur Entlassung

Die besagten Empfehlungen gelten generell für Gespräche und Besprechungen. Nun gibt es aber nicht nur vielfältige Besprechungsthemen und in der Folge Besprechungsformen, sondern auch ebenso vielfältige Gespräche. In diversen Ratgebern und Fachveröffentlichungen finden sich Auflistungen von 60 und mehr **Gesprächsformen** im Kontext von Unternehmen und anderen Organisationen, im Kern handelt es sich dabei aber um Varianten der folgenden (Hossiep/Bittner/Berndt 2008, S. 3, 64 ff.):

- Vorstellungsgespräche zur Einschätzung der Eignung von Bewerbern,
- Rückkehr- und Fehlzeitengespräche, die den Betroffenen verdeutlichen, dass sie gebraucht werden und sie für die Fehlzeitenproblematik sensibilisieren,
- Zielvereinbarungsgespräche, in denen Ziele festgelegt werden,
- Weisungen, mit denen man Aufgaben, Verantwortung und Befugnisse delegiert,
- Konfliktgespräche zur Beilegung von Auseinandersetzungen,
- Beurteilungs-, Kritik- und Jahresgespräche, mit denen man die Arbeitsleistung und das Arbeitsverhalten anerkennt oder bemängelt,
- Letztere münden oft in Beratungs- und Fördergespräche,
- Lob, das sich entweder ganz allgemein auf die Person bezieht oder kurz und bündig positive Aspekte thematisiert, sowie
- Austritts- bzw. Abgangsinterviews und Entlassungsgespräche.

ÜBUNGSAUFGABE

Warum sollte jede Führungskraft mit allen sprechen, die nicht zur Arbeit kommen konnten? Warum sollte man ein solches Rückkehrgespräch nicht »mit erhobenem Zeigefinger« führen?

Das Rückkehr- bzw. Fehlzeitengespräch, das Zielvereinbarungsgespräch, die Weisung, das Konflikt-, Beurteilungs-, Kritik- und Jahresgespräch, das Beratungs- und Fördergespräch sowie das Lob werden in den folgenden Kapiteln im Zusammenhang mit den Elementen der Führungsaufgabe thematisiert, zu deren Bewältigung sie dienen. Auf die anderen, oben genannten Gesprächsformen wird an dieser Stelle eingegangen.

Das **Vorstellungsgespräch**, das man auch als Einstellungsgespräch, Einstellungsinterview, Bewerberinterview, Jobinterview oder Auswahlgespräch bezeichnet, ist eine Art von Beurteilungsgespräch. Allerdings wird hier nicht das Ergebnis einer Beurteilung besprochen. Vielmehr dient es selbst, wie andere Verfahren der Personalauswahl, der Beurteilung. Erfolgreich kann ein Vorstellungsgespräch nur dann ablaufen, wenn es von möglichst geübten Interviewerinnen und Interviewern sorgfältig vorbereitet, durchgeführt und aufbereitet wird, und zu denen zählt man als Führungskraft fraglos. Allerdings sollte man sich darauf verlassen können, dass Verantwortliche aus dem Personalwesen ihr einschlägiges Fachwissen entweder in ein gemeinsames Vorstellungsgespräch oder in ein vorhergehendes bzw. nachfolgendes Vieraugengespräch mit den Kandidatinnen und Kandidaten für die freie Stelle einbringen. Eines gilt es, dabei unbedingt zu beachten: Bewerberinnen und Bewerber können sich nur öffnen, wenn man ihnen die Freiheit lässt, den Gesprächsverlauf auch selbst zu gestalten. Deshalb sollte man als Interviewerin bzw. Interviewer nicht immer selbst sprechen. Man ist angehalten, seine Gesprächspartner zu inspirieren und den Willen zum Zuhören zu zeigen. Fachleute empfehlen den Idealtyp des multimodalen Interviews nach *Heinz Schuler*, das folgende Phasen vorsieht (Schuler 2014, S. 302 ff.):

- Gesprächsbeginn,
- Selbstvorstellung der Bewerberin bzw. des Bewerbers,
- freies Gespräch, das an die Bewerbungsunterlagen und die Selbstvorstellung anknüpft,
- Fragen zur Berufsorientierung,
- biografiebezogene Fragen,
- realistische Tätigkeitsinformation,
- situative Fragen zu typischen Situationen im Berufsalltag, Beispiele finden sich in Abb. 2.4, und schließlich
- Gesprächsabschluss mit einer Verabschiedung.

- Was machen Sie, wenn Ihre Führungskraft Ihnen eine unverständliche Nachricht hinterlassen hat und für eine Woche nicht erreichbar ist?
- Gehen Sie davon aus, dass ich Ihre Kundin bzw. Ihr Kunde bin. Schildern Sie mir die wesentlichen Leistungsvorteile von ...
- Wie kann es einer Führungskraft gelingen, in einem Team unterschiedliche Interessen und Charaktere unter einen Hut zu bringen?
- Ihr Mitarbeiter kommt zu Ihnen, um einen von ihm verursachten Fehler zu besprechen. Schildern Sie, wie Sie das Gespräch führen.
- Sie stellen in letzter Zeit fest, dass Ihre Mitarbeiterin keinen Antrieb hat. Was machen Sie?

Abb. 2.4: Beispiele für situative Fragen im Vorstellungsgespräch (nach Bröckermann 2021a, S. 95)

Wenn Mitarbeiterinnen und Mitarbeiter kündigen, wird das Personalwesen die Abwicklung in die Hand nehmen: die Prüfung des Kündigungstermins und der Kündigungsfrist, die Eingangsbestätigung sowie die Information der Führungskraft. Die Führungskraft wird ein Austritts- bzw. **Abgangsinterview** jedoch in der Regel selbst führen. Dieses Interview orientiert sich an den weiter oben erläuterten, allgemeinen Regeln der Gesprächs- und Besprechungsführung. Es dient

- der Ermittlung der tatsächlichen Kündigungsgründe, deshalb wird man als Führungskraft genau dazu Fragen stellen,
- dem Erarbeiten eines unternehmensspezifischen Kataloges von Kündigungsgründen, dadurch
- dem Erkennen von betrieblichen Schwachstellen, die zu Kündigungen führen und behoben werden sollten,
- dem Versuch des Abbaus von etwaigen Aversionen gegenüber dem Unternehmen und
- der Verabschiedung (Becker 2013, S. 711 f.).

Auch wenn der Arbeitgeber kündigt, in diesem Zusammenhang bezeichnet man die Kündigung als Entlassung, wird das Personalwesen die Abwicklung in die Hand nehmen: die Prüfung, ob die bzw. der Betroffene, etwa als Betriebsratsmitglied, einen besonderen Kündigungsschutz genießt, ob der ursächliche Vorfall eine Entlassung rechtfertigt und welche Kündigungsfristen zu berücksichtigen sind, die Anhörung des Betriebsrats sowie schließlich die Anfertigung der letzten Entgeltabrechnung, der notwendigen Bescheinigungen und Nachweise und des Entlassungsschreibens. Grundsätzlich empfiehlt sich die persönliche Übergabe des Entlassungsschreibens in einem **Entlassungsgespräch**, soweit die bzw. der Betroffene überhaupt erreichbar ist. Diese unangenehmen Gespräche führt jemand aus dem Personalwesen oder die unmittelbare Führungskraft, manchmal führen es beide gemeinsam. Als Führungskraft kann einem das Entlassungsgespräch recht unangenehm sein, weil man entweder wenig Erfahrungen damit hat oder Betroffenheit verspürt – es wäre ja auch bedauerlich, wenn es anders wäre – ferner weil man gegebenenfalls befürchtet, in Argumentationsnotstand zu geraten, mit den Emotionen des Gegenübers nicht umgehen zu können, Existenzen zu zerstören, die eigene Glaubwürdigkeit zu verlieren und sein Image zu schädigen. Hier hilft es, wenn man als Führungskraft einige Eigentümlichkeiten berücksichtigt, die abweichend von den generellen Empfehlungen für die Gesprächsführung beachtet werden sollten (Abb. 2.5, Andrzejewski 2002, S. 77 ff.).

Vorbereitung	Durchführung	Aufbereitung
• Fakten verdeutlichen • Trennungsdetails festlegen • Zeitpunkt wählen • Einladen • Büro der Führungskraft	• Nicht länger als 15 Minuten • Begrüßung • Regeln: Entlassung zu Beginn, kein Argumentieren, Entlassungsgründe nennen, Blick auf die Zukunft richten • Verabschiedung	• Dokumentieren • Eigene Zusagen umsetzen

Abb. 2.5: Entlassungsgespräch (nach Bröckermann 2021a, S. 377)

- In der Vorbereitung gilt es, sich alle Fakten zu vergegenwärtigen, die die beabsichtigte Entlassung rechtfertigen. Damit soll einer Emotionalisierung des Gesprächs vorgebeugt werden. Daneben sind die Details der Trennung festzulegen. Für die Wahl des Zeitpunkts sind vor allem die Kündigungsfristen und -termine ausschlaggebend. In aller Regel sind die Betroffenen nicht überrascht, weil sie bereits zuvor vom Betriebsrat um eine Stellungnahme gebeten wurden. Ist das nicht der Fall, sollte eine Einladung zumindest mit einigen Stunden Vorlauf ausgesprochen werden. Als Grund mag man das Problemfeld anführen, das zur Entlassung geführt hat. Das Gespräch sollte möglichst ungestört im eigenen Büro stattfinden.

- Für die Durchführung gilt die Regel, dass das gesamte Entlassungsgespräch regelmäßig nicht länger als 15 Minuten dauern sollte. Der Gesprächsverlauf muss so angelegt sein, dass die Entlassung in den ersten Minuten deutlich und unmissverständlich ausgesprochen wird. Es muss klar werden, dass man die Entscheidung für eine Entlassung wohlüberlegt getroffen hat und dass diese Entscheidung unwiderruflich feststeht. Ein Austausch von Argumenten ist fehl am Platz. Die Entlassungsgründe sollten sachlich angeführt werden. Ansonsten hätte die bzw. der Entlassene die Möglichkeit, sich in eine Opfer- und sein Gegenüber in eine Täterrolle zu reden. Wer entlassen wird, reagiert nicht selten mit gespielter Euphorie oder Erleichterung, mit Schweigen oder Werben um Mitgefühl, manche fliehen aus dem Büro oder sind wütend, selten werden gar haltlose Drohungen ausgestoßen. Auf diese Reaktionen sollte man nicht eingehen, sondern ausschließlich Wege für eine berufliche Zukunft außerhalb des Unternehmens aufzeigen. In der Regel beginnt die mit der Meldung bei der Arbeitsagentur. Außerdem muss die Abwicklung des Arbeitsverhältnisses angesprochen werden. Die Verabschiedung wird im Allgemeinen recht kühl ausfallen.
- Für die Aufbereitung ist vor allem die schriftliche Dokumentation der Übermittlung der Entlassung von Belang. Außerdem sind etwaige eigene Zusagen, beispielsweise zum Entgelt, umgehend umzusetzen.

2.4 Körpersprache: Mit allen fünf Sinnen

Wenn man kommuniziert, geht es um mehr als den Austausch von Informationen, der bislang thematisiert wurde. Wir benutzen alle **fünf Sinne** (Franken 2010, S. 38 ff.).

- Von besonderer Bedeutung sind dabei das gesprochene und geschriebene **Wort**. Alle Erscheinungen beim Sprechen, die nichts mit dem Inhalt zu tun haben, wie Artikulation, Klang, Lautstärke, Sprachmelodie und -rhythmus, Sprechpausen und -tempo, Tonfall und -höhe sowie sonstige Lautäußerungen beinhalten Informationen. Aufgrund dieser Phänomene interpretieren wir unsere Gesprächspartner bei einem Telefonat. Wir können förmlich sehen, ob sie lachen oder uns hinters Licht führen wollen, obwohl wir in Wirklichkeit nichts sehen.
- Eine Fülle von wissenschaftlichen Untersuchungen belegt, dass wir uns aber auch maßgeblich über die **Körpersprache** austauschen und wahrnehmen, darunter versteht man im engeren Sinne die Gestik, Mimik, Körperhaltung und Bewegungen. Kinder haben, bevor sie sprechen können, kaum andere Mittel der Kommunikation als die Körpersprache, und die Eltern kommen damit ganz gut zurecht.
- Im weiteren Sinne drücken wir uns sogar über unser **Aussehen** und unsere Kleidung aus. Jugendliche bringen damit zuweilen zum Ausdruck, dass sie anders als die Generation ihrer Eltern sein wollen.

- Selbst mit **Berührungen** drücken wir uns aus. Wenn Menschen traurig sind, versuchen wir beispielsweise, sie durch Berührungen zu trösten. Wir nehmen sie in den Arm oder legen ihnen die Hand auf die Schulter.
- Schließlich sind **Gerüche** aussagekräftig. Eine gesamte Branche lebt davon, uns Gerüche zu verkaufen, denn wir wollen ja nicht nach Anstrengung und Erschöpfung, sondern frisch und attraktiv riechen.
- Sogar der **Geschmackssinn** spielt eine Rolle. Welchen Sinn hätten sonst geschmacklich hoch entwickelte Lippenstifte und die vielen Restaurantkritiken?

Gerade die **Körpersprache** kann wichtige Hinweise auf die Gedanken und Befindlichkeit des Gegenübers geben. Sie ist nämlich viel älter und damit viel ursprünglicher und ehrlicher als das gesprochene Wort. In Abb. 2.6 sind einige körpersprachliche Äußerungen wiedergegeben, versehen mit einer **Interpretation** ihrer Bedeutung, und zwar so, wie man sie häufig vorfindet (Hargie 2013, S. 72 ff.).

Wenn der Gesprächspartner ...	wird das regelmäßig bedeuten
den Kopf zurückwirft	Trotz, Ablehnung, Ungläubigkeit
den Kopf einzieht	Angst, Nervosität, Verkrampfung
die Stirn runzelt	Entrüstung
die Augenbrauen hebt	Ungläubigkeit, Arroganz
durch einen hindurch schaut	Geistesabwesenheit
mit geradem Blick schaut	Interesse
keinen Blickkontakt hält	Unsicherheit, Arroganz
häufig die Lider bewegt	Nervosität
sich kurz an die Nase greift	Verlegenheit
sich die Nase reibt	Nachdenklichkeit
den Mund öffnet	Erstaunen
immer langsamer spricht	Unsicherheit, Unwilligkeit
die Lippen zusammenpresst	Zorn, Starrsinn, Nachdenklichkeit
die Oberlippe hochzieht	Verachtung
die Unterlippe hochzieht	Zweifel
den Oberkörper nach vorn beugt	Interesse, Wille, zu unterbrechen
den Oberkörper weit zurücklehnt	Desinteresse, Ablehnung
die Arme verschränkt	Ablehnung, Schutz, Angst
weite Armbewegungen macht	Sicherheit
enge Armbewegungen macht	Unsicherheit

Wenn der Gesprächspartner ...	wird das regelmäßig bedeuten
die Hand vor den Mund nimmt	Unsicherheit
die Hand zur Faust verkrampft	Angriff, Wut, Anklage
mit den Fingern trommelt	Nervosität
die Hände in die Hüfte stemmt	Imponiergehabe, Entrüstung
sich mit den Händen am Stuhl festklammert	starke Unsicherheit
die Hand in die Tasche steckt	Entspannung, Arroganz
die Hand an die Brust legt	Beteuerungsgeste
die Hände vor die Brust kreuzt	Ergebenheit, Demut
die Hand auf den Rücken legt	Befangenheit, Arroganz
die Hände im Nacken verschränkt	Wohlbehagen, Entspannung
den Zeigefinger hebt	Belehrung, Tadel
einmal mit dem Finger schnippt	plötzlicher Einfall, Lösung
mehrmals mit dem Finger schnippt	Lösungssuche
mit dem Finger pocht	Überzeugung, Nachdruck
sich die Hände reibt	Selbstgefälligkeit
das Jackett öffnet	Entspannung, Sicherheit
die Beine übereinanderschlägt	Sympathiefeld aufbauen
mit den Füßen wippt	Arroganz, Sicherheit
die Füße um die Stuhlbeine legt	Unsicherheit, Suche nach Halt

Abb. 2.6: Körpersprache (nach Mühlisch 2000, S. 42 ff.)

ÜBUNGSAUFGABE

Bitte suchen Sie bei Gelegenheit ein Café, ein Restaurant oder ein Lokal auf. Beobachten Sie dort an einem entfernten Tisch möglichst unauffällig Menschen, deren Unterhaltung sie nicht hören können, und interpretieren Sie ihre Körpersprache.

Freilich wird die Interpretation der Körpersprache durch einige **Probleme** beeinträchtigt.

- Wenn man schon beim sprachlichen Verständnis immer wieder unterschiedlicher Auffassung sein kann, so gilt das erst recht bei der Körpersprache. Eine eindeutige **Auslegung** ist nicht möglich. Was uns bleibt, ist unsere Erfahrung.
- Zumeist ist es Menschen nicht bewusst, dass sie körpersprachliche Signale senden. Was wir diesbezüglich beobachten, ist folglich recht aufschlussreich. Freilich können wir uns nicht

darauf verlassen, dass unser Gegenüber sich nicht **verstellt**. Wir werden also zuweilen hinters Licht geführt, merken das aber zumindest hin und wieder, es sei denn, wir haben es mit einer Person zu tun, die erfolgreich eine Ausbildung in der Schauspielkunst absolviert hat oder diesbezüglich ein Naturtalent ist. Und selbst dann können wir immer noch die körperlichen Reaktionen deuten, die die meisten Menschen nicht oder nur unvollständig steuern können, beispielsweise die Schweißbildung und die Veränderung der Pupillen.
- **Kulturelle Unterschiede** führen zu Fehlinterpretationen und Missverständnissen, denn es gibt deutliche Bedeutungsunterschiede je nach Kulturkreis. So wird zum Beispiel der erhobene Daumen in Europa oft im Sinne von »super«, »hat funktioniert« und »okay« interpretiert, in anderen Weltgegenden jedoch als Beleidigung. Demnach ist generell Vorsicht angebracht, gepaart mit einer Aufgeschlossenheit für andere Kulturkreise.

Die Vielfalt der körpersprachlichen Äußerungen verdeutlicht, dass es **keine Nicht-Kommunikation** gibt. Auch Personen, die schweigen, bringen zumindest körpersprachlich, aber auch durch das Schweigen an sich etwas zum Ausdruck, beispielsweise ihre Verzweiflung, ihr Desinteresse oder ihre Unter- bzw. Überlegenheit (Watzlawick/Beavin/Jackson 2017, S. 58 ff.).

Überdies sollte man analysieren, wie nahe man dem Gegenüber kommt. Wie manche Gerüche und Geschmäcker sind uns Berührungen auch nicht immer willkommen. Menschen verfügen offenbar über **Distanzzonen**,
- die **öffentliche** Zone von über 3,60 bis 7,50 m,
  das ist die sichere Distanz, wenn wir noch keinen Kontakt aufnehmen wollen,
- die **soziale** oder gesellschaftliche Distanzzone von etwa 1,20 bis 3,60 m,
  auf diese Entfernung können wir mit mehreren Menschen kommunizieren,
- die **persönliche** Distanzzone von zirka 0,50 bis 1,20 m,
  wir müssen uns schon näher kommen, wenn wir zu einem anderen Menschen in Kontakt treten wollen,
- die **intime** Distanzzone bis ungefähr 0,50 m,
  so nahe lassen wir nur vertraute Personen kommen (Franken 2010, S. 150 f.).

Diese Distanzen und der Umgang mit ihnen variieren wiederum je nach Kulturkreis.

2.5 Kommunikationsbeziehungen: Vier Ebenen und drei Elemente

Der Einsatz aller fünf Sinne ist schon verwirrend genug. Damit sind aber immer noch nicht alle **Facetten** dessen erfasst, was notwendig ist, um einander zu verstehen.

Bei Gesprächen und Besprechungen geht es nämlich nicht nur um die **Sach- oder kognitive Ebene**, also den eingangs geschilderten, nüchternen Austausch jener Informationen, die zum Verständnis notwendig sind.

Friedemann Schulz von Thun weist mit seinem Vier-Seiten-Modell der Kommunikation darauf hin, dass oft zugleich und parallel dazu drei weitere **Aspekte** eine Rolle spielen (Abb. 2.7, Schulz von Thun/Ruppel/Stratmann 2006, S. 33 ff.):

- Mit der **Selbstkundgabe** übermittelt man durch die Art der Kommunikation Informationen über die eigene Person. Es kommt sowohl zu einer unfreiwilligen Selbstenthüllung als auch zu einer gewollten Selbstdarstellung, einer bewussten und gezielten Demonstration der eigenen Person.
- Mit dem **Beziehungshinweis** werden die zwischenmenschlichen Gefühle behandelt. Anders als bei der Selbstkundgabe werden hier aber keine Ich-, sondern Du- und Wir-Informationen, und zwar in der Hauptsache durch die Formulierung, den Tonfall, die Mimik und Gestik übermittelt. Man drückt aus, was man vom Gegenüber hält, und wie man die Beziehung zwischen sich und dem Gegenüber sieht.
- Die **Appellseite** dient dazu, wirkungsvoll Einfluss zu nehmen. Man will sein Gegenüber dazu veranlassen, etwas zu tun oder zu unterlassen, zu denken oder zu fühlen.

Abb. 2.7: Vier-Seiten-Modell der Kommunikation (nach Schulz von Thun 2009, S. 64)

Die Kommunikationspartner **geben** auf allen vier Seiten Informationen weiter **und** sie **registrieren** Informationen auf allen vier Seiten. In aller Regel ist das den Menschen, die miteinander kommunizieren, nicht bewusst. Dafür gibt es ein eingängiges Beispiel. Ein Mann sagt beim Mittagessen: »Da ist etwas Grünes in der Suppe.« Obwohl er nach den Regeln der deutschen Sprache keine Frage gestellt hat, möchte er wissen, um was es sich handelt. Seine Frau versteht den Satz – und sie versteht ihn doch nicht so, wie er gemeint war, denn sie erwidert: »Wenn es dir hier nicht schmeckt, kannst Du ja woanders essen gehen!« (Abb. 2.8)

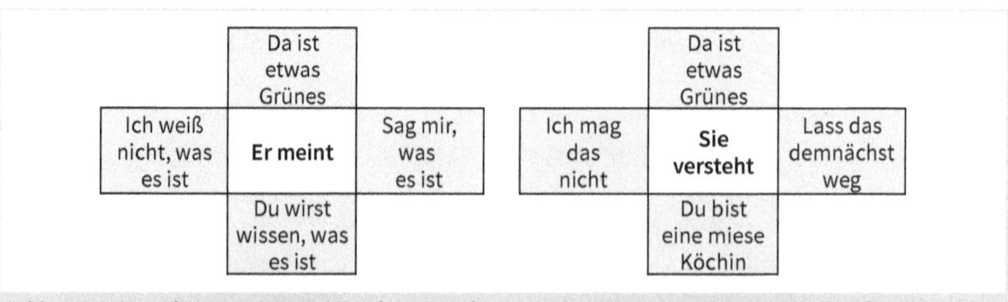

Abb. 2.8: Beispiel für gesendete und empfangene Information (nach Schulz von Thun 1981, S. 62 f.)

ÜBUNGSAUFGABE

Nach Jahren treffen Sie einen Klassenkameraden wieder und begrüßen ihn freudig: »Hallo, wie geht es dir?« Er erwidert aufgebracht: »Wieso, sehe ich denn so schlecht aus?« Wie könnte das Missverständnis zustande gekommen sein, wenn Sie bedenken, was Sie auf der Sachebene, mit der Selbstkundgabe, der Appellseite und als Beziehungshinweis sagen wollten und was bei Ihrem Klassenkameraden auf diesen Ebenen angekommen sein könnte?

Die Führungskraft muss folglich die **Kommunikationsbeziehungen** im Auge haben. Sie darf nicht nur auf den Sachinhalt achten, auch die Selbstkundgabe, die Appellseite der Kommunikation und der Beziehungshinweis sind wichtig. Beachtet man auch diese Aspekte, kann man wertvolle Informationen erlangen, die über das eigentliche Anliegen hinausgehen: Was hält mein Gesprächspartner von sich, was will er konkret von mir und wie steht er zu mir?

Zugleich muss man sich bewusst sein, dass man in einer Unterhaltung für den verständigen Zuhörer unter Umständen mehr über sich **preisgibt**, als man beabsichtigt.

Diese Erkenntnisse wappnen zwar nicht gegen Missverständnisse, aber wenn man ein Missverständnis erkennt, das ist im hektischen Arbeitsalltag nicht immer der Fall, und wenn man die eigenen Emotionen im Griff hat, denn ein Missverständnis kann verärgern, dann hat man eine **Chance**, es aufzuklären.

Trotzdem kann die Kommunikation aus dem Ruder laufen. Genauer gesagt, können die drei Elemente, die laut *Ruth Charlotte Cohn* eine Situation prägen, in der Menschen zusammenkommen, aus der **Balance** geraten (Abb. 2.9, Cohn 1975, S. 113 ff.):

- »**Ich**«, eine einzelne Person,
- »**Wir**«, die Gruppe, beispielsweise eine Abteilung, und
- »**Es**«, das Thema der Gruppe, etwa die aktuell anliegende Arbeit.

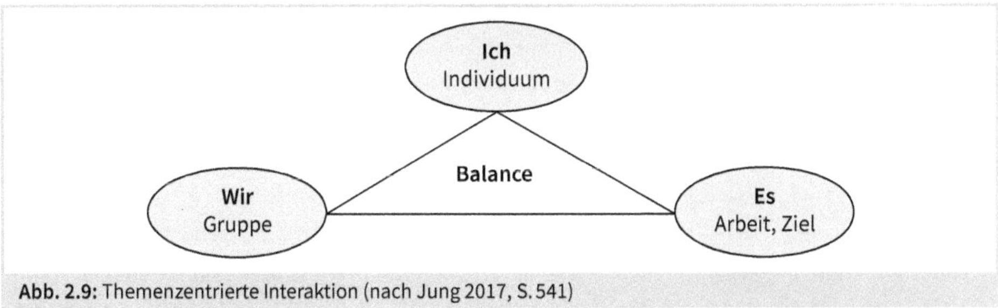

Abb. 2.9: Themenzentrierte Interaktion (nach Jung 2017, S. 541)

Gewinnt eines oder gewinnen zwei dieser Elemente die Oberhand, ist das notwendig, was als themenzentrierte Interaktion bezeichnet wird. Im Zusammenhang mit der Personalführung ist damit gemeint, dass die Führungskraft die **Balance** wie folgt **wiederherstellen** muss:

- Wenn sich in Gesprächen und Besprechungen eine Person zu sehr in den Vordergrund drängt, muss die Führungskraft das **Wir-Gefühl** der Abteilung stärken und nachdrücklich auf die anstehende Arbeit hinweisen.
- Wenn die Arbeit aufgrund des Termindrucks übermächtig wird, sollte die Führungskraft sich der einzelnen **Personen** annehmen und wiederum das Wir-Gefühl der Abteilung stärken.
- Wenn die Abteilung im Wir-Gefühl schwelgt, verdienen die **Arbeit** und die einzelnen Personen wieder mehr Beachtung.

2.6 Kommunikationsverhalten: Eltern-, Kindheits- und Erwachsenen-Ich

Unsere Kommunikation ist noch komplexer. Wir kommunizieren möglicherweise gekonnt mit unseren fünf Sinnen auf vier Ebenen und balancieren dabei die drei Elemente aus, die die Situation prägen. Trotzdem kann es immer wieder vorkommen, dass wir mit unserem Gegenüber umgehen wie mit der kleinen Schwester, dem strafenden Vater oder dem bösen Nachbarn, und das auch in Arbeitssituationen.

Als Führungskraft ist man folglich aufgefordert, sich mit dem Verhalten beim Austausch von verbalen und nonverbalen Informationen, die man als Transaktionen bezeichnet, auseinanderzusetzen, und zwar sowohl mit dem eigenen **Kommunikationsverhalten** als auch mit dem Verhalten der Kommunikationspartner. Dieses Verhalten wird durch Normen, Erfahrungen und Gefühle geprägt, die Menschen in ihrer Kindheit entwickelt haben, die aber trotzdem ihr gegenwärtiges Denken, Fühlen und Handeln beeinflussen. Die besagten Normen, Erfahrungen und Gefühle benennt *Eric Berne* als **Ich-Zustände** (Berne 1967, S. 1 ff.):

- Das **Eltern-Ich** beinhaltet alle Eindrücke, die uns Menschen in den ersten Lebensjahren durch unsere Eltern vermittelt wurden. In dieser frühen Entwicklungsphase konnten wir jene Eindrücke nicht hinterfragen. Deshalb haben wir viele der positiven wie negativen Eindrücke verinnerlicht. Sie treten in vielen Situationen wieder zutage, obwohl die Regeln, nach denen unsere Eltern gelebt haben, heute nicht mehr der Norm entsprechen müssen.
- Als Kinder sind wir eine Zeit lang nur begrenzt in der Lage, uns sprachlich zu äußern. In dieser Zeit reagieren wir vorwiegend mit Gefühlen. Als Erwachsene können wir jederzeit in diesen Zustand zurückfallen. Dann werden wir von den Gefühlen beherrscht, die wir in einer verwandten Situation während unserer Kindheit empfunden haben. Von derartigen Gefühlen, vom **Kindheits-Ich**, werden wir etwa regiert, wenn unsere Wut größer als unsere Vernunft ist.

- Die Entwicklung des **Erwachsenen-Ich** beginnt recht früh und entfaltet sich bis zum Lebensende. Mithilfe des Erwachsenen-Ichs richten wir unser Verhalten an der Realität aus.

Um realitätsgerecht kommunizieren zu können, muss man die Ich-Zustände anhand der oben genannten Beschreibungen analysieren und aufeinander abstimmen. Das bezeichnet man als **Transaktionsanalyse.** Grundsätzlich sind folgende Konstellationen möglich:

- »Wie viel Uhr ist es?«, fragt Herr Schmitz. Wenn Frau Müller ihm auf diese logische Frage eine eindeutige und logische Antwort gibt, also die Uhrzeit nennt, so liegen **parallele Transaktionen** vor (Abb. 2.10).

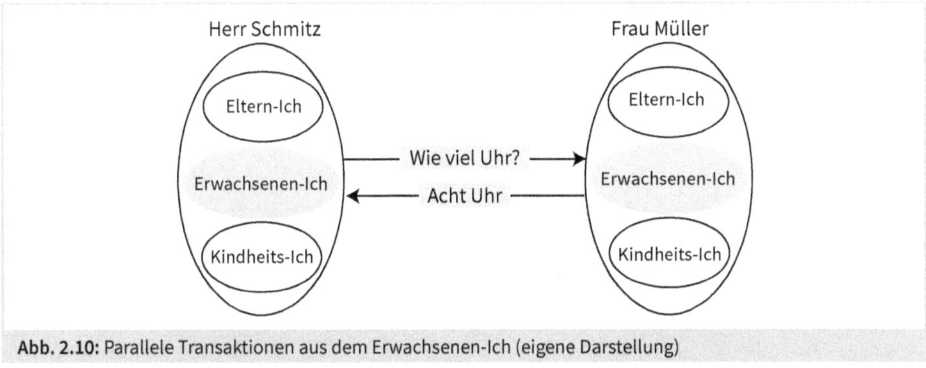

Abb. 2.10: Parallele Transaktionen aus dem Erwachsenen-Ich (eigene Darstellung)

Parallele Transaktionen sind zwischen sämtlichen Ich-Zuständen möglich. Die Beteiligten akzeptieren die jeweiligen Beziehungsangebote und reagieren gemäß der gegenseitigen Erwartung, etwa auch, wenn Herr Schmitz Frau Müller mitteilt: »Mir gelingt nichts.« und Frau Müller erwidert: »Ich helfe.« (Abb. 2.11)

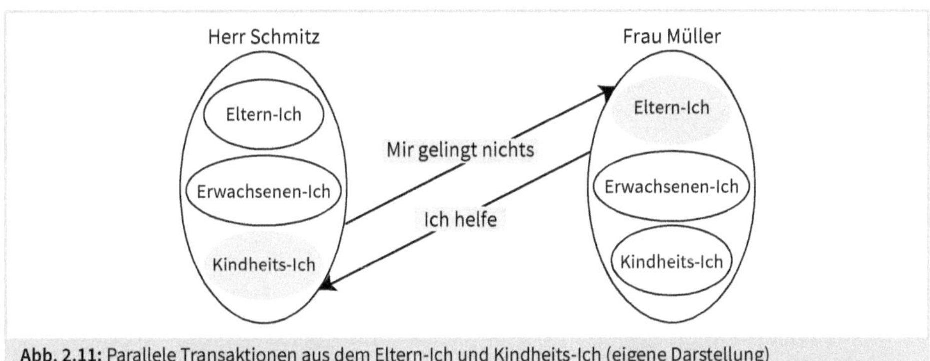

Abb. 2.11: Parallele Transaktionen aus dem Eltern-Ich und Kindheits-Ich (eigene Darstellung)

- Wenn Frau Müller auf die Frage: »Wie viel Uhr ist es?« antwortet: »Kaufen Sie sich eine Uhr!«, haben wir es mit **gekreuzten Transaktionen** zu tun (Abb. 2.12).

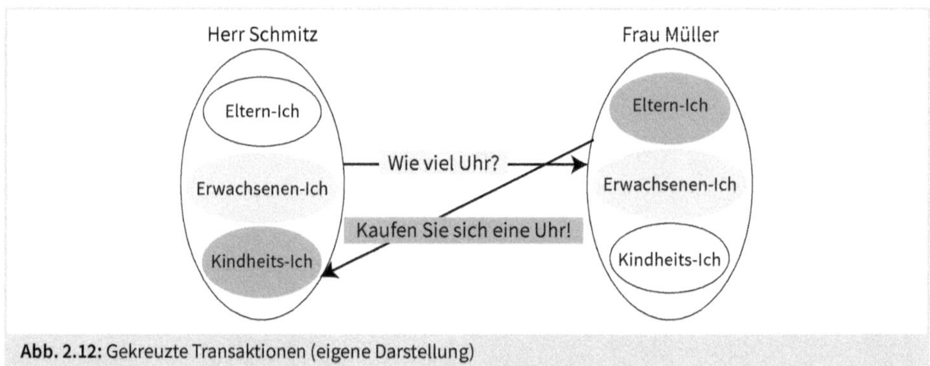

Abb. 2.12: Gekreuzte Transaktionen (eigene Darstellung)

Bei gekreuzten Transaktionen entstehen unstimmige Botschaften. Dadurch kommt es gewöhnlich zu einer Störung der Beziehung oder zu einer Unterbrechung der Kommunikation.

- Herr Schmitz stellt Frau Müller die nun hinlänglich bekannte Frage nach der Uhrzeit: »Wie viel Uhr ist es?« Frau Müller antwortet: »Ich bin gleich fertig.« Die Antwort passt nicht zur Frage, aber zu einem Vorwurf. Frau Müller weiß, dass vieles, was gesagt wird, häufig ganz anders gemeint ist, und reagiert deshalb auf etwas, das sie zwar nicht hört, jedoch vermuten kann. Hier liegen demnach **verdeckte Transaktionen** vor (Abb. 2.13).

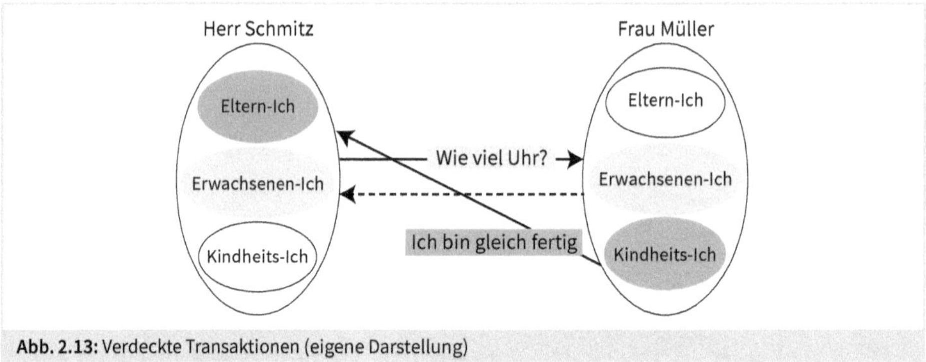

Abb. 2.13: Verdeckte Transaktionen (eigene Darstellung)

ÜBUNGSAUFGABE

Der Abteilungsleiter Peter Hinz spricht mit seiner Kollegin, der Abteilungsleiterin Herta Kunz, über den neuen Pförtner Hubert Dimel. »Dimel ist sehr unzuverlässig«, behauptet Peter. »Ja, auf den jungen Mann kann man sich nicht verlassen«, pflichtet Herta ihm bei. Wenn Peter und Herta hier nicht aus ihrem Erwachsenen-Ich sprechen, welche Transaktionen liegen dann vor?

Wir leben mit der **Fiktion**, wir befänden uns permanent im Erwachsenen-Ich und würden andere ausschließlich in das Erwachsenen-Ich ansprechen, obwohl andere Menschen sich viel zu oft im Eltern- und Kindheits-Ich einrichten würden. Das ist jedoch leider nicht so.

Als Führungskraft steht man folglich vor der schwierigen Aufgabe, nicht nur den eigenen **Ich-Zustand** zu **erkennen**, sondern auch, welchen Ich-Zustand man bei Mitarbeitern anspricht. Wer das versäumt, gerät leicht in die Gefahr, den Menschen, mit denen man es zu tun hat, ungebührlich zu begegnen.

Nicht nur dieses Risiko begrenzt die Transaktionsanalyse, sondern auch jenes, über gekreuzte Transaktionen in Rage zu geraten. Menschen, die bemerken, dass sie in einen unangemessenen Ich-Zustand gezwungen werden, reagieren nämlich genau so, wenn sie den Mut dazu aufbringen. Und gekreuzte Transaktionen werfen uns leicht aus der Bahn, weil etwas geschieht, was wir nicht gewollt und erwartet haben. **Konflikte** sind nicht selten die Folge. Wer die Transaktionsanalyse kennt, kann die Wut und Verunsicherung zum Anlass nehmen, die Ich-Zustände zu analysieren und angemessen zu reagieren.

Nun ist es weder notwendig noch erstrebenswert, im täglichen Miteinander andauernd alle Details der Transaktionsanalyse zu beherrschen und zu beherzigen. Einerseits wäre das zu viel verlangt. Andererseits wäre man für alle anderen Aspekte und vor allem für die Erledigung der Arbeit blockiert. Trotzdem sollte man ein **Grundverständnis** für die Transaktionsanalyse immer wieder aktivieren, wenn man den Verdacht hat, dass das eigene Verhalten oder das anderer nicht der realen Arbeitssituation entspricht.

Aber selbst wenn man als Führungskraft gekonnt mit allen Sinnen auf allen Ebenen kommuniziert, dabei die Elemente ausbalanciert, die die Situation prägen und fehlgeleitetes Kommunikationsverhalten steuert, muss man in Rechnung stellen, dass man dabei immer auf die eigene Wahrnehmung angewiesen ist. Die kann einen freilich in die Irre führen. Im Kapitel Beurteilung kommen **Wahrnehmungsverzerrungen** und Ansätze zur Sprache, wie sie korrigiert werden können.

3 Motivation

3.1 Management by Motivation: Der Motivationsprozess

Management by Motivation und **Arbeitsmotivation** sind Begriffe, mit dem man alle Ansätze belegt, die die Motivation als einen der zentralen Faktoren im Arbeitsleben thematisieren.

Unter **Motivation** an sich versteht man all jene Prozesse, die das Verhalten eines Menschen auslösen, in Gang halten, steuern und beenden. Folglich untersucht die Motivationsforschung, was Menschen ausmacht, was und wie sie etwas tun, in welcher Situation das geschieht, mit welchen Mitteln und mit welchem Ziel (Wunderer/Grunwald 1980, S. 169).

Die Forschungsergebnisse sind enorm vielgestaltig. Nahezu einig ist man sich jedoch darin, dass der **Motivationsprozess** folgende grundlegende Komponenten beinhaltet (Hentze/Brose 1990, S. 40 ff.):

- Bedürfnisse oder, besser gesagt, **Motive**, tief in uns schlummernde Verhaltens- oder Handlungsbereitschaften, kurz gesagt Beweggründe,
- **Anreize**, alle nur erdenklichen Gegebenheiten,
- **Ziele**, denn die Anreize beziehen sich auf etwas, sie sind zielgerichtet,
- **Verhalten** oder Handlungen, der Anreiz weckt nämlich ein oder mehrere Motive und stößt eine Handlung an, die geeignet ist, das Ziel zu verwirklichen,
- Feedbacks, also Rückkopplungen und **Anpassungen**. Nicht jeder dieser Prozesse führt dazu, dass das Ziel tatsächlich erreicht wird. Aus Erfolgen und Misserfolgen, den Frustrationen, ziehen wir Erfahrungen, die wir in eine Anpassung ummünzen. Die Anpassung formt Motive. Sie sagt uns aber auch, welche Ziele für uns erstrebenswert und erreichbar sind.

Demnach kann man Motivation als Prozess charakterisieren, der eine Abfolge von Anreizen, Motiven, Verhalten, Zielen und Anpassung beinhaltet (Abb. 3.1).

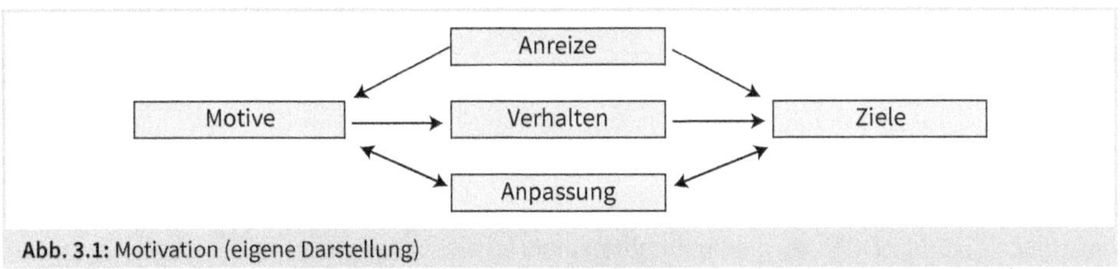

Abb. 3.1: Motivation (eigene Darstellung)

Ein **Beispiel** soll diesen Motivationsprozess verdeutlichen. Sie schlendern an einem schwülen Sommertag durch die Stadt und sehen vor einem Geschäft die Werbung für ein kühles Erfrischungsgetränk. Das ist der **Anreiz**, der einerseits das **Motiv** weckt, Ihren Durst zu löschen, der Ihnen bis dahin nicht so bewusst war. Andererseits ist dieser Anreiz auf das **Ziel** gerichtet, das Erfrischungsgetränk in dem besagten Geschäft zu kaufen. Ihr Durst-Motiv veranlasst Sie nun dazu, sich so zu **verhalten**, dass Sie das Ziel erreichen können. Sie gehen in das Geschäft und kaufen das Getränk, es sei denn, Sie haben kein Geld bei sich. In dem Fall ist eine **Anpassung** angezeigt. Entweder Sie passen Ihr Motiv an, indem Sie feststellen, dass Ihr Durst durchaus noch den Heimweg zulässt, oder Sie ändern das Ziel, indem Sie nun nach einer kostenfreien Erfrischung Ausschau halten, etwa einem Wasserspender.

Wenn man sich diesen Prozess vergegenwärtigt, leuchtet es ein, dass Menschen immer motiviert sind. Wenn man von **demotivierten Menschen** oder demotivierten Mitarbeiterinnen und Mitarbeiter spricht, meint man damit Personen, die nicht motiviert sind, das zu tun, was von ihnen verlangt wird.

ÜBUNGSAUFGABE

Der Buchhalter Tim Heier hat sich schon seit einer halben Stunde nicht mehr mit seiner Arbeit beschäftigt. Er schaut mit weit geöffneten Augen aus dem Bürofenster in die Ferne. Wenn Sie davon ausgehen, dass er nicht über seine Arbeit nachdenkt, wozu mag er dann wohl motiviert sein?

3.2 Anreize: Zufrieden oder unzufrieden?

Eine Motivation kann intrinsisch oder extrinsisch sein:

- **Intrinsische Motivation** ist die, die aus eigenem Antrieb durch Interesse an der Sache entsteht,
- **extrinsische Motivation** die, die durch äußere Begleitumstände verursacht wird.

Diese Abgrenzung macht Mühe, auch für das obige Beispiel. Sind es die äußeren Begleitumstände, die zum Kauf führen, das heißt, der schwüle Sommertag und die Werbung, oder ist es der Durst, der sich an einem kühlen Tag vielleicht gar nicht so entwickelt hätte? So oder so, es ist immer ein Anreiz, entweder ein externer oder innerer, der den Motivationsprozess in Gang setzt.

Im Rahmen der Personalführung interessiert die Frage, welche **Anreize** etwas bewegen und welche man überhaupt setzen kann. Offensichtlich sind Menschen recht verschieden. Was den einen anspricht, lässt den anderen kalt. Außerdem gibt nicht nur die Unternehmensleitung vor, was zulässig ist. Derartige Vorgaben kommen auch von den Tarifpartnern.

Eine überzeugende Antwort liefert die auf den ersten Blick recht kurios anmutende Zwei-Faktoren-Theorie von *Frederick Irving Herzberg*, der zufolge **Arbeitszufriedenheit** nicht als Gegenteil von **Arbeitsunzufriedenheit** ist. Vielmehr handelt es sich um vollkommen verschiedenartige Erscheinungen. Arbeitszufriedenheit wird durch die Extremwerte zufrieden und nicht zufrieden, Arbeitsunzufriedenheit durch die Extremwerte unzufrieden und nicht unzufrieden begrenzt. Vor allem aber werden Arbeitszufriedenheit und Arbeitsunzufriedenheit durch gänzlich unterschiedliche Anreize ausgelöst (Abb. 3.2, Herzberg/Mausner/Snyderman 1959, S. 1 ff.):

- **Kontextfaktoren**, die man auch als Dissatisfiers, Maintenance- oder Hygienefaktoren bezeichnet, hängen nicht unmittelbar mit der Arbeit selbst zusammen, sondern stellen positive oder negative Anreize des Arbeitsvollzugs dar. In ihrer positiven Ausprägung werden sie als Selbstverständlichkeit angesehen. Liegen sie jedoch in ihrer negativen Ausprägung vor, ergibt sich Arbeitsunzufriedenheit, so wie sich bei mangelhafter Hygiene Krankheiten einstellen.
- **Motivatoren**, auch Satisfiers oder Kontentfaktoren genannt, sind Anreize, die sich unmittelbar aus dem Arbeitsvollzug ergeben. Durch sie kann eine positive Wirkung, nämlich Arbeitszufriedenheit, erreicht werden. Ihre negative Ausprägung führt jedoch nicht zur Arbeitsunzufriedenheit, sondern lediglich dazu, dass man nicht animiert bzw. inspiriert ist.

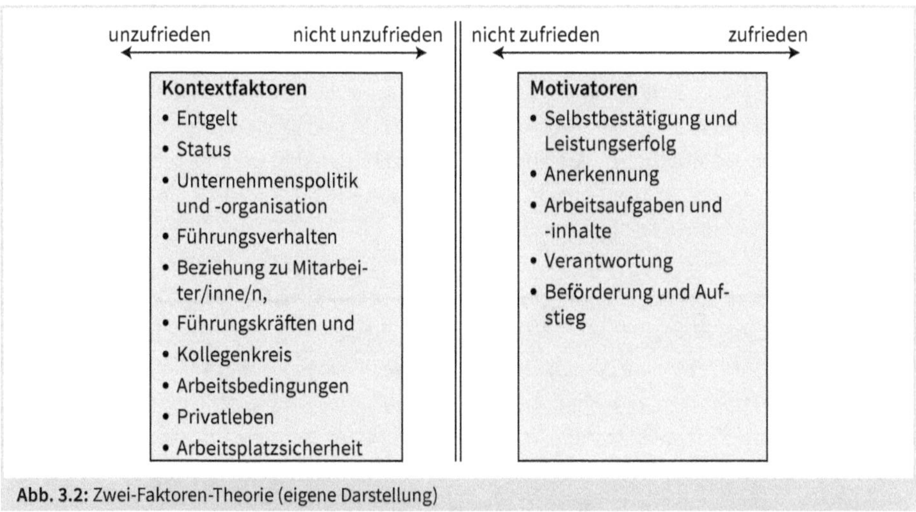

Abb. 3.2: Zwei-Faktoren-Theorie (eigene Darstellung)

Soll keine starke Arbeitsunzufriedenheit aufkommen, müssen die Kontextfaktoren im üblichen Maße gewährleistet sein, während Motivatoren als Anreize dienen, die Arbeitszufriedenheit herzustellen oder zu erhöhen.

ÜBUNGSAUFGABE

Möglicherweise setzt Ihr Arbeitgeber Anreize, um Ihnen die Arbeit schmackhaft zu machen, neben dem Entgelt vielleicht eine betriebliche Altersversorgung. Bitte listen Sie sie auf. Unter Umständen sind Ihnen jedoch nicht alle Anreize bewusst und manche interessieren Sie auch nicht. Die verfehlen dann ihre Wirkung. Bitte versuchen Sie, sich auch einige dieser Anreize zu vergegenwärtigen.

Die Zwei-Faktoren-Theorie schärft den Blick für **die möglichen Anreize**, die man als Führungskraft setzen kann.

- Das sind zunächst jene, die die Mitarbeiterinnen und Mitarbeiter als **Selbstverständlichkeiten** verstehen, nämlich ein gerechtes Entgelt, der Status, den sie mit ihrer Arbeit erlangen, das Führungsverhalten, die Beziehungen, die sie während der Arbeit pflegen, und die Arbeitsbedingungen, die so gestaltet werden sollten, das man sich wohlfühlen kann. Aber die Mittel, die einem als Führungskraft zur Verfügung stehen, sind beschränkt. Aus dem Privatleben der Mitarbeiterinnen und Mitarbeiter sollte man sich wohl heraushalten. Ferner hat die einzelne Führungskraft nur einen sehr eingeschränkten Einfluss auf die Unternehmenspolitik und -organisation sowie die Arbeitsplatzsicherheit.
- Selbst wenn die Führungskraft alles dafür tut, dass die besagten Selbstverständlichkeiten vorhanden sind, ist noch nicht davon auszugehen, dass die Mitarbeiterinnen und Mitarbeiter motiviert sind. Dazu bedarf es **mehr**, nämlich ansprechender Arbeitsaufgaben und -inhalte sowie der Chance auf Selbstbestätigung, Leistungserfolg, Anerkennung, Verantwortung, Beförderung und Aufstieg. Realistische Chancen kann man aber wiederum auch nur dann gewährleisten, wenn alle Verantwortlichen des Arbeitgebers mitspielen.

In der Praxis hört man häufig die Kritik, es sei falsch, dass sich das **Entgelt**, auf das als Anreiz so viel Wert gelegt wird, »nur« als einer von vielen Kontextfaktoren wiederfindet, mit dem man die Mitarbeiterinnen und Mitarbeiter »lediglich« nicht unzufrieden stellen kann. Umfragen belegen jedoch immer wieder, dass das Entgelt für die Motivation in der Tat nicht die hervorragende Rolle spielt, die ihm oft zugebilligt wird.

So gaben 82 Prozent der vom Meinungsforschungsinstitut Forsa befragten 1.000 Beschäftigten auf die Frage, was sie motiviert, an, das sei ein gutes kollegiales Umfeld. Respekt und Anerkennung folgten mit 75 Prozent auf dem zweiten, eine abwechslungsreiche Tätigkeit mit 73 Prozent auf dem dritten Rang. Zu einem ähnlichen Ergebnis kam eine Studie der Unternehmensberatung Hay und der Jobbörse Stepstone. 80 Prozent von 18.000 Befragten fühlten sich durch ein gutes kollegiales Umfeld motiviert. Ein erfüllender Job war für 66 Prozent ebenfalls eine wichtige Triebfeder. Mit 56 Prozent folgte auf Rang drei das Entgelt (Forsa/Hay/Stepstone 2012, S. 9).

Hier ist gleichfalls ersichtlich, dass das Entgelt ein wichtiger, aber nicht der wichtigste Anreiz ist. Das Entgelt ist fraglos umso wichtiger, je mehr man auf Geld angewiesen ist, um den Lebensunterhalt der Familie zu bestreiten oder je höher man den eigenen Lebensstandard setzt (Warr/Clapperton 2011, S. 98 f.).

3.3 Motive: Mehr als das Entgelt

Menschen haben kein unveränderliches Repertoire von Motiven. Unter anderem durch äußere Anreize ändern sie ihre Motive Zeit ihres Lebens. Trotzdem können Anreize nur dann etwas bewirken, wenn sie auf eine zwar auf lange Sicht durchaus formbare Handlungsbereitschaft, ein

Motiv treffen. Ein Anreiz, der ins Leere geht, bewirkt nicht das, was beabsichtigt ist. Beispielsweise weckt eine Einladung in ein Steak-Restaurant bei einer Vegetarierin keine Freude. Anreiz und Motiv müssen, bildlich gesprochen, zusammenpassen wie Schlüssel und Schloss.

Man kann Menschen zuweilen so manipulieren, dass sie glauben, Spaß an Dingen oder Tätigkeiten zu haben, die sie eigentlich nicht mögen. Mit Motivation hat diese **Manipulation** nichts zu tun. Auf der Basis neurobiologischer Erkenntnisse über die Funktionsweise des Gehirns funktioniert das, was oft propagiert wird, aber nicht: Man kann Menschen nicht in dem Sinne motivieren, dass man sie dazu bringt, tatsächlich Spaß an Dingen oder Tätigkeiten zu haben, die sie eigentlich nicht mögen. Jeglicher Ansatz, das zu tun, kommt einer **Dressur** gleich und erzeugt bestenfalls erzwungene Anpassung an die Anordnungen des Dompteurs (Hüther 2009, S. 159).

Zwar werden Anreize von außen gesetzt, Menschen können sich im Kern aber nur selbst motivieren. Man muss jedem einzelnen Menschen seine eigenen Ansätze und Versuche zugestehen, sich selbst und seine Welt, ergo auch seine Motive, zu definieren. Andere könnten diese **Selbstmotivation** durch die besagten Anreize in einem indirekten und eher beschränkten Maße beeinflussen (Sievers 1987, S. 269 ff.).

Als Führungskraft muss man sich folglich erst einmal ein Bild davon machen, was die Menschen um einen herum bewegt. Gefordert ist demzufolge das, was man als **Empathie**, Einfühlungsvermögen oder Verständnisbereitschaft bezeichnet. Man ist aufgefordert, sich zu vergegenwärtigen, wie das eigene Verhalten das Verhalten der Mitarbeiterinnen und Mitarbeiter beeinflusst und umgekehrt. Man muss sich in andere Menschen hineinversetzen können (Goleman 1999, S. 29, 33 f.).

Dabei soll angeblich jene **Einteilung** helfen, die vielfach zur Veranschaulichung der Motive herangezogen wird (Jung 2017, S. 369 f.):

- Zu den **physischen** Motiven zählen biologische Bedürfnisse, wie Hunger und Durst. **Psychische** Motive können Unabhängigkeit, Selbstverwirklichung und -entfaltung sein. **Soziale** Motive sind auf die Anerkennung durch andere Menschen ausgerichtet. Hier können Freundschaft und Zugehörigkeit zu bestimmten Gruppen genannt werden.
- **Primäre** Motive, etwa Hunger und Durst, sind Motive, die jeder Mensch von Geburt an instinktiv in sich trägt. Die **sekundären** Motive sind Mittel zur Befriedigung anderer Motive. Das Geldmotiv ist zum Beispiel ein sekundäres Motiv, da sich mit Geld viele primäre Motive befriedigen lassen.
- Die genannten Motive können zudem **bewusst** oder unbewusst, **stark** oder schwach und **bedeutend** oder unwichtig sein, das **Gesamte** oder Teilbereiche des Erlebens ausfüllen und **periodisch** oder aperiodisch auftreten.

Diese Einteilung schafft nur eine begriffliche Orientierung, aber keine für die Führungspraxis. Die bietet indes eine der einflussreichsten Motivationstheorien, die Theorie der **Bedürfnishie-**

rarchie von *Abraham Harold Maslow*. Unter einem Bedürfnis versteht er ein Gefühl des Mangels. Motive sind nur die akut unbefriedigten Bedürfnisse, die das Verhalten eines Menschen nennenswert bestimmen (Franken 2010, S. 88 ff.).

Menschen haben demnach **Defizitbedürfnisse**, die erfüllt werden müssen, um Mangelzustände und Störungen zu vermeiden oder zu beenden (Maslow 1954, S. 80 ff.).

- **Physiologische Grundbedürfnisse**, etwa nach Sauerstoff, Nahrung und Getränken, sind auf die Selbsterhaltung ausgerichtet. Sie ergeben sich aus der physischen Natur des Menschen.
- **Sicherheitsbedürfnisse** konzentrieren sich auf den Schutz vor Gefahren. Sie richten sich auf Geborgenheit, Ordnung und Gefahrlosigkeit.
- **Soziale Bedürfnisse** kennzeichnen, gerade im Arbeitsleben, den Wunsch nach Zuwendung, Geselligkeit, Gemeinschaft, Zugehörigkeit, Freundschaft und Zuneigung.
- Selbstachtungs-, Ich- oder **Wertschätzungsbedürfnisse** beinhalten das Streben nach Selbstgefühl, Unabhängigkeit und Anerkennung.

Diese Bedürfnisse werden als Defizitbedürfnisse bezeichnet, weil sie für einen gewissen Zeitraum weitgehend befriedigt werden können und dann nicht mehr wirksam sind. Ferner kann der Wunsch nach der Befriedigung höherer Defizitbedürfnisse erst aufkommen, wenn das jeweils niedrigere Defizitbedürfnis im Ansatz befriedigt ist. Deshalb werden die Defizitbedürfnisse in der genannten Reihenfolge nacheinander verhaltenswirksam, also zu Motiven (Maslow 1954, S. 80 ff.).

Die **Wachstumsbedürfnisse** sind hingegen auf die Entfaltung der im Menschen liegenden Möglichkeiten ausgelegt. Als Wachstumsbedürfnisse werden die Bedürfnisse nach **Selbstverwirklichung** bezeichnet, also nach der Realisierung der eigenen Pläne und Vorstellungen, der Entfaltung der eigenen Anlagen und Kreativität. Diese Wachstumsbedürfnisse bestimmen erst dann das Verhalten, das heißt, sie entwickeln sich erst dann zu Motiven, wenn alle Defizitbedürfnisse als ausreichend befriedigt empfunden werden. Die Befriedigung von Wachstumsbedürfnissen führt auch nicht dazu, dass sie verhaltensunwirksam werden. Im Gegenteil, die Befriedigung von Wachstumsbedürfnissen bringt gerade eine verstärkte Wirksamkeit mit sich (Maslow 1954, S. 91 f.).

Bedauerlicherweise hat sich eine **unglückliche Darstellung** dieser Zusammenhänge durchgesetzt. Die Abfolge der Bedürfnisse wird als Pyramide mit den physiologischen Grundbedürfnissen an der Basis und den Bedürfnissen nach Selbstverwirklichung an der Spitze dargestellt. Damit entsteht der falsche Eindruck, man könne ein Bedürfnis komplett und für alle Zeit befriedigen und die jeweils höher angesiedelten Bedürfnisse seien höherwertig, aber weniger umfangreich als die darunter stehenden. So ist das aber nicht gemeint. Vielmehr wird das Verhalten regelmäßig durch mehrere Bedürfnisse bestimmt, die sich überlappen. Dabei ist aktuell immer ein Bedürfnis vorherrschend. Das kommt in der leider seltener gezeigten Abb. 3.3 weitaus besser zum Ausdruck.

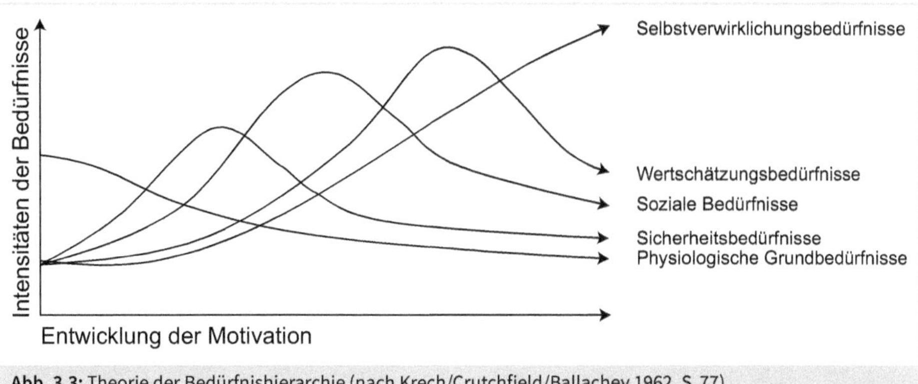

Abb. 3.3: Theorie der Bedürfnishierarchie (nach Krech/Crutchfield/Ballachey 1962, S. 77)

ÜBUNGSAUFGABE

Bitte stellen Sie sich vor, es gäbe tatsächlich eine gute Fee, die Ihnen drei Wünsche erfüllen will. Was würden Sie sich wünschen, wenn nur Wünsche rund um Ihre Berufstätigkeit zulässig sind?

Die Theorie der Bedürfnishierarchie wird aus vielen Gründen kritisiert. Trotz aller Kritik gibt sie jeder Führungskraft eine ebenso verständliche wie überzeugende **Orientierungshilfe** für die Beantwortung der Frage, was die Mitarbeiterinnen und Mitarbeiter bewegen könnte. Das gilt insbesondere dann, wenn man sie durch längere Zusammenarbeit gut kennengelernt hat und wenn man versucht, die eher abstrakten Bedürfnisse für die betriebliche Praxis so zu konkretisieren, wie es Abb. 3.4 verdeutlicht.

Bedürfnisse bzw. Motive	Erwartungen an das Unternehmen	Erwartungen an die Führungskraft
Physiologische Motive	• Gerechtes Entgelt • Verpflegung, Betriebsarzt, Betriebssport	• Gerechtes Entgelt
Sicherheitsmotive	• Arbeitsplatz ohne Verletzungsrisiko • Lange Kündigungsfristen • Betriebliche Altersversorgung • Klare Regelungen • Wirtschaftliche Sicherheit	• Berechenbares Verhalten • Klare Regelungen
Soziale Motive	• Gruppenarbeit • Betriebsfeiern und -ausflüge • Informationen	• Prinzip der offenen Tür • Kommunikation auf allen Ebenen • Informationen

Bedürfnisse bzw. Motive	Erwartungen an das Unternehmen	Erwartungen an die Führungskraft
Wertschätzungsmotive	• Statussymbole • Vollmachten • Aufstiegsmöglichkeiten • Entgelte mit Erfolgsbeteiligung	• Lob und Kritik • Keine verdeckten Kontrollen • Delegation
Selbstverwirklichungs-motive	• Individuelle Arbeitszeitgestaltung • Neigungsgerechter Personaleinsatz • Förderung	• Eigene Gestaltungsmöglichkeiten bei der Arbeit • Abwechslungsreiche, selbstständige und herausfordernde Arbeit

Abb. 3.4: Motive in der betrieblichen Praxis (nach Knoblauch 2004, S. 107)

Wie bei den Anreizen kommt also auch bei den Motiven das **Entgelt** aufs Tapet. Die Führungskraft muss sich demnach intensiv mit dem Entgelt ihrer Mitarbeiterinnen und Mitarbeiter befassen.

Allerdings ist die **Zuständigkeit für Entgeltfragen** zuweilen nicht klar geregelt. Die Betroffenen machen dann die leidvolle Erfahrung, dass sie für ihren Wunsch nach einer Entgelterhöhung keinen rechten Ansprechpartner finden. Grundsätzlich sollte man alsunmittelbare Führungskraft immer der erste Ansprechpartner sein. Zu im Voraus festgelegten Terminen mit den Personal- und Budgetverantwortlichen sollte in einem festen Turnus eine Entgeltplanung bzw. -festlegung für alle Mitarbeiterinnen und Mitarbeiter in eigenen Zuständigkeitsbereich angesetzt werden. Im Einzelfall muss dann immer noch eine Entscheidung abweichend von diesem Turnus möglich sein. Analog sollte man im Vorfeld einer Einstellung vorgehen. Damit sind aber nur die organisatorischen Fragen geregelt (Bröckermann 2021a, S. 190).

Es bleibt immer noch die Problematik, wie viel eine Arbeit gerechterweise wert ist und in welchem Verhältnis die Entgelte für verschiedene Tätigkeiten zueinander stehen. Da es keinen objektiven Maßstab für die **Entgeltgerechtigkeit** gibt, werden zumindest die gesetzlichen Vorgaben eingehalten, beispielsweise die Mindestlöhne, und vor allem die Ergebnisse der Verhandlungen um Tarifverträge (zwischen Arbeitgeber bzw. Arbeitgeberverband und Gewerkschaft) und Betriebsvereinbarungen (zwischen Arbeitgeber und Betriebsrat) umgesetzt. Davon abgesehen sind nicht nur beim Abschluss eines Arbeitsvertrages im Spannungsfeld der Interessen laufend Entscheidungen über die Entgelthöhe zu treffen. Dabei ist man bemüht, ein anforderungs-, leistungs- und marktgerechtes Entgelt zu finden und allen Betroffenen die gleichen Chancen zu sichern. Zudem will man auch soziale Gerechtigkeit sicherstellen. Zu diesem Zweck kommen fünf Instrumente zum Einsatz (Abb. 3.5, Bleich/Paul 2013, S. 1525 ff.).

Zielvorgabe		Instrument
Anforderungsgerechtigkeit	↔	Arbeitsbewertung
Leistungsgerechtigkeit	↔	Leistungsbewertung
Marktgerechtigkeit	↔	Entgeltvergleiche
Fairness	↔	Entgeltsystem
Soziale Gerechtigkeit	↔	Arbeitsentgelt ohne Arbeitsleistung

Abb. 3.5: Zielvorgaben und Instrumente für ein gerechtes Entgelt (nach Bröckermann 2021a, S. 196)

Zumeist ist das Personalwesen mit der Erhebung und Strukturierung der erforderlichen Daten befasst, zuweilen zusätzlich noch eine Abteilung für die Arbeitszeitermittlung. Die Führungskraft hat in diesem Zusammenhang die Aufgabe, die gegebenenfalls widersprüchlichen Interessen der Budgetverantwortlichen und der betroffenen Mitarbeiterinnen und Mitarbeiter zusammenzuführen.

Unterschiedliche Arbeiten sind regelmäßig auch durch einen unterschiedlichen Schwierigkeitsgrad, das heißt unterschiedliche **Anforderungen** gekennzeichnet. Diese Anforderungen müssen sich im Entgelt niederschlagen. Um das zu gewährleisten, nehmen die Fachleute, die einem hoffentlich zur Seite stehen, eine analytische **Arbeitsbewertung** vor. Sie greifen dabei auf die als Genfer Schema bekannt gewordene Einteilung zurück, die im Kapitel Planung wiedergegeben ist (Abb. 5.8). Jede Anforderung wird einzeln einer wertenden Betrachtung unterzogen, das heißt gewichtet, um zu verdeutlichen, welche Bedeutung sie für das Gesamturteil hat. Die gewichteten Anforderungen werden dann aufsummiert. Aus ihrer Summe resultiert der Arbeitswert der gesamten Tätigkeit, der ein Symbol der Arbeitsschwierigkeit dieser Tätigkeit ist (Oechsler/Paul 2019, S. 378 ff.).

Falls man als Führungskraft hier keine Unterstützung durch Fachleute erfährt, sollte man analog vorgehen. Dabei ist zu beachten, dass hier keinesfalls Mitarbeiterinnen und Mitarbeiter bewertet werden, sondern ausschließlich Tätigkeiten. Es sollte festgehalten werden, welche Tätigkeiten für eine Stelle zu verrichten sind. Gegebenenfalls können diese Tätigkeiten mit dem einschlägigen Tarifvertrag vergleichen werden. Ein solcher Tarifvertrag listet nämlich in der Regel diverse Entgeltgruppen auf, jeweils mit einer Beschreibung der Tätigkeiten, die diesen Entgeltgruppen zugeordnet sind und dem Entgelt, das für diese dafür gezahlt wird.

Wird nicht tariflich entlohnt, muss jede einzelne der verrichteten Tätigkeiten, und sei es in Schulnoten, nach ihrem Schwierigkeitsgrad und der notwendigen Vorbildung benotet werden, es muss abgeschätzt werden, wie bedeutsam jede Tätigkeit für die Stelle ist, die Note demnach mit einem Multiplikationsfaktor versehen, und schließlich eine Gesamtnote für die Stelle, in anderen Worten ihr »Arbeitswert« errechnet werden. Die Arbeitswerte für die unterschiedlichen

Stellen im eigenen Zuständigkeitsbereich kann man dann mit den gezahlten Entgelten vergleichen und auf diesem Wege einschätzen, ob und welche Korrekturen angeraten sind.

Entgeltgruppen verfügen oft über eine Bandbreite. Sie dient der Differenzierung der individuellen Entgelte nach der **Leistung**. Innerhalb der jeweiligen Bandbreite sind exakte Regeln zu formulieren, etwa leistungsbezogene Stufen. In aller Regel sind diese Überlegungen bereits im jeweils einschlägigen Tarifvertrag umgesetzt. Darüber hinaus soll eine Beurteilung, speziell die **Leistungsbewertung**, ein leistungsgerechtes Entgelt und damit eine starke Leistungsmotivation der Mitarbeiterinnen und Mitarbeiter sicherstellen. Die quantitative Leistungsbewertung mit Leistungsziffern ermittelt Kennzahlen für das Leistungsergebnis, die durch Zählen und Messen gewonnen werden, meist durch die Fachleute einer Abteilung für die Arbeitszeitermittlung. Die qualitative Leistungsbewertung ermittelt hingegen Leistungswerte, also Kennzahlen für qualitative Kriterien wie Leistungs-, Sozial- und Führungsverhalten, vergleichbar den Schulnoten (Schmalen/Pechtl 2013, S. 158 ff.).

Für die Entscheidung, in eben dieser Abteilung und diesem Unternehmen zu arbeiten oder zu verbleiben, ist neben anderen Überlegungen ein **Entgeltvergleich** entscheidend. Man vergleicht das Entgeltniveau des Beschäftigungsunternehmens mit dem anderer Unternehmen. Es gilt heute als gesicherte Erkenntnis, dass für die Mitarbeiterinnen und Mitarbeiter dabei die absolute Höhe ihres Entgelts von wesentlich geringerer Bedeutung ist als die für sie erkennbaren Relationen. Aufseiten des Arbeitgebers ist man deshalb gut beraten, selbst Entgeltvergleiche anzustellen, um **marktgerechte**, konkurrenzfähige Entgelte sicherzustellen. Allerdings kann eine einzelne Führungskraft diese Aufgabe nicht bewältigen, sondern bestenfalls Informationen beisteuern. Hier sollten Fachleute aus dem Personalwesen tätig werden. Im Ergebnis sind gegebenenfalls Konjunktur- und Marktzuschläge angebracht (Schmalen/Pechtl 2013, S. 160 ff.).

Das eigene Entgelt wird auch mit dem anderer Mitarbeiterinnen und Mitarbeiter des Arbeitgebers verglichen. Dabei ist gleichfalls die absolute Höhe des Entgelts von wesentlich geringerer Bedeutung als die erkennbaren Relationen. Für die gleichen Tätigkeiten und die gleiche Leistung sollten folglich auch vergleichbare Entgelte gezahlt werden. Gewährleisten kann man diese **Fairness** durch ein **Entgeltsystem**, das die Arbeitsbewertung sowie gegebenenfalls eine Leistungsbewertung und Marktzuschläge zu einer Ganzheit verbindet. Ein derartiges Entgeltsystem schließt Willkür weitestgehend aus. Zugleich stellt es vernünftige und einsichtige Relationen zwischen den Entgelten sicher. Wiederum kann man als einzelne Führungskraft diese Aufgabe nicht bewältigen, sondern bestenfalls Informationen beisteuern. Hier sollten ebenfalls Fachleute aus dem Personalwesen tätig werden.

Für die **soziale Gerechtigkeit** ist durch Gesetze, unter anderem in Sachen Besteuerung und Sozialversicherung, durch Tarifverträge, Betriebsvereinbarungen sowie Arbeitsverträge Sorge getragen. Sie sehen ein **Arbeitsentgelt ohne Arbeitsleistung** vor, etwa bei persönlicher Verhinderung, für den Urlaub, an gesetzlichen Feiertagen und im Krankheitsfall. Mitarbeiterinnen und Mitarbeitern ist aber durch eine entgegenkommende Auslegung geholfen, solange dabei niemand ungerechtfertigt bevorzugt oder benachteiligt wird (Olfert 2019, S. 423 ff.).

3.4 Zielstrebigkeit: Arbeitsziele und persönliche Ziele

Anreize sind zielgerichtet, aber sind die Mitarbeiterinnen und Mitarbeiter das auch, das heißt sind sie zielstrebig? Führungskräfte wissen aus Erfahrung, dass das oft der Fall ist, aber nicht immer.

Victor Harold Vroom erklärt mit seiner Motivationstheorie, warum das so ist. In seinen Worten hängt »die Stärke der Handlungstendenz« davon ab, inwieweit die »Handlungsergebnisse« als Mittel zur Erreichung persönlicher Ziele erachtet werden. Anders gesagt hängt die **Zielstrebigkeit** bzw. Leistungsbereitschaft von Mitarbeiterinnen und Mitarbeiter davon ab, inwieweit sie die Verwirklichung der Arbeitsziele als Mittel zur Erreichung ihrer persönlichen Ziele ansehen (Vroom 1964, S. 14 ff.).

ÜBUNGSAUFGABE

Was möchten Sie ganz persönlich in den nächsten Jahren erreichen? Steht Ihnen dafür Ihre derzeitige Berufsausübung im Weg oder ebnet sie Ihnen den Weg? Wenn sie Ihnen den Weg ebnet, wie geschieht das?

Man kann daraus schließen, dass man seinen Mitarbeiterinnen und Mitarbeitern Möglichkeiten bieten muss, sich **in der Arbeit** zu **verwirklichen** und persönliche Herausforderungen zu bewältigen (Abb. 3.6, Niermeyer/Postall 2008, S. 48 ff.).

- Die Führungskraft steht dafür gerade, dass die Interessen der Mitarbeiterinnen und Mitarbeiter berücksichtigt werden und die Selbstverwirklichung durch die Arbeit möglich ist. Deshalb sollte man mit ihnen **realistische Ziele** für ihre Arbeit suchen, abstimmen, formulieren und beschließen, die nicht im Widerspruch zu den persönlichen Zielen der Mitarbeiterinnen und Mitarbeiter stehen.
- Die Führungskraft muss die **persönlichen Ziele** der Mitarbeiterinnen und Mitarbeiter bei der Planung und der Zuteilung der Arbeit berücksichtigen. Konkret bedeutet das, ihnen durch attraktive Stellen und Arbeitszeitmodelle gute Arbeitsbedingungen und Freiräume für die individuelle und flexible Zeiteinteilung zu bieten.
- Zu den Aufgaben einer Führungskraft zählt es, ihren Mitarbeiterinnen und Mitarbeitern den **Aufstieg** zu ermöglichen, sie also zu fördern und
- für eine gute **Zusammenarbeit** zu sorgen. Die Führungskraft sollte ihnen mit Rat und Tat beiseite stehen, wenn sie in Not geraten, und alle Aktivitäten des Unternehmens rund um die Kinderbetreuung und die Gesundheit unterstützen.

Die Ziele für die Arbeit können aber in einen grundlegenden **Konflikt zu den persönlichen Zielen** geraten. Das wäre etwa so, wenn ein Pazifist, der in der Bekleidungsindustrie arbeitet, feststellen muss, dass sein Beschäftigungsunternehmen Soldatenuniformen fertigen will. In solchen Fällen muss die zuständige Führungskraft im Gespräch mit ihm gemeinsam nach einem Weg suchen, der es ihm ermöglicht, die persönlichen Ziele mit den Zielen für die Arbeit zu vereinbaren: Wenn für den Mitarbeiter das Argument, dass Uniformen keine Waffen sind, nicht sticht, käme etwa eine Versetzung in einen anderen Fertigungsbereich infrage.

Mitarbeiterinnen und Mitarbeitern Möglichkeiten bieten, sich in der Arbeit zu verwirklichen und persönliche Herausforderungen zu bewältigen	
• Selbstverwirklichung bei der Arbeit ermöglichen • Ziele für die Arbeit abstimmen, die nicht im Widerspruch zu persönlichen Zielen stehen	• Mitarbeiterinnen und Mitarbeiter fördern • Aufstieg ermöglichen
• Durch attraktive Stellen und • Arbeitszeitmodelle • gute Arbeitsbedingungen und • Freiräume für die individuelle und flexible Zeiteinteilung bieten	• Für eine gute Zusammenarbeit sorgen • Mit Rat und Tat beiseite stehen • Aktivitäten rund um Kinderbetreuung und Gesundheit unterstützen
Wenn die Ziele für die Arbeit in einen grundlegenden Konflikt zu den persönlichen Zielen geraten, im Gespräch nach einem Ausweg suchen	

Abb. 3.6: Zielstrebigkeit (eigene Darstellung)

3.5 Motiviertes Verhalten: Gelernt ist gelernt

In der Praxis lässt sich beobachten, dass durchaus leistungsbereite, zielstrebige Mitarbeiterinnen und Mitarbeiter sich in ähnlichen Arbeitssituationen sehr wohl recht verschieden **verhalten**, das heißt auch unterschiedlich intensiv arbeiten.

ÜBUNGSAUFGABE

Es gibt sicherlich einiges in Ihrem Beruf, das Sie routiniert erledigen. Bitte rufen Sie sich ein Beispiel für Ihre Routine in Erinnerung und überlegen Sie, wie Sie diese Routine entwickelt haben.

Erklärungsansätze dafür finden sich in den Lerntheorien, denn das **Lernen** ist unter anderem eine Verhaltensänderung aufgrund von Erfahrungen. Man verhält sich genau so und nicht anders, weil man es so gelernt hat. Die Lerntheorien sind in recht unterschiedlichen Denkrichtungen der Verhaltenswissenschaften verankert, die sich aber nicht ausschließen, sondern ergänzen (Abb. 3.7, Franken 2010, S. 8 ff.).

Zunächst geht man davon aus, dass das Verhalten von **Umweltbedingungen** bestimmt wird (Bodenmann et al. 2004, S. 99 ff.).

- Auf den Forschungen von *Iwan Petrowitsch Pawlow* beruht die Erkenntnis, dass Verhalten **klassisch konditioniert** ist. Man reagiert zunächst auf einen Anreiz. Später wird das erlernte Verhalten auch in einer anderen Situation abgerufen. Zum Beispiel wird Frau Müller oft

von Herrn Schmitz am Telefon beleidigt, was Frau Müller sehr belastet. Sie zuckt schon zusammen, wenn das Telefon klingelt (Pawlow 1973, S. 1 ff.).
Die Führungskraft sollte deshalb keinesfalls unbedacht negative Anreize im Stil dieses Beispiels setzen, sondern sich die **positiven Anreize** aus der bereits erläuterten Zwei-Faktoren-Theorie vergegenwärtigen (Abb. 3.2).

- *Burrhus Frederic Skinner* hat ermittelt, dass man außerdem durch die Erfahrung mit Erfolgen und Misserfolgen lernt, also die Beziehung von Anreiz, Reaktion und Konsequenz. Das nennt man **operantes Konditionieren**. Dabei verstärken unmittelbare und angenehme Konsequenzen, also Belohnungen, das Verhalten weit mehr als Bestrafungen. So berichtet der Trainer eines Weltmeisters im Schwergewichtsboxen, sein Schützling habe auf Kritik gar nicht reagiert, aber sehr wohl, wenn er Bewegungsabläufe, die mehr zufällig in die richtige Richtung gingen, unmittelbar gelobt hat (Skinner 1953, S. 1 ff.).
  Menschen legen unter Zwang ein Verhalten an den Tag, das gerade noch eine weitere Bestrafung vermeidet. Die Führungskraft sollte folglich nicht mit **Lob** sparen. Kritik ist dort angebracht, wo es darum geht, Perspektiven für die Zukunft zu setzen (Abb. 9.7).

Man kann menschliches Verhalten aber nicht vollständig durch Anreize steuern, weil Menschen dazu in der Lage sind, Anreize aktiv und **selbstständig** zu verarbeiten (Lefrancois 2006, S. 166 ff.).

- Das Lernen erfolgt laut *Wolfgang Köhler* weniger durch Versuch und Irrtum als durch **plötzliche Einsicht**, das heißt das Verstehen der Zusammenhänge. Gemeint ist das, was man umgangssprachlich als Aha-Erlebnis bezeichnet. Dafür muss die Lernsituation allerdings gut strukturiert und anschaulich sein. Das einmal durch Einsicht erzeugte Verhalten kann jederzeit wiederholt und auf jede Situation übertragen werden (Köhler 1971, S. 1 ff.).
  Eine Führungskraft ist mithin aufgefordert, ihren Mitarbeiterinnen und Mitarbeitern durch umfangreiche, anschauliche Informationen die Zusammenhänge zu erläutern, um sie dann möglichst eigenständig **Aha-Erlebnisse** machen zu lassen.
- Das Lernen von Verhaltensweisen beruht *Albert Bandura* zufolge ferner auf der **Nachahmung**. Lernen ist auch ein Modelllernen, wobei man unter Modellen beispielsweise andere Menschen, mündliche oder schriftliche Instruktionen, Bilder sowie Charaktere eines Buchs oder eines Films versteht. In der Tat nehmen wir uns das als Vorbild, was wir in unserem Umfeld als attraktiv wahrnehmen. Manche kommen so zum Motorradfahren, andere in die Politik (Bandura 1976, S. 1 ff.).
  Die Führungskraft muss folglich für **attraktive Arbeitsinhalte und -bedingungen** sorgen und darauf setzen, dass die Mitarbeiterinnen und Mitarbeiter daraus lernen. Zudem hat jede Führungskraft eine **Vorbildfunktion**. Sie sollte ein gutes Beispiel geben, um unter Beweis zu stellen, dass sie von ihren Mitarbeiterinnen und Mitarbeitern nur das erwartet, was sie auch für sich selbst gelten lässt.

Unter anderem *Jerome S. Bruner* ist die Einsicht zu verdanken, dass wir unsere Wirklichkeit jedoch zu guter Letzt subjektiv **konstruieren**, indem wir die Informationen, die wir durch unsere Sinne aufgenommen haben, auf der Grundlage unserer persönlichen Erfahrungen und unseres persönlichen Wissens über die Welt verarbeiten. Ergo ist das Lernen jedes Menschen einzigartig. Somit ist man aufgefordert, im Gespräch mit seinen Mitarbeiterinnen und Mitarbeitern zu **ergründen**, warum sie mehr oder weniger intensiv arbeiten (Bruner 1990, S. 1 ff.).

Theoretischer Hintergrund: **So wird das (Arbeits-)Verhalten geprägt**	**Praktische Umsetzung:** **So fördern Führungskräfte motiviertes Verhalten**
• Auf einen Anreiz reagieren • Abrufen dieser Reaktion in einer anderen Situation	• Keine negativen Anreize setzen • An den positiven Anreizen aus der Zwei-Faktoren-Theorie orientieren (Abb. 3.2)
• Erfahrung mit Erfolgen und Misserfolgen • Unmittelbare Belohnungen als Verstärker	• Loben (Abb. 9.7) • Kritisieren, wo es darum geht, Perspektiven für die Zukunft zu setzen
• Plötzliche Einsicht in anschaulichen Lernsituationen • Kann jederzeit wiederholt werden • Kann auf jede Situation übertragen werden	• Durch umfangreiche, anschauliche Informationen die Zusammenhänge erläutern • Mitarbeiterinnen und Mitarbeiter möglichst eigenständig zu Aha-Erlebnissen kommen lassen
• Nachahmung	• Für attraktive Arbeitsinhalte und -bedingungen sorgen • Selbst ein gutes Beispiel geben
• Das Lernen jedes Menschen ist einzigartig	• Im Gespräch mit den Mitarbeiterinnen und Mitarbeitern ergründen, warum sie wie intensiv arbeiten

Abb. 3.7: Motiviertes Verhalten (eigene Darstellung)

3.6 Anpassung: Innere Kündigung und Fehlzeiten

Wenn Mitarbeiterinnen und Mitarbeiter aufgrund der gesetzten Anreize nicht zufrieden oder gar unzufrieden sind, passen sie sich an. Das geht so weit, dass man sie auf Dauer nicht halten kann, wenn sich ihnen Alternativen bieten.

Eine derartige **Anpassung** sollte man als Führungskraft möglichst früh vereiteln. Dafür muss man aber wissen, wie der Anpassungsprozess abläuft und wie man aufgrund dessen eingreifen kann.

Das beschreibt *John Stacy Adams* in seiner Gleichheitstheorie, die auch unter der Bezeichnung Equity- oder Balancetheorie bekannt geworden ist. Er geht davon aus, dass man stets ein aus der eigenen Sicht gerechtes Verhältnis zwischen seinem Aufwand, das ist beispielsweise die Arbeitsleistung, und dem dafür erhaltenen Ertrag, also etwa dem Entgelt, anstrebt. Zu diesem Zweck vergleicht man das eigene Verhältnis von Aufwand und Ertrag mit dem anderer: Ist es das Gleiche oder weicht es ab? Diese Prüfung endet mit der subjektiven Beurteilung der **Ge-**

rechtigkeit. Man kann sich gegenüber der Vergleichsperson bevorteilt, gleichwertig oder benachteiligt fühlen (Adams 1963, S. 422 ff.).

Im letzteren Fall, wenn sich ein Mensch also subjektiv benachteiligt fühlt, versucht er, das Ungerechtigkeitsgefühl zu beseitigen. Dazu gibt es grundsätzlich **sechs Strategien der Anpassung**,

1. die **Verzerrung** des Wertes der Aufwände und Erträge, wenn man sich etwa sagt, die ständigen Überstunden würden dem Privatleben kaum schaden,
2. die **Beeinflussung** der Vergleichsperson, z. B. Diskussionen mit Kolleginnen und Kollegen um deren Einsatz im Vergleich zum Entgelt,
3. die **Wahl** einer anderen Vergleichsperson, beispielsweise mit dem Argument, der Kollege sei ja verrückt,
4. die aktive Veränderung des eigenen **Ertrags**, z. B. der Verzicht auf Leistungszulagen, die subjektiv im Vergleich zum geforderten Einsatz zu gering erscheinen,
5. die aktive Veränderung des eigenen **Aufwands**, etwa eine Verringerung des Arbeitseinsatzes,
6. das, was die Wissenschaft als »**Verlassen des Feldes**« bezeichnet, also die Kündigung.

Damit ist im Kern der Weg in die **innere Kündigung** oder gar die faktische Kündigung beschrieben. Die eigene Arbeitssituation wird aufgrund subjektiver Erwartungen, Erfahrungen und Standards negativ bewertet, denn man nimmt ein ungerechtes Verhältnis zwischen Arbeitsaufwand und Arbeitsertrag wahr. Nun unterzieht man die Arbeitssituation umgehend einer zweiten, gleichfalls subjektiven Bewertung, indem man prüft, ob und welche Beeinflussungsmöglichkeiten man zur Veränderung hat.

- Als Ergebnis dieses zweiten Prüfprozesses kann sich ergeben, dass man **resignativ** keine Chancen sieht.
- Wenn man die Situation hingegen **konstruktiv** für veränderbar hält, trägt man seine Erwartungen und Bedürfnisse seiner Führungskraft vor. Spätestens nach zwei oder drei vergeblichen Versuchen muss man erkennen, dass man die aus seiner Sicht unbefriedigende Arbeitssituation doch nicht beeinflussen kann. Die konstruktive Unzufriedenheit schlägt in **resignative Unzufriedenheit** um. Man ergreift die Flucht.
  Mit einer **physischen Flucht** kann man sich objektiv der Arbeitssituation entziehen. Man wird sich beispielsweise zeitweilig krankmelden, in Besprechungen, Gremien und auf Dienstreisen zurückziehen. Dieser zeitweilige Rückzug hat Grenzen. Die endgültige physische Flucht ist die Kündigung.
  Will oder kann man den endgültigen Schritt nicht tun, bietet sich die **psychische Flucht** durch resignative Anpassung an. Man senkt sein Anspruchsniveau und unterzieht die unausweichliche Arbeitssituation einer erneuten Bewertung. Im Ergebnis kommt man so zu der Einsicht, dass die Arbeitssituation positive Aspekte hat, man sich aber nicht über Gebühr einsetzen sollte. Damit hat man die innere Kündigung ausgesprochen (Comelli/Rosenstiel/Nerdinger 2014, S. 119 ff.).

Nach einer Umfrage des Beratungsunternehmens Gallup haben immerhin 23 Prozent der Beschäftigten in Deutschland innerlich gekündigt (Fraune 2012, S. 1).

Wenn die Führungskraft derartige Anpassungsstrategien, die in innere Kündigungen münden, **verhindern** will, muss sie zunächst auf die grundlegende Bewertung der Arbeitssituation eingehen.

- Die Betroffenen mögen mit ihrer negativen Bewertung völlig im Recht sein. Dann ist es notwendig, die **Arbeitssituation** zu **ändern**.
- Wenn die subjektive Bewertung der Betroffenen jedoch auf falschen Erwartungen oder unrealistischen Ansprüchen beruht, muss man durch umfassende und korrekte Informationen dafür sorgen, dass sie ein **realistischeres Bild** gewinnen.

Ferner steht die Führungskraft vor der Aufgabe, auf die Bewertung der Beeinflussungsmöglichkeiten einzugehen.

- Hier mögen die Betroffenen mit der negativen Bewertung ebenfalls wieder völlig im Recht sein. Dann gilt es, ein **Klima der Veränderung** aufzubauen.
- Wenn die Betroffenen sich irren, wenn sie nur glauben, dass keine Veränderung erreicht werden könne, muss die Führungskraft ihnen das verdeutlichen. Sie sollte auf erfolgte Veränderungen hinweisen, und auffordern, **Veränderungswünsche** weiterhin zu artikulieren (Bröckermann 2009, S. 500).

Mit inneren Kündigungen hat die Führungskraft möglicherweise auch zu tun, wenn Mitarbeiterinnen und Mitarbeiter nicht zur Arbeit kommen. Schnell kommt dann der Gedanke auf, dass die Fehlenden nicht zur Arbeit motiviert sind, und man sucht nach Möglichkeiten, damit zurechtzukommen.

Fehlzeiten sind grundsätzlich Perioden der unplanmäßigen Abwesenheit der Mitarbeiterinnen und Mitarbeiter vom Unternehmen, ihrem Arbeitsplatz bzw. ihrer Arbeit während ihrer Sollarbeitszeit. Urlaubs- und Feiertage zählen demzufolge prinzipiell nicht zu den Fehlzeiten (Abb. 3.8).

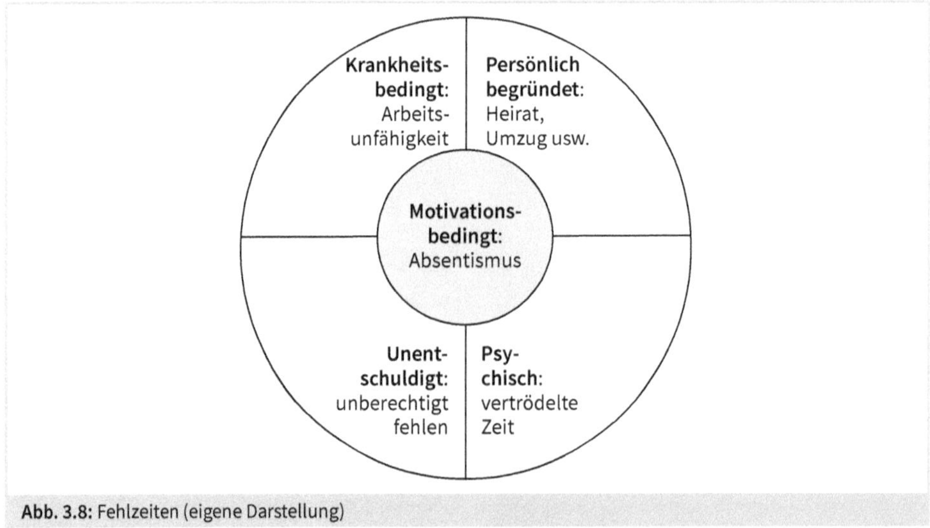

Abb. 3.8: Fehlzeiten (eigene Darstellung)

Das Ausmaß von Fehlzeiten wird durch die in Prozent dargestellte **Fehlzeitenquote** ausgedrückt. Die Fehlzeitenquote ist die Relation von Fehltagen zu Solltagen bzw. Fehlstunden zu Sollstunden in einer bestimmten Periode. Damit wird der durchschnittliche Anteil, das heißt der Prozentsatz der Fehlzeiten an der Sollarbeitszeit ausgedrückt. In Deutschland geht man zurzeit von einer durchschnittlichen Fehlzeitenquote von insgesamt ungefähr neun Prozent pro Jahr aus. Die krankheitsbedingten Fehlzeiten stellen dabei, je nach Unternehmen und Branche, einen Anteil von etwa der Hälfte (Brandenburg/Nieder 2003, S. 15 ff.).

Einen nicht unwesentlichen Teil der Fehlzeiten, in Deutschland schätzt man ein Drittel bis zur Hälfte, lässt sich gemeinhin einem Ursachenbündel zuschreiben, das man mit dem Schlagwort Motivation belegt. In der Tat kann man einen Teil der Fehlzeiten, recht bösartig als **Absentismus** bezeichnet, als ausweichendes Verhalten verstehen (Brandenburg/Nieder 2003, S. 20 ff., Weinreich/Weigl 2002, S. 26 ff.):

- Zuweilen sind Mitarbeiterinnen und Mitarbeiter zwar körperlich anwesend, jedoch entweder nicht leistungswillig oder nicht leistungsfähig. Es ist freilich kaum möglich, diese **psychischen** Abwesenheiten bzw. **Fehlzeiten** zu erfassen oder auch nur annähernd zu quantifizieren. Trotzdem lässt sich spekulieren, dass sie erhebliche Beeinträchtigungen im betrieblichen Ablauf hervorrufen können.
- Manche Mitarbeiterinnen und Mitarbeiter entscheiden sich, **unentschuldigt** der Arbeit fernzubleiben, weil sie keine Lust haben.
- Sie geben aus demselben Grund berechtigt oder unberechtigt familiäre Anlässe, einen Umzug, gerichtliche Ladungen, Prüfungen, die Ausübung öffentlicher Ehrenämter oder Behördengänge als Gründe für eine persönliche **Verhinderung** an.
- Und schließlich fällt jeder Mensch, der sich nicht ganz wohl fühlt, in der **Grauzone** zwischen Gesundheit und Krankheit eine Entscheidung. Er definiert sich selbst als schon krank oder noch gesund. Sobald die Entscheidung auf ein Fernbleiben von der Arbeit hinausläuft, spricht man von motivationsbedingten Fehlzeiten. Kommt er hingegen trotz Krankheit zur Arbeit, bezeichnet man das als Präsentismus (Badura/Münch 2014, S. 260 ff.).

ÜBUNGSAUFGABE

Warum sollte man gegen den Präsentismus vorgehen? Gibt es neben humanitären auch ökonomische Argumente dafür?

Einen nachweisbaren Einfluss haben folgende **Faktoren** (Rudow 2004, S. 358 ff.):

- das **Lebens- und Dienstalter**, weil jüngere Mitarbeiterinnen und Mitarbeiter wiederholt durch Kurzzeiterkrankungen und ältere eher durch Langzeiterkrankungen fehlen,
- das **Geschlecht**, denn jüngere Männer haben etwas höhere Fehlzeiten als jüngere Frauen, ältere Männer merklich höhere Fehlzeiten als ältere Frauen,

- die **Größe des Unternehmens** und Arbeitsbereichs, weil diese Größe mehr Anonymität gestattet und deshalb eine Abwesenheit weniger auffällt, und
- das **Niveau der Arbeitstätigkeit**, weil mit einer anspruchsvolleren Tätigkeit positive Effekte wie Arbeitszufriedenheit, Lernprozesse und Kreativität verbunden sind.

Weiterhin schätzt man, dass ohnehin etwa zwei Drittel aller Fehlzeiten **nicht beeinflusst** werden können. Das gilt für den größten Teil des medizinisch notwendigen Krankenstandes, der Rehabilitationsmaßnahmen und Kuren, der privaten Unfälle, aber auch für die Fehlzeiten wegen persönlicher oder familiärer Ereignisse. Zu den beeinflussbaren Fehlzeiten gehört ein Teil des Krankenstandes und der motivationsbedingten Fehlzeiten. Es handelt sich vor allem um fingierte Krankmeldungen, die in der Arbeitszeit getätigten Arztbesuche und Rehabilitationsmaßnahmen, das Zuspätkommen und das frühe Verlassen des Arbeitsplatzes.

Menschen sind nicht perfekt, und manchmal ist der Arbeitsalltag in der Tat kaum erträglich. Da kann man den verschlagenen Lebenskünstler vielleicht auch ein wenig verstehen. Führungskräfte, die derartige Unzulänglichkeiten nicht erdulden und in einem gewissen Maß hinnehmen können, stehen in der Gefahr, bei der **Fehlzeitensenkung** trotz aller guten Absichten mehr Schaden als Nutzen zu bewirken. Das Grundanliegen der Fehlzeitensenkung besteht nicht darin, Jagd auf Kranke und Abweichler zu machen, sondern alle Bedingungen von Arbeit, Organisation und Person zu verbessern, die die Fehlzeiten negativ beeinflussen (Badura/Münch 2014, S. 268 f.).

An einigen Maßnahmen ist die unmittelbare Führungskraft neben anderen Verantwortlichen als Initiator oder bei der Durchführung **beteiligt** (Rudow 2004, S. 363 ff.):

- Ohne eine **Fehlzeitenerfassung** und -analyse sind fast alle anderen Aktivitäten zum Scheitern verurteilt.
- In einer **Betriebsvereinbarung** (zwischen Arbeitgeber und Betriebsrat) können die Vorgehensweise und Hilfestellungen im Zusammenhang mit Fehlzeiten verbindlich festgelegt werden.
- Die moralisch und zuweilen auch rechtlich bedenklichen **Gesundheitsprämien** belohnen eine möglichst lückenlose Präsenz mit materiellen Anreizen.
- Eine **Kontaktpflege** zu niedergelassenen Ärzten ist angeraten.
- Manche Unternehmen setzen auf **Fehlzeitenbriefe**, die das Personalwesen jenen zustellt, für die auffällige Fehlzeiten zu vermelden sind.
- Wenn Mitarbeiterinnen und Mitarbeiter länger als sechs Wochen im Jahr arbeitsunfähig waren, ist nach § 167 des Neunten Buchs des Sozialgesetzbuches ein betriebliches **Eingliederungsmanagement** gefordert. Das umfasst Rückkehrgespräche mit dem Erkrankten (siehe weiter unten) und Erörterungen mit dem Betriebsrat sowie gegebenenfalls der Schwerbehindertenvertretung, dem Integrationsamt und dem Betriebsarzt.

- Wenn Zweifel an einer Arbeitsunfähigkeit aufkommen, kann der **medizinische Dienst** der Krankenversicherungen eingeschaltet werden.
- Eine Krankheit kann im Extremfall sogar eine personenbedingte **Entlassung** rechtfertigen.
- Durch alle Maßnahmen, erst recht durch sanktionierende, kann ein mehr oder weniger unterschwelliger Druckmechanismus entstehen, der nach möglichen Anfangserfolgen dazu führt, dass sich die Betroffenen, aber auch deren Kolleginnen und Kollegen, erfindungsreich zur Wehr setzen. Deshalb sollten Maßnahmen zur Fehlzeitensenkung im Idealfall partizipativ, das heißt im betrieblichen Miteinander erarbeitet werden. Zu diesem Zweck haben einige Unternehmen **Gesundheitszirkel** geschaffen, das heißt einen institutionalisierten Erfahrungsaustausch der Mitarbeiterinnen und Mitarbeiter mit dem Ziel, belastungs- und gesundheitsrelevante Probleme zu erkennen und zu lösen.
- Empfehlenswert sind fraglos **Schulungen** und Information aller Mitarbeiterinnen und Mitarbeiter mit dem Ziel, ein Gesundheitsbewusstsein zu erzeugen.
- Im Rahmen der **Personalauswahl** kann insbesondere durch eine ärztliche Eignungsuntersuchung darauf geachtet werden, dass alle ihrer Arbeit gewachsen sind.
- Das muss auch die Leitlinie beim **Personaleinsatz** sein.
- Gute Ansätze bietet der **Personalservice** beispielsweise durch gute Verpflegung und Arbeitshygiene, einen aufmerksamen Betriebsarzt, umsichtigen Unfallschutz und gute Arbeitssicherheit, Programme zur Suchtbekämpfung, Freizeit- und Erholungsangebote sowie Betriebssport.

Andere **Maßnahmen** der Fehlzeitensenkung **schultert man als Führungskraft** in eigener Verantwortung (Bröckermann 2021a, S. 263):

- Mit **Kontrollanrufen und -besuchen** werden vermeintlich vorgetäuschte Krankheiten enttarnt. Als medizinischer Laie kann man recht viele Krankheiten aber gar nicht erkennen und beurteilen. Ein Mensch mit einer schweren organischen Erkrankung kann durchaus braun gebrannt auf dem Balkon liegen, während einer mit einer harmlosen Erkältung schlecht aussieht und das Bett hütet. Anders sind wohlgemeinte Anrufe und Besuche bei plötzlichen und länger andauernden Erkrankungen zu beurteilen. Damit bringt die Führungskraft ihre Anteilnahme zum Ausdruck.
- Grundsätzlich sollten Fehlzeiten in **Besprechungen** regelmäßig diskutiert und ausgewertet werden. Dadurch kann sich eine Anwesenheitskultur mit entsprechenden Werten und Verhaltensnormen herausbilden.
- Mit Rückkehr- und Fehlzeitengesprächen verdeutlicht man den Betroffenen, dass sie gebraucht werden, und sensibilisiert sie für die Fehlzeitenproblematik.
  Das **Rückkehrgespräch** führt man als Führungskraft vertraulich und unter vier Augen mit jeder Mitarbeiterin und jedem Mitarbeiter sofort nach der Rückkehr aus einer Fehlzeit (Abb. 3.9).

Vorbereitung	Durchführung	Aufbereitung
• Termin: sofort nach der Rückkehr • Raum • Vertrauliche Atmosphäre	• Unter vier Augen • Begrüßung: Kontakt herstellen • Positiver Einstieg: der Person versichern, dass sie vermisst wurde und gebraucht wird; Bedeutung der Person und ihres Leistungsbeitrags herausstellen • Regeln: aktiv und passiv zuhören, Aufmerksamkeit zeigen, offen, ruhig und verständlich sprechen • Information über Neuigkeiten und Vorgänge während der Abwesenheit • Bei krankheitsbedingten Fehlzeiten: nach dem aktuellen Gesundheitszustand fragen; besprechen, ob es einen Zusammenhang zwischen der Erkrankung und der Arbeitssituation geben kann; nach der Einsatzfähigkeit erkundigen; fragen, ob noch besondere Rücksicht notwendig ist • Positiver Ausklang: Zuversicht für die Zukunft bekunden • Verabschiedung	• Eigene Zusagen umsetzen • Kontrolle der Zusagen des Gesprächspartners

Abb. 3.9: Rückkehrgespräch (nach Rudow 2004, S. 373 f.)

Das Gespräch sollte in einem ruhigen Raum, im Regelfall im eigenen Büro geführt werden. Nach der Begrüßung, mit der man den Kontakt herstellt, erfolgt ein positiver Einstieg, indem man dem Betroffenen versichert, das er vermisst wurde und gebraucht wird. Man stellt seine Bedeutung und seinen Leistungsbeitrag heraus. Im weiteren Verlauf sollte die Führungskraft nicht nur passiv zuhören, sondern Aufmerksamkeitsreaktionen zeigen und Rückmeldungen geben. Hilfreich sind eine verständliche, eindeutige Sprache sowie eine offene, ruhige Erörterung. Die Führungskraft informiert über Neuigkeiten und Vorgänge während der Abwesenheit. Bei krankheitsbedingten Fehlzeiten folgt die Frage nach dem aktuellen Gesundheitszustand, nicht nach der Krankheit, denn das wäre rechtlich nicht zulässig und vielleicht auch zu aufdringlich. Danach bespricht man, ob es einen Zusammenhang zwischen der Erkrankung und der Arbeitssituation geben kann. Die Führungskraft erkundigt sich nach der Einsatzfähigkeit und klärt, ob die Tätigkeit sofort wieder in vollem Umfang aufgenommen werden kann oder noch besondere Rücksicht notwendig ist. Das Gespräch sollte positiv ausklingen, indem man Zuversicht für die Zukunft bekundet. Selbstverständlich müssen alle etwaigen Zusagen eingehalten werden.
Wenn bei Mitarbeiterinnen und Mitarbeitern auch nach Rückkehrgesprächen auffällige Fehlzeiten festzustellen sind, folgen **Fehlzeitengespräche** in einer gestuften Folge (Abb. 3.10).

Vorbereitung	Durchführung	Aufbereitung
• Termin: sofort nach der Rückkehr • Raum • Vertrauliche Atmosphäre	• Begrüßung • Positiver Einstieg • Regeln: aktiv und passiv zuhören, Aufmerksamkeit zeigen, offen, ruhig und verständlich sprechen • Informieren • 1. Gespräch Problembewusstsein für Fehlzeiten wecken; Ursachen analysieren; Ziele und Maßnahmen vereinbaren • Folgegespräche Überprüfung der Einhaltung der Vereinbarungen; ggf. erneut Ursachen analysieren sowie Ziele und Maßnahmen vereinbaren • Entlassungsgespräch (Abb. 2.5)	• Inhalte und Vereinbarungen protokollieren und unterschreiben

Abb. 3.10: Fehlzeitengespräch (nach Rudow 2004, S. 374 f.)

Ein erstes Fehlzeitengespräch führt man als zuständige Führungskraft unter den gleichen Rahmenbedingungen wie das Rückkehrgespräch. Hier will man zunächst ein Problembewusstsein für Fehlzeiten wecken. Bei krankheitsbedingten Fehlzeiten geschieht das durch das Aufzeigen etwaiger gesundheitlicher Folgen, bei anderen Fehlzeiten oder dem Verdacht auf motivationsbedingte Fehlzeiten durch den nachdrücklichen Hinweis auf die negativen Auswirkungen für das Unternehmen und den Kollegenkreis. Gemeinsam mit dem Betroffenen analysiert die Führungskraft die Ursachen für die Fehlzeiten gründlich und vereinbart davon ausgehend verbindliche Ziele und Maßnahmen. Die wesentlichen Gesprächsinhalte und die getroffenen Vereinbarungen werden protokolliert und unterschrieben. Etwa drei Monate danach findet ein Folgegespräch statt, in dem die Führungskraft die Einhaltung der Vereinbarungen gemeinsam mit dem Betroffenen überprüft. Bei einer positiven Entwicklung der Fehlzeiten endet hier die Gesprächssequenz. Bei einer negativen Entwicklung werden, falls notwendig mehrfach im Abstand von etwa drei Monaten, weitere verbindliche Ziele und Maßnahmen vereinbart, deren Einhaltung man überprüft. Zu diesen Gesprächen zieht man als Führungskraft den Betriebsrat und einen Verantwortlichen aus dem Personalwesen hinzu, der unter Umständen Abmahnungen erstellt und eine Entlassung in Aussicht stellt. Eine Entlassung und ein Entlassungsgespräch werden notwendig, wenn sich das Anwesenheitsverhalten nicht merklich verbessert.

4 Zielvereinbarung

4.1 Ohne Manipulation zum Ziel: Visionen, Ziele und Zielkonflikte

Ein **Ziel** ist ein erstrebenswerter Zustand, der in der Zukunft liegt und dessen Eintritt nicht automatisch erfolgt, sondern von Handlungen oder Unterlassungen abhängig ist. Ziele im weiteren Sinne sind auch die **Visionen**, die Zukunftsvorstellungen. Sie drücken die Zielrichtung eines Unternehmens aus und vermitteln ein plastisches Bild von der Zukunft (Ehrmann 2002, S. 102 ff.).

ÜBUNGSAUFGABE

Der ehemalige Bundeskanzler *Helmut Schmidt* hat einmal gesagt, wer Visionen habe, solle zum Arzt gehen, später jedoch erläutert, das sei nur eine flapsige Antwort auf eine dumme Frage gewesen. Welchen Sinn hat es, als Führungskraft Visionen zu entwickeln und zu präsentieren?

So gut wie alle Unternehmen orientieren sich hinsichtlich des Personals an folgenden **generellen Zielen** (Bröckermann 2021a, S. 10 ff.):

- Die **ökonomischen Ziele** haben zwei Facetten. Aus der rein wirtschaftlichen Perspektive soll das Personal entweder, nach dem Maximumprinzip, zu im Voraus festgelegten Kosten eine größtmögliche Leistung erarbeiten, oder, nach dem Minimumprinzip, eine bestimmte Leistung zu geringst möglichen Kosten erwirtschaften. Bleibt man bei dieser Perspektive, läuft das allerdings entweder auf starken Leistungsdruck oder Entgeltsenkungen hinaus. Beides wird sich zumindest mittel- und langfristig negativ auswirken, etwa durch höhere Fehlzeiten und Abwanderung.
- Wer Qualität fordert und Perspektiven bieten will, muss deshalb die **sozialen Ziele** ernst nehmen, also auf die Erwartungen, Bedürfnisse und Interessen der Mitarbeiterinnen und Mitarbeiter eingehen. Die erwarten vor allem angemessene Entgelte und Arbeitszeitregelungen, eine ansprechende Arbeitsplatzgestaltung, ein diskriminierungsfreies Umfeld, Arbeitsschutz und Altersversorgung, attraktive Arbeitsinhalte und soziale Kontakte, Mitbestimmung, Aus-, Fort- und Weiterbildung.
- Ein weiteres sicherlich selbstverständliches Ziel ist es, die **Rechtsordnung** zu beachten, unter anderem das Arbeitsrecht, und alle Aktivitäten, wie im Kapitel Planung dargelegt, vernünftig zu **organisieren**.
- Letztlich stehen **arbeitsmarktpolitische Ziele** im Fokus. Für den Arbeitsmarkt spielt die Demografie eine entscheidende Rolle. Schon seit Jahren klagen Verantwortliche vieler Unternehmen über einen Mangel an Fach- und Führungskräften. Die Lücke, die hier entsteht, kann durch die schwach besetzten nachfolgenden Generationen kaum ausgeglichen werden. Der Mangel wird dazu führen, dass die Unternehmen sich gegenseitig gute Mitarbeiterinnen und Mitarbeiter abwerben.

Aus den genannten generellen Zielen und weiteren Maximen, die für das jeweilige Unternehmen maßgeblich sind, kann und muss man Ziele ableiten, die für einzelne Mitarbeiterinnen und Mitarbeiter bei ihrer täglichen Arbeit Gültigkeit haben. Das und die Tatsache, dass man zumeist mehrere Ziele verfolgen muss, kann zu **Zielkonflikten** führen. Als Führungskraft hat man in diesem Zusammenhang die Aufgabe, diese Konflikte zu begrenzen, zu schlichten oder gar nicht erst aufkommen zu lassen.

Wenn die Führungskraft sich einer solchen Konfliktsituation stellen muss, ist sie zuweilen nicht abgeneigt, die Konfliktparteien in die vermeintlich einzig richtige Richtung zu drängen, und sei es mit den Mitteln der Manipulation. **Manipulation** ist das Unterfangen, andere absichtlich und zum eigenen Vorteil zu beeinflussen, ohne dass ihnen die Art und Weise dieses Einflusses bewusst wird. Der eigene Vorteil ist in diesem Fall zumindest die Beilegung des Konflikts ohne eine unangenehme Auseinandersetzung (Sprenger 1995, S. 20 f.).

Obwohl Manipulation des Öfteren erfolgreich ist, verbietet sie sich nicht nur aus moralischen Gründen, sondern auch, weil die Betroffenen verletzt sind, wenn die Manipulation offenbar wird. Jede Manipulation zerstört auf längere Sicht das **Vertrauensverhältnis** (McClelland 1978, S. 199 ff.).

Folglich müssen unbedingt die Ideen, Gedanken und Überzeugungen aller Beteiligten eingebunden werden, selbst wenn Auseinandersetzungen drohen. Deshalb empfiehlt sich für die **Zielvereinbarung** ein Vorgehen in vier Schritten (Abb. 4.1).

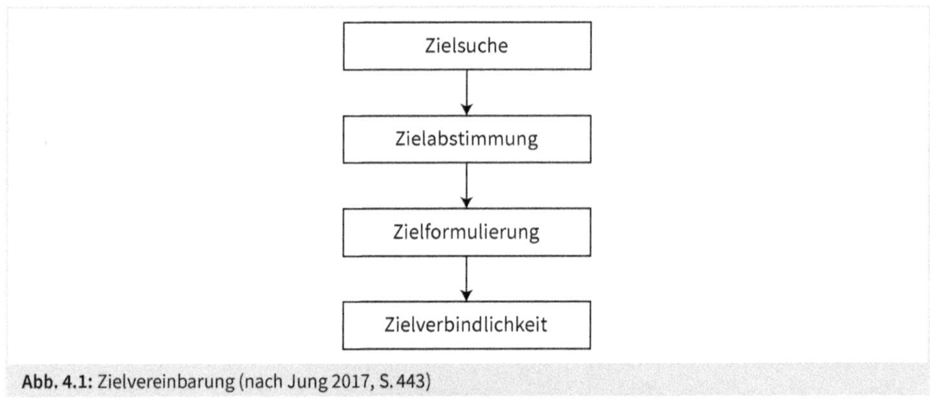

Abb. 4.1: Zielvereinbarung (nach Jung 2017, S. 443)

Führungskräfte befürworten Zielvereinbarungen vehement. Anhand einer Befragung von 656 Unternehmen ermittelte die Unternehmensberatung Saaman, dass fast 92 Prozent der Führungskräfte Zielvereinbarungen einen positiven Effekt auf Engagement und Ergebnisse ihrer Mitarbeiterinnen und Mitarbeiter zuschreiben (Saaman 2010, S. 18 ff.).

4.2 Zielsuche: Vorgaben oder Management by Innovation

Bei der Zielsuche wird man sich häufig an **Vorgaben** von höherer Ebene orientieren müssen. Dafür benötigt man aussagekräftige Informationen von möglichst vielen Menschen aus allen Unternehmensbereichen.

Dabei ist **Loyalität** in zwei Richtungen gefragt.

- Unabdingbar ist die Loyalität gegenüber den **Mitarbeiterinnen und Mitarbeitern**, für die man als Führungskraft zuständig ist. Vor allem muss man auf das achten, was im Kapitel Motivation zur Sprache kommt, also, kurz gefasst, die persönlichen Ziele der Mitarbeiterinnen und Mitarbeiter berücksichtigen und ihnen die Möglichkeit bieten, sich in der Arbeit zu verwirklichen. Ferner sollte man durch die Zielsuche positive Anreize setzen und für attraktive Arbeitsinhalte und -bedingungen sorgen.
- Unabdingbar ist aber auch die Loyalität gegenüber dem **Vorgesetzten**, an den die Führungskraft selbst berichtet, und im weiteren Sinne dem gesamten Unternehmen gegenüber. Wer Führungsverantwortung übernimmt, sollte sich mit dem Unternehmen und seinen Zielen identifizieren können. Die Haltung »Die da oben gegen uns« passt nicht zu einer Führungsaufgabe (Lehky 2007, S. 44 ff.).

Ein anderer Zweig der Zielsuche wird als **Management by Innovation** bezeichnet. Hier geht es darum, neue Produkte und Dienstleistungen zu entwickeln. Dabei arbeitet man meist in Gruppen (Abb. 4.2, Blumenschein/Ehlers 2002, S. 94 ff.).

ÜBUNGSAUFGABE

Warum sind Gruppen oft deutlich kreativer als einzelne Menschen und welche Risiken hat die Gruppenarbeit?

Kommunikation: **Ideen mit anderen austauschen**	**Kreativitätstechniken:** **schöpferische Kräfte wecken**	**Verwandte Prinzipien:** **Verfahren zur Problemlösung**
Gespräche und Besprechungen: Ideen im Informationsaustausch entwickeln	**Brainstorming:** spontane Ideen in taugliche Konzepte umsetzen	**Bionik:** Phänomene aus der Natur übertragen
Moderation: eine neutrale Person regt den Gedankenaustausch an	**Brainwriting:** Ideen zu Papier bringen, austauschen und abstimmen	**Laterales Denken:** logische Kategorien und Gewohnheiten außer Kraft setzen
Metaplanmethode: Form der Moderation mit dem Schwerpunkt auf der Visualisierung	**Morphologische Methoden:** Sachverhalt aufgliedern, für einzelne Aspekte Varianten finden und kombinieren	**Portfoliotechnik:** Problem in zwei Dimensionen zerlegen und gesondert analysieren

Kommunikation: Ideen mit anderen austauschen	Kreativitätstechniken: schöpferische Kräfte wecken	Verwandte Prinzipien: Verfahren zur Problemlösung
Betriebliches Vorschlagswesen: Mitarbeiter/innen machen Verbesserungsvorschläge	**Synektische Methoden:** Situation verfremden, Ideen erzeugen und auf die Situation zurückführen	**Szenariotechnik:** Prognosen erstellen und für diese Prognosen Handlungsvorschläge machen
	Systematische Fragetechniken: durch Fragen Impulse für eine Neuorientierung geben	**Delphi-Methode:** Experten konsultieren, Expertisen austauschen und abstimmen

Abb. 4.2: Management by Innovation (eigene Darstellung)

Einige **Methoden** des Managements by Innovation kann man sich mit vertretbarem Aufwand aneignen (Witten/Mathes/Mencke 2007, S. 129 ff.):

- **Gespräche und Besprechungen** dienen dem Austausch von Informationen und Gedanken zwischen einem selbst und den Mitarbeiterinnen und Mitarbeitern. Mit dieser Ausrichtung eignen sie sich natürlich für die Entwicklung neuer Ideen, insbesondere dann, wenn die im Kapitel Kommunikation gezeigten Empfehlungen beachtet werden.
- Die **Moderation** ist eine Variante des Gesprächs. Hier muss die Führungskraft, möglichst nach einer einschlägigen Schulung, in die Rolle einer Moderatorin bzw. eines Moderators schlüpfen. Zu Beginn wird das Anliegen verdeutlicht. Man stößt einen kooperativen, kreativen Prozess an, ohne selbst in den Mittelpunkt zu rücken und ohne inhaltlich einzugreifen oder zu steuern. Man bietet jedem Gelegenheit, sich zu äußern und seinen Standpunkt klar zum Ausdruck zu bringen. Schließlich dokumentiert man die Ideen und stimmt die Folgeaktivitäten mit den Mitarbeiterinnen und Mitarbeitern ab (Freimuth 2010, S. 1 ff.).
- Die **Metaplanmethode** ist eine spezielle Form der Moderation, die vor allem auf der Visualisierung beruht. Alle wesentlichen Gesprächsbeiträge werden für alle sichtbar auf Karten notiert. Diese Karten werden gesammelt, vorgelesen und gemeinsam nach ähnlichen Inhalten sortiert. Schließlich werden sie in der erarbeiteten Sortierung an Stecktafeln, sogenannten Pinnwänden, angebracht. Durch die stets präsente Visualisierung wird das Erkennen von Zusammenhängen erleichtert. Zuletzt findet eine gemeinsame Bewertung statt. Alle verteilen Markierungspunkte entsprechend ihrer individuellen Wertung.
- Man kann das **betriebliche Vorschlagswesen** forcieren. Es dient dazu, alle Mitarbeiterinnen und Mitarbeiter aktiv an der Gestaltung der Arbeitsinhalte und Arbeitsabläufe zu beteiligen. Damit werden ihre Kreativität und ihr Engagement gefördert. Eingereichte Vorschläge müssen schnell und angemessen bearbeitet werden (Brandt 2007, S. 13 ff.).
- Das **klassische Brainstorming** ist die bekannteste und am häufigsten angewandte Kreativitätstechnik. Eingangs stellt man eine Gruppe von fünf bis acht möglichst unterschiedlichen Personen zusammen, denn das garantiert ein großes Ideenspektrum, und zwar für einen Zeitraum von mindestens fünf bis 30 Minuten, maximal einer Stunde. Die Gruppe informiert man über den Sachverhalt. In der ersten Phase werden Ideen vorgebracht, die man für alle sichtbar notiert. Hier gelten vier Grundregeln, für deren Einhaltung man sorgt: 1. Kritik ist verboten, 2. fremde Ideen sind aufzugreifen und weiterzuentwickeln, 3. der Phantasie sind

keine Grenzen gesetzt und 4. Quantität geht vor Qualität. In der zweiten Phase werden die Ideen weiterentwickelt, verbessert oder verworfen. Hier entwickelt man Lösungsansätze mithilfe der Anpassung, Abänderung, Kombination oder Reduzierung zu realisierbaren, sinnvollen Vorschlägen.

- Die Methode 635, eine Form des **Brainwritings**, sieht vor, dass sechs Gruppenmitglieder in Formulare mit drei Spalten und sechs Zeilen jeweils zeilenweise drei Ideen in ungefähr fünf Minuten eintragen. Die Formulare werden reihum weitergegeben, bis sie möglichst vollständig ausgefüllt sind. Dabei soll man an Ideen der Vorgängerinnen und Vorgänger anknüpfen, indem man sie variiert, ergänzt oder weiterentwickelt. Danach werden die Ideen geordnet, die stärksten ausdiskutiert und schließlich wird eine Idee bis zur Praxisreife ausgearbeitet (Abb. 4.3).

Sachverhalt:		
Idee 1	**Idee 2**	**Idee 3**

Abb. 4.3: Formular für die Methode 635 (eigene Darstellung)

- Für einen **morphologischen Kasten** zerlegt man den Sachverhalt in Bestandteile, die relativ unabhängig voneinander variierbar sind, und schreibt sie in eine Matrix-Vorspalte. Dann ermittelt man alle denkbaren Alternativen für jeden Bestandteil und listet sie zeilenweise auf. Abschließend kombiniert man je eine Alternative aller Bestandteile zu einer möglichen Idee, die man auf ihre Realisierbarkeit überprüft (Abb. 4.4).

Elemente	**Alternativen**			
Wasser erhitzen	Heizspirale	Heizplatte	Brenner	Chemische Reaktion
Kaffee filtern	Filterpapier	Filterporzellan	Elektrostatik	
Kaffee warmhalten	Isolierung	Heizspirale	Heizplatte	
Kaffee in die Tasse	Hahn	Pumpe	Druck	Ausgießen

Abb. 4.4: Morphologischer Kasten für die Konstruktion einer Kaffeemaschine (nach Oechsler 1977, S. 107)

Diese Methoden sollte man möglichst in heterogenen Gruppen einsetzen, die aus Menschen unterschiedlichen Alters mit unterschiedlicher Ausbildung und unterschiedlichen Ansichten bestehen. Ansonsten können zwei Phänomene, auf die im Kapitel Zusammenarbeit hingewiesen wird, die Kreativitätsvorteile der Gruppe zunichtemachen. Erstens wird durch die Unterschiedlichkeit der Druck zur Übereinstimmung, zum Group Think, gemildert. Zweitens wird auch das Gegenteil verhindert, der als Risky Shift bezeichnete Risikoschub: Grundsätzlich geht eine Gruppe höhere Risiken ein als jeder Einzelne für sich. Wenn sich die Gruppenmitglieder jedoch nicht ähnlich sind, haben sie Probleme, der Gruppe die Verantwortung für riskante Entscheidungen zuzugestehen (Regnet 2007, S. 15 ff.).

4.3 Zielabstimmung: Top-down, Bottom-up, Gegenstrom oder Puffer

Die Ziele ergeben sich, wie bereits weiter oben erwähnt, entweder aufgrund der Vorgaben von höherer Ebene oder durch das Management by Innovation. Folglich ist es eine Aufgabe einer Führungskraft, eine **Zielabstimmung** durchzuführen, das heißt, die Zielvorstellungen verschiedener Betroffener, Abteilungen oder Unternehmensbereiche zusammenzuführen (Abb. 4.5, Jung 2017, S. 443).

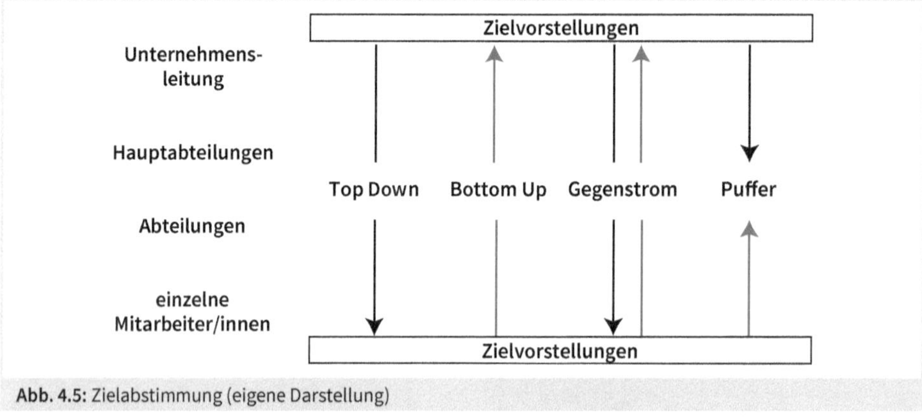

Abb. 4.5: Zielabstimmung (eigene Darstellung)

- Die Unternehmensleitung gibt den Führungskräften und die geben wiederum ihren Mitarbeiterinnen und Mitarbeitern nach dem **Top-down-Prinzip** Zielvorstellungen vor. Die Mitarbeiterinnen und Mitarbeiter haben die Möglichkeit der Stellungnahme.
- Nach dem **Bottom-up-Prinzip** entwickeln die Mitarbeiterinnen und Mitarbeiter Zielvorstellungen, legen sie ihren Führungskräften vor und die wiederum der Unternehmensleitung, die sie zusammenfasst.
- Beim **Gegenstromprinzip** laufen die beiden skizzierten Prozesse parallel. Dabei erarbeiten die Führungskräfte der oberen Ebenen vorläufige Zielvorstellungen, sogenannte Rahmenziele, aus denen Teilziele abgeleitet werden. Ausgehend von der unteren Ebene wird dann bis zur oberen Ebene hin eine Überprüfung der Zielvorstellungen vorgenommen.
- Beim Komitee- oder **Pufferprinzip** geht man zugleich nach dem Top-down- und dem Bottom-up-Prinzip vor. Eine Abstimmung der gegenläufigen Prozesse erfolgt auf einer Abteilungs- oder Hauptabteilungsebene respektive in zwischengeschalteten Gremien.

Beim Top-down-Prinzip besteht die **Gefahr**, dass die Stellungnahmen der Mitarbeiterinnen und Mitarbeiter nicht ernst genug genommen werden. Dann können aus Zielvorstellungen Ziele werden, die entweder nicht oder mit Leichtigkeit erreichbar sind. Man identifiziert sich eher mit Zielen, wenn man seine Zielvorstellungen, etwa im Bottom-up-, Gegenstrom- oder Pufferprinzip, einbringen kann.

ÜBUNGSAUFGABE

Welche Gefahr droht besonders bei einer Zielabstimmung nach dem Bottom-up-Prinzip?

4.4 Zielformulierung und Zielverbindlichkeit: Smart und akzeptiert

Für die **Zielformulierung** ist es wichtig, dass die Ziele, auf die man sich verständigt hat, eindeutig, anschaulich und verständlich sind.

ÜBUNGSAUFGABE

Warum reicht es nicht, einer Person, die einen Fehler gemacht hat, aufzutragen, »in Zukunft alles besser zu machen«?

Vielfach wird in diesem Zusammenhang die Faustformel »**SMART**« genannt (Graumann/Semrau/Skrabek 2013, S. 117 ff.).

- **S**pezifisch: Ein Ziel muss leicht verständlich und nachvollziehbar sein.
- **M**essbar: Es muss klar definiert werden, woran eine erfolgreiche Zielerreichung gemessen wird.
- **A**kzeptabel: Ein Ziel soll erreichbar sein, aber auch verdeutlichen, dass Anstrengungen erwartet werden.
- **R**ealistisch: Ein Ziel muss wirklichkeitsnah und relevant, also bedeutsam sein.
- **T**erminiert: Jedes Ziel muss einen definierten Zeitpunkt haben, wann es erreicht sein soll.

Man **hält** folglich **fest,**

- **was** erreicht werden soll, den Zielinhalt,
- **wie viel** erreicht werden soll, das Zielausmaß,
- **bis wann** es erreicht werden soll, den Zeitpunkt,
- **wo** das Ziel Gültigkeit hat, den räumlichen Geltungsbereich, und
- **wer** für das so umrissene Ziel zuständig ist, das heißt man bezeichnet die Verantwortlichen (Jung 2017, S. 443).

Die Zielbildung wir durch die **Zielverbindlichkeit** abgeschlossen. Man verständigt sich schriftlich oder mündlich darauf, dass die abgestimmten Ziele in der formulierten Fassung gültig sind (Olfert 2019, S. 269).

4.5 Zielvereinbarungsgespräch: Der Blick zurück und nach vorne

Als Führungskraft sollte man Ziele mit den einzelnen Mitarbeiterinnen und Mitarbeitern nach Möglichkeit in einem Gespräch abstimmen, formulieren und verbindlich vereinbaren. Bei diesem **Zielvereinbarungsgespräch** sind einige Eigentümlichkeiten zu beachten (Abb. 4.6, Albs 2005, S. 108 f.).

Vorbereitung	Durchführung	Aufbereitung
• Bisherige Ziele und deren Verwirklichung vergegenwärtigen • Neue Ziele, Prioritäten und die notwendige Unterstützung planen • Erwartungen des Gesprächspartners einschätzen • Einladen • Einschätzung des Gesprächspartners anregen • Geeigneten Raum wählen • Atmosphäre herstellen	• Begrüßung • Regeln: aktivieren, aktiv und passiv zuhören, Fragen stellen, Aufmerksamkeit zeigen, Probleme lösen, offen, ruhig und verständlich sprechen • Gemeinsam bisherige Erfolge beurteilen • Gesprächspartner erläutert aktuelle Zielvorstellungen • Führungskraft gleicht sie mit eigenen Zielvorstellungen und bisherigen Erfolgen ab • Ziele abstimmen • Ca. 5 realistische Sachziele, das gewünschte Ergebnis, den Zeitrahmen, Prioritäten und die wichtigsten Voraussetzungen vereinbaren • Verabschiedung	• Inhalte schriftlich festhalten • Eigene Zusagen umsetzen • Fortschritte bei der Zielverwirklichung zeitnah nachhalten

Abb. 4.6: Zielvereinbarungsgespräch (eigene Darstellung)

Bei der **Vorbereitung** ist die Führungskraft gehalten, sich die Ziele, die in der Vergangenheit vereinbart wurden, und deren Verwirklichung zu vergegenwärtigen. Sie sollte auf dieser Basis neue Zielvorstellungen entwickeln, Prioritäten setzen und die notwendige Unterstützung planen. Und schließlich ist sie gut beraten, sich Gedanken über die möglichen Erwartungen ihres Gegenübers zu machen, rechtzeitig einzuladen und dabei auf die anzusprechenden Themen hinzuweisen. Der Gesprächspartner kann dann im Vorfeld seine Zielvorstellungen ausarbeiten.

Für die **Durchführung** sind eine verständliche, eindeutige Sprache sowie eine offene, ruhige Erörterung hilfreich. Zuweilen muss man Menschen, etwa durch Fragen, aktivieren, denn die Führungskraft sollte nicht nur passiv zuhören, sondern Aufmerksamkeitsreaktionen zeigen und Rückmeldungen geben. So kann sie zum Kern des Gesprächs kommen, die bislang vereinbarten Ziele und Zwischenziele. Sie bilden den Maßstab für die Beurteilung der bisherigen Erfolge. Der Gesprächspartner erläutert danach seine aktuellen Zielvorstellungen, die die Führungskraft mit ihren eigenen und der Erfolgsbilanz des Betreffenden abgleicht.

So kommt es zu einer Zielabstimmung, Zielformulierung und schließlich zur verbindlichen Zielvereinbarung, die in der Regel maximal fünf realistische Sachziele, beispielsweise Produktionsmengen, und Formalziele, also Verfahren, Methoden oder Kosten beinhalten wird sowie das gewünschte Ergebnis, einen zeitlichen Rahmen, Prioritäten und die wichtigsten Voraussetzungen beschreibt.

ÜBUNGSAUFGABE

Warum ist es empfehlenswert, mit einer Mitarbeiterin bzw. einem Mitarbeiter nicht mehr als fünf Ziele zu vereinbaren?

Bei der **Aufbereitung** des Zielvereinbarungsgesprächs geht es darum, die Fortschritte bei der Zielverwirklichung zeitnah nachzuhalten. Der Gesprächspartner sollte dasselbe tun und seine Führungskraft auf dem Laufenden halten.

4.6 Management by Objectives: Ein praktikables Regelwerk

Viele Unternehmen haben dafür, wie mit Zielen umgegangen werden soll, bindende Verfahrensweisen entwickelt. Die Wissenschaft wiederum hat sich bemüht, aus der Vielzahl jener für einzelne Unternehmen gültigen Verfahrensweisen den Idealtyp einer sogenannten **Führungstechnik** zu entwerfen, das Management by Objectives. Dieses Management by Objectives haben vor allem *Peter Ferdinand Drucker* und *George Stanley Odiorne* entwickelt, aber es gibt viele weitere Urheber. Deshalb findet man weder eine einheitliche Praxis, noch eine in sich geschlossene Lehrmeinung, sondern eine Vielzahl von Ansätzen, die jedoch größtenteils die im Folgenden aufgezeigten Gemeinsamkeiten aufweisen (Drucker 1954, S. 1 ff., Odiorne 1965, S. 1 ff.).

Neuerliche Aktualität hat diese Führungstechnik erlangt, da immer mehr Mitarbeiterinnen und Mitarbeiter einen Telearbeitsplatz haben. Sie erledigen ihre Arbeit also entfernt von der Betriebsstätte, oft zu Hause im **Homeoffice**, mithilfe von Kommunikationsmedien. Für diese Personen sind Zielvorgaben nahezu die einzig mögliche Arbeits- und Beurteilungsgrundlage.

Anstatt bestimmte Aufgaben vorzugeben, die nach festgelegten Regeln zu erledigen sind, werden im Rahmen des Management by Objectives Ziele vorgegeben oder, was eher Erfolg versprechend scheint, gemeinsam von den Führungskräften und ihren Mitarbeiterinnen und Mitarbeitern Ziele entwickelt, die es zu erreichen gilt. An die Stelle der herkömmlichen Aufgabenorientierung tritt also eine **Zielorientierung**. Die Auswahl der zur Zielerreichung notwendigen Mittel und Maßnahmen bleibt weitgehend dem Einzelnen überlassen. Die Führungskraft konzentriert sich im Wesentlichen auf die Zielbildung, die Unterstützung, soweit sie nachgefragt oder für notwendig erachtet wird, und die Kontrolle der Zielerreichung (Abb. 4.7, Hentze et al. 2005, S. 583 ff.).

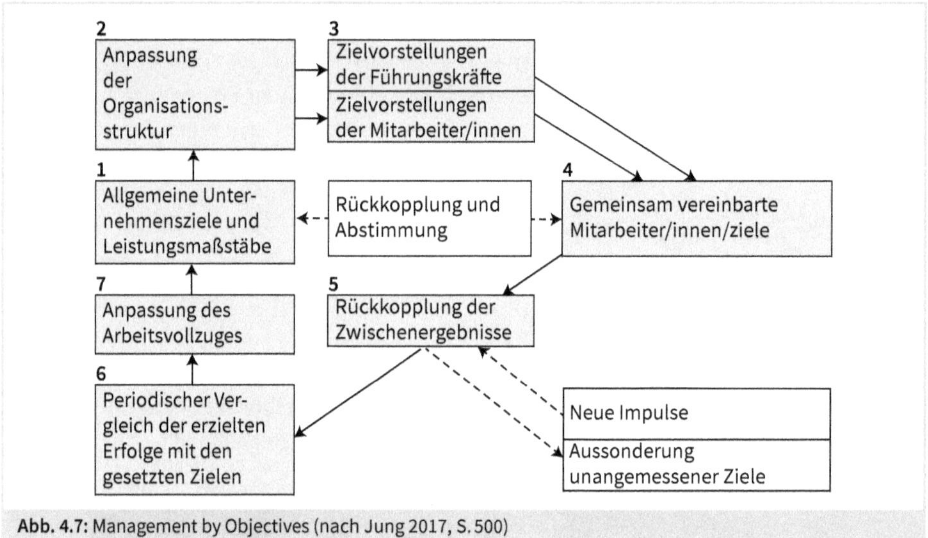

Abb. 4.7: Management by Objectives (nach Jung 2017, S. 500)

ÜBUNGSAUFGABE

Bitte stellen Sie sich vor, dass Sie als Führungskraft in einem Unternehmen arbeiten, das auf das Management by Objectives eingeschworen ist. Einer Ihrer Mitarbeiter erfüllt alle seine Ziele, sucht dabei aber keinerlei Kontakt zu Ihnen. Müssen Sie aktiv werden und, wenn ja, wie?

Das Management by Objectives ist ein permanenter **Prozess**, der sich auch auf

- die Planung,
- die Delegation,
- die Förderung und
- die Zusammenarbeit bezieht, was sich in der Bezeichnung »Anpassung der Organisationsstruktur« verbirgt, (Abb. 4.7, Ziffer 2) sowie auf
- die Beurteilung (Abb. 4.7, Ziffern 5, 6, 7).

Im Vordergrund steht zweifelsohne die **Zielvereinbarung**. Die Unternehmensleitung formuliert Zielvorgaben (Abb. 4.7, Ziffer 1). Die Führungskraft hat die Aufgabe, aus diesen Zielvorgaben konkrete Ziele für ihren Zuständigkeitsbereiche abzuleiten, wenn möglich gemeinsam mit ihren Mitarbeiterinnen und Mitarbeitern (Abb. 4.7, Ziffer 3). Die besagten Ziele müssen sodann mit der Unternehmensleitung abgestimmt (Abb. 4.7, »Rückkopplung und Abstimmung«), formuliert und verbindlich vereinbart werden (Abb. 4.7, Ziffer 4). Meist handelt es sich um sogenannte Schlüsselergebnisse für einzelne Mitarbeiterinnen und Mitarbeiter. Letzten Endes können neue Impulse dazu führen, dass unangemessene Schlüsselergebnisse bzw. Ziele gemeinsam mit den Mitarbeiterinnen und Mitarbeitern oder auf ihre Anregung hin ausgesondert werden (Abb. 4.7, »Aussonderung unangemessener Ziele«).

Nachteilig wirkt sich der hohe **Leistungsdruck** aus, dem die Mitarbeiterinnen und Mitarbeiter durch die regelmäßig recht anspruchsvollen Ziele und die Beurteilungen ausgesetzt sind. Dadurch kann die Zusammenarbeit zwischen ihnen und zwischen den Abteilungen leiden. Wer will schon Kollegen einen Gefallen tun, wenn dieser Gefallen jenes Leistungsergebnis gefährdet, an dem man selbst gemessen wird? Zudem ist das Management by Objectives angesichts vielfältiger organisatorischer Anpassungen und des notwendigen Informationswesens zeit- und kostenintensiv.

Positiv ist die Tatsache, dass man als Führungskraftbei angemessener Umsetzung der Kerngedanken des Managements by Objectives **entlastet** wird. Ferner können sich die Mitarbeiterinnen und Mitarbeiter durch die Zielorientierung in ihren Zuständigkeitsbereichen besser mit ihrer eigenen Arbeit und dem Unternehmen identifizieren. Und schließlich schaffen die vereinbarten Ziele eine einvernehmliche Beurteilungsgrundlage, die zur Bestimmung eines leistungsgerechten, attraktiven Entgelts genutzt werden kann (Wunderer/Grunwald 1980, S. 309 ff.).

5 Planung

5.1 Vorsorge treffen: Fachlich und personell

Wenn die Ziele verbindlich sind, muss man planen, wie man sie umsetzt.

- Ein wichtiger Teil dieser Planung gilt der **fachlichen Umsetzung**,
- der andere, ebenso wichtige Teil der **personellen Umsetzung**, um die es in diesem Kapitel geht. Man muss planen, mit wie vielen und welchen Mitarbeiterinnen und Mitarbeitern man wo und wann die gesetzten Ziele erreichen kann.

Zweifellos plant die Unternehmensleitung in regelmäßigen Abständen, wie Ziele, auch personell, umgesetzt werden sollen. Außerdem ist die detaillierte Personalplanung in vielen Unternehmen das Tätigkeitsfeld des Personalwesens. Trotzdem muss eine Führungskraft auch losgelöst von der Unternehmensplanung und der Arbeit des Personalwesens **Vorsorge** in vielerlei Hinsicht treffen. Wenn Mitarbeiterinnen und Mitarbeiter beispielsweise die Arbeit nicht antreten, sei es, dass sie einen Unfall hatten, krank sind oder Urlaub genommen haben, muss man wissen, wer die Arbeit übernehmen kann.

Davon abgesehen ist eine **Personalplanung** ohne Beteiligung der Führungskräfte gar nicht möglich, denn in der Regel stimmt sich das Personalwesen mit ihnen ab, und zwar vor Beginn einer Periode, etwa am Jahresende für das Folgejahr, oder aktuell bei einem akuten Missstand.

Deshalb ist es unerlässlich, als Führungskraft die Grundlagen der Personalplanung zu kennen, wie sie in Abb. 5.1 zum Ausdruck kommen, und sie in seinem Zuständigkeitsbereich umzusetzen.

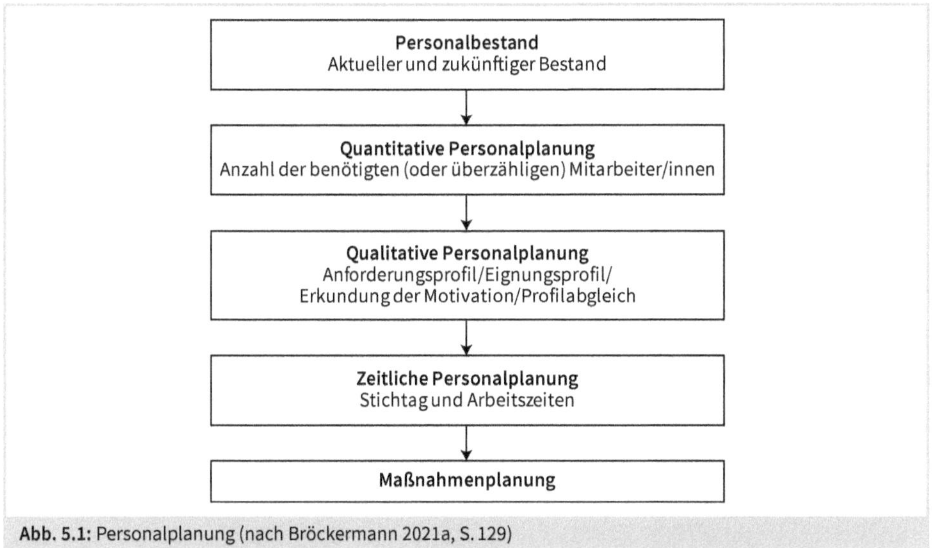

Abb. 5.1: Personalplanung (nach Bröckermann 2021a, S. 129)

ÜBUNGSAUFGABE

Was ist zu erwarten, wenn eine Führungskraft dem Personalwesen meldet, dass bei ihr mehr Personen als notwendig eingesetzt sind? Womit muss die Führungskraft rechnen, was geschieht mit den überzähligen Personen?

Auf keinen Fall darf man den Betriebsrat und den Sprecherausschuss der leitenden Angestellten übergehen. Das wäre nicht nur schlechter Stil. Der Gesetzgeber hat in den einschlägigen Vorschriften bestimmt, vor allem im Betriebsverfassungsgesetz, dass diese Gremien der **Mitbestimmung** über die Personalplanung und die daraus folgenden Maßnahmen rechtzeitig und umfassend unterrichtet werden müssen. Gegebenenfalls sollen Vorschläge von dieser Seite einfließen und Beratungen stattfinden. Außerdem muss nach § 106 des Betriebsverfassungsgesetzes in Unternehmen mit mehr als einhundert Mitarbeiterinnen und Mitarbeiter der Wirtschaftsausschuss über die Auswirkungen wirtschaftlicher Angelegenheiten auf die Personalplanung unterrichtet werden (Mag 2003, S. 35, 148 ff.).

5.2 Personalbestand: Wer steht zur Verfügung?

Bevor man den aktuellen Personalbestand ermittelt, ist innerhalb eines Unternehmens über alle Abteilungen hinweg eine Verständigung darüber notwendig, ob Mitarbeiterinnen und Mitarbeiter in Teilzeit als eine Person oder nur mit ihrem Anteil an der betriebsüblichen Wochen- bzw. Monatsarbeitszeit zählen. Dasselbe gilt für Mitarbeiterinnen und Mitarbeiter, die nach anderen, von der üblichen Arbeitszeit abweichenden Arbeitszeitmodellen arbeiten, etwa weil sie sich im Job Sharing einen Arbeitsplatz teilen. Ansonsten würde man quasi »Äpfel mit Birnen vergleichen«. Unumgänglich ist weiterhin ein Übereinkommen, wie man bei der **Zählung** von weiteren Beschäftigten vorgeht, beispielsweise langfristig Kranken, Leiharbeitnehmerinnen und -arbeitnehmern sowie Eltern in der Elternzeit.

Danach kann man zum **Stellenbesetzungsplan** übergehen. Er führt die benötigten und genehmigten Stellen auf, gegliedert nach Unternehmensbereichen, Abteilungen oder ähnlichen Kriterien, und darüber hinaus für jede Stelle den Namen der Person, die die Stelle derzeit belegt. Üblich ist hier nicht die tabellarische Form, sondern die grafische Darstellung, wie in Abb. 5.2.

Abb. 5.2: Ausschnitt aus einem Stellenbesetzungsplan (Bröckermann 2021a, S. 35)

ÜBUNGSAUFGABE

Lukas Hartwig ist schwer erkrankt. Man weiß nicht, ob er überhaupt wieder gesund und arbeitsfähig wird. Die anfallende Arbeit muss umgehend erledigt werden. Deshalb wird die Stelle mit einer anderen Person besetzt. Was geschieht, wenn Lukas gesund wird und wieder zur Arbeit kommt?

Der aktuelle Stellenbesetzungsplan ist aber sicherlich nicht lange gültig. Recht bald werden sich Personalzugänge und -abgänge ergeben, die man als **Fluktuation** bezeichnet. Kündigungen, Entlassungen und die Verrentung von Mitarbeiterinnen und Mitarbeiter müssen einkalkuliert werden. Diese Personalveränderungen arbeitet man, soweit absehbar, in den Stellenbesetzungsplan ein. Der bildet damit, bezogen auf die jeweiligen Stellen und die unterschiedlichen Zu- und Abgangstermine, den zukünftigen Personalbestand ab. Zum besseren Überblick wird häufig neben den grafisch aufbereiteten, stichtagsbezogenen Stellenbesetzungsplänen eine Tabelle erstellt, die alle Personalveränderungen im Ablauf eines Jahres nach Arbeitsbereichen geordnet darstellt (Abb. 5.3).

Personal für	01.01.	1. Quartal	2. Quartal	3. Quartal	4. Quartal	31.12.
Maschine 1	8	- 1 = 7	± 0 = 7	+ 2 = 9	- 1 = 8	8
Maschine 2	5	± 0 = 5	+ 2 = 7	± 0 = 7	- 1 = 6	6
Disposition	1	± 0 = 1	± 0 = 1	- 1 = 0	+ 1 = 1	1

Abb. 5.3: Personalbestandsveränderungen (eigene Darstellung)

5.3 Quantitativer Personalbedarf: Wie viele Personen werden benötigt?

Der quantitative Personalbedarf beinhaltet zunächst den **Einsatzbedarf**, das heißt die Anzahl von Mitarbeiterinnen und Mitarbeiter, die für die künftige Arbeit exakt notwendig ist. Auf den ersten Blick scheint es einfach, diesen Einsatzbedarf zu bestimmen: Man errechnet den Arbeitszeitbedarf, der erforderlich ist, um die geplanten Absatzmengen oder Dienstleistungen zu erstellen. Dazu gehört auch der Arbeitszeitbedarf für den administrativen Bereich. Diesen Arbeitszeitbedarf teilt man durch die von den Mitarbeiterinnen und Mitarbeitern vertraglich zu leistenden Arbeitsstunden und erhält so die notwendige Anzahl. So einfach ist es aber leider nicht. Man muss nämlich in Rechnung stellen, dass der Arbeitszeitbedarf keine Konstante ist.

- Einerseits verändert man fortwährend die Arbeits- und Pausenzeiten durch ein Arbeitszeitmanagement, die in den folgenden Ausführungen erläuterte zeitliche Personalplanung.
- Andererseits modifiziert man das Stellengefüge und damit auch den Arbeitszeitbedarf, weil sich die geplanten Absatzmengen, die Produktionsmethoden, der Technikeinsatz oder die Arbeitsorganisation ändern. In der Folge entstehen neue Stellen und alte werden verändert, zusammengeführt oder gestrichen.

Diese Änderungen erfasst in der Regel das Personalwesen mit einer ganzen Anzahl recht komplexer Verfahren. Als Führungskraft kann man für die eigenen Zwecke die unkomplizierte **Stellenmethode** einsetzen. Die führt nämlich zu akzeptablen Ergebnissen für überschaubare Zuständigkeitsbereiche. Man zeichnet den absehbaren Mehr- oder Minderbedarf an Arbeitsplätzen, also die Variationen im Stellengefüge, stichtagsbezogen wie in Abb. 5.4 auf (Bröckermann 2021a, S. 36 ff.).

Arbeitsplätze für	01.01.	Neues Produkt	Produkt-änderung	Rationali-sierung	Zentrali-sierung	31.12.
Maschine 1	8	+ 1 = 9	± 0 = 9	- 2 = 7	± 0 = 7	7
Maschine 2	5	+ 1 = 6	- 1 = 5	- 1 = 4	± 0 = 4	4
Disposition	1	± 0 = 1	± 0 = 1	± 0 = 1	- 1 = 0	0

Abb. 5.4: Stellenmethode (eigene Darstellung)

Wenn auf dem Papier für eine Stelle eine Person vorgesehen ist, so ist sie doch nicht immer anwesend. Sie kann und wird in Urlaub fahren, sie wird möglicherweise erkranken und sie könnte in anderen Abteilungen aushelfen. Man muss also eine Personalreserve einplanen. Den **Reservebedarf** kann man ebenfalls durch die Stellenmethode ermitteln und in einen stichtagsbezogenen Stellenbesetzungsplan einarbeiten (Bartscher/Huber 2007, S. 71 f.).

Aus der Addition von Einsatz- und Reservebedarf eines bestimmten Stichtags ergibt sich der **Bruttopersonalbedarf**. Wenn man, bezogen auf diesen Stichtag, vom Bruttopersonalbedarf den Personalbestand abzieht, erhält man den **Nettopersonalbedarf**, also die Anzahl der Mitarbeiterinnen und Mitarbeiter, die man zusätzlich benötigt. Diese Rechnung kann auch einen **Personalüberhang** zum Ergebnis haben, der zur Personalfreisetzung führt.

ÜBUNGSAUFGABE

Bitte stellen Sie sich vor, dass Sie eigentlich nur zur Urlaubszeit einen Reservebedarf haben. Wie sollten Sie diesen Reservebedarf decken?

5.4 Qualitativer Personalbedarf: Was müssen die Personen können?

Mit der **qualitativen Personalplanung** ermittelt man neben der Motivation die Qualifikation und Kompetenz des benötigten Personals in dem Sinne, wie die beiden letztgenannten Begriffe im Kapitel Führungsperspektiven erläutert werden.

Um die erforderliche Qualifikation und Kompetenz abschätzen zu können, bedarf es genauer Informationen über die **Arbeit**, die an dieser Stelle erledigt wird.

- Eine Führungskraft sollte diese Arbeit für alle Stellen in ihrem Zuständigkeitsbereich eigentlich kennen. Das ist jedenfalls so, wenn Stellenbeschreibungen existieren, an deren Erstellung sie maßgeblich beteiligt war. Eine **Stellenbeschreibung** beinhaltet nämlich neben Hinweisen auf die Einordnung der Stelle in die Organisationsstruktur auch umfassende Angaben über die Stellenziele sowie die anliegende Arbeit, die Rechte und die Pflichten, die mit der Stelle verbunden sind (Abb. 5.5).

<table>
<tr><td>Stellenbezeichnung:
Personalgewinnung</td><td>Rangstufe:
Referent/in</td></tr>
<tr><td colspan="2">Ziel der Stelle bzw. Kurzbeschreibung des Arbeitsgebiets:
Die/Der Stelleninhaber/in ist für die Personalgewinnung des Unternehmens zuständig. Dabei hält sie/er sich an die Grundsätze des Unternehmens.</td></tr>
<tr><td>Stellenbezeichnung der unmittelbaren Führungskraft:
Personalleiter/in</td><td>Stelleninhaber/in erhält zusätzlich fachliche Weisungen von:
keinem</td></tr>
<tr><td>Stellenbezeichnung und Anzahl der direkt zugeordneten Mitarbeiter/innen:
keine Mitarbeiter</td><td>Stelleninhaber/in gibt zusätzlich fachliche Weisungen an:
keine Weisungen</td></tr>
<tr><td>Stelleninhaber/in vertritt:
keine Vertretung</td><td>Stelleninhaber/in wird vertreten von:
Personalleiter/in</td></tr>
<tr><td colspan="2">Spezielle Vollmachten und Berechtigungen, die nicht in einer allgemeinen Regelung festgehalten sind:
keine</td></tr>
<tr><td colspan="2">Beschreibung der Tätigkeiten, die die Stelleninhaberin bzw. der Stelleninhaber selbstständig durchführt:
Für alle Arbeitnehmer/innen und Leiharbeitnehmer/innen des Unternehmens erledigt die/der Stelleninhaber/in selbstständig folgende Arbeiten: Personalbedarfsplanung, Personalsuche, Personalauswahl, Entscheidung gemeinsam mit der Fachabteilung und gegebenenfalls der/dem Personalleiter/in und der Geschäftsführung sowie Vertragsgestaltung.
Bei der Personalgewinnung für leitende Angestellte arbeitet sie/er mit der/dem Personalleiter/in zusammen.
Sie/Er ist verpflichtet, weitere Arbeiten nach Weisung ihrer/seiner Vorgesetzten durchzuführen, die sich aus betrieblichen Notwendigkeiten ergeben.</td></tr>
<tr><td colspan="2">Die dargestellten Tätigkeiten werden – soweit nicht schon geschehen – spätestens nach 12 Monaten seit Einführung der Stellenbeschreibung übernommen.</td></tr>
<tr><td colspan="2">Datum, Unterschrift: Stelleninhaber/in, unmittelbare Führungskraft, nächsthöhere Führungskraft, einführende Stelle</td></tr>
<tr><td colspan="2">Änderungsvermerke: bislang keine</td></tr>
</table>

Abb. 5.5: Beispiel für eine Stellenbeschreibung (nach Bröckermann 2021b, S. 26)

- Wenn es aber, was durchaus häufiger vorkommt, keine Stellenbeschreibungen gibt und wenn man zudem die zu bewältigende Arbeit nicht kennt, ist es spätestens im Rahmen der Personalplanung an der Zeit, sich **kundig** zu **machen**. Dafür ist es unumgänglich, sich die anliegenden Arbeiten von seinen Mitarbeiterinnen und Mitarbeitern erläutern zu lassen oder sogar zeitweilig selbst zu übernehmen, soweit man dazu fachlich in der Lage ist.

- Zuweilen ist der Anlass der Personalplanung die Tatsache, dass sich die Arbeit wandelt, dass also technische oder organisatorische **Änderungen** anstehen. Über die geplanten Änderungen kann man sich mit den in Abb. 5.6 aufgezeigten Fragen Klarheit verschaffen.

- Welche Schwerpunkte setzt das Unternehmen, um die zukünftigen Ziele zu erfüllen?
- Welche Entwicklungen werden Auswirkungen auf meinen Zuständigkeitsbereich haben?
- Sind Veränderungen der Produktionskapazitäten oder des Dienstleistungsangebotes geplant?
- Werden neue Produkte und Dienstleistungen eingeführt?
- Werden bisherige Arbeitsgebiete wegfallen?
- Werden neue Produktions- und Fertigungsverfahren eingeführt?
- Welche Veränderungen werden sich in der Arbeitsorganisation ergeben?
- Ist mit dem Abbau, der Aufstockung oder der Umstrukturierung der Belegschaft zu rechnen?
- Wird mein Zuständigkeitsbereich von diesen Veränderungen betroffen?
- Können die zukünftigen Arbeiten mit der vorhandenen Mitarbeiterstruktur erfüllt werden?
- Welche neuen Anforderungen an die Technik sind zu erwarten?
- Entstehen dadurch Defizite bei der Qualifikation und Kompetenz?
- Welche Qualifikation und Kompetenz muss in meinem Zuständigkeitsbereich vorhanden sein?

Abb. 5.6: Fragen zu technischen und organisatorischen Änderungen (nach Bröckermann 2021a, S. 43)

- Daneben sollte man sich als Führungskraft frühzeitig über jedes **Investitionsvorhaben** in seinem Zuständigkeitsbereich und die dadurch notwendige Qualifikation und Kompetenz informieren (Abb. 5.7).

Investitionsvorhaben	Termin	Notwendige Qualifikation und Kompetenz

Abb. 5.7: Investitionsanalyse (Bröckermann 2021a, S. 43)

Auf der Grundlage dieser Erkenntnisse kann man eine **Anforderungsanalyse** vornehmen. Man ermittelt, welche Faktoren und Verhaltensweisen bei der Erledigung der Arbeit mehr oder weniger Erfolg versprechend sind. Hier gilt dasselbe wie für die quantitative Personalplanung: An sich steht ein bunter Strauß recht komplexer Verfahren zur Verfügung, die freilich größtenteils nur von Fachleuten angewendet werden können. Für eine einzelne Führungskraft empfiehlt es sich, die ehemaligen oder derzeitigen Stelleninhaberinnen und -inhaber sowie den Kollegenkreis schriftlich oder besser, weil dabei die Bereitschaft zur Mitwirkung größer ist, mündlich zu befragen, wenn man die anliegenden Arbeiten nicht, wie gesagt, sogar zeitweilig selbst übernimmt (Kanning 2004, S. 226 ff.).

Danach steht man vor dem Problem, wie man die Erfolg versprechenden Faktoren und Verhaltensweisen bei der Erledigung der Arbeit benennt. Die Fachleute, die einem hoffentlich zur Seite stehen, sprechen davon, Anforderungen durch eine analytische **Arbeitsbewertung** zu definieren. Sie greifen dabei in unterschiedlichen Formulierungen und Varianten auf die Einteilung zurück, die bereits 1950 auf einer Konferenz für Arbeitsbewertung in Genf erarbeitet wurde. Auch wenn man als Führungskraft auf sich alleine gestellt ist, sollte man sich bei der Formulierung der Anforderungen an dieser hilfreichen Vorgabe orientieren (Abb. 5.8).

Können	**Belastung**	
• Fachkenntnisse • Berufserfahrung • Befähigung, fachlich zu denken und urteilen	• Nachdenken • Aufmerksamkeit • Angestrengtes Beobachten	**Geistige Anforderungen**
• Geschicklichkeit • Handfertigkeit	• Dynamische Belastung der Muskeln • Statische Belastung der Muskeln	**Körperliche Anforderungen**
	• Verantwortungsbewusstes Arbeiten, um persönliche und sachliche Schäden zu vermeiden	**Verantwortung**
	• Anforderungen, die den Organismus zusätzlich belasten und denen er passiv entspricht (Temperatur, Nässe, Lärm etc.)	**Arbeitsbedingungen**

Abb. 5.8: Anforderungsarten nach dem Genfer Schema (nach Jung 2017, S. 574)

Die Anforderungen müssen in der Regel konkretisiert werden, und zwar durch einen erläuternden Text oder durch eine Auflistung von Merkmalen. Dadurch entsteht ein **Anforderungskatalog**. Er sollte

- die Stelle identifizieren, beispielsweise durch Stellennummer, Stellenbezeichnung, Abteilung, Kostenstelle und Vergütungsgruppe,
- allgemeine Anforderungen wie Alter und Geschlecht nennen, falls das unumgänglich ist, ferner
- körperliche Anforderungen, etwa hinsichtlich der Muskelbelastung, Körperhaltung und Motorik sowie der Umgebungseinflüsse auf die Sinne und Nerven, zudem
- die Anforderungen, die die Qualifikation ausmachen, zum Beispiel die notwendige Ausbildung in der Schule, im Beruf und in der Hochschule, die erforderliche Fortbildung, Berufs-, Branchen- und Firmenerfahrung sowie das gewünschte fachliche Know-how, und
- die Anforderungen, die die Kompetenz beschreiben, aufgrund derer man sich also bei den anliegenden Arbeiten eigenständig zurechtfinden kann (Bröckermann 2021a, S. 43).

Angesichts der Vorschriften im Allgemeinen Gleichbehandlungsgesetz ist besondere Sorgfalt vonnöten. Jede Anforderung muss daraufhin untersucht werden, ob sie eine **Diskriminierung** hervorruft. Zugleich geben die sachlich notwendigen Anforderungen die Möglichkeit, sich eines unberechtigten Diskriminierungsvorwurfs zu erwehren. Generell ist das Geschlecht – mit wenigen Ausnahmen, wie für die Tätigkeit als Amme oder eine männliche Schauspielrolle – keine akzeptable Anforderung. Für Tätigkeiten, die mit körperlichen Anstrengungen verbunden sind und die man mit einer Behinderung selbst mit Hilfsmitteln nicht ordnungsgemäß verrichten kann, darf die Konstitution eine Anforderung sein. Die Rasse oder ethnische Herkunft ist nur dann als Anforderung erlaubt, wenn eine Tätigkeit eine bestimmte nationale Herkunft und Verbundenheit mit dem dortigen Volkstum fordert. Das Alter ist als Anforderung zulässig, wenn das objektiv, angemessen und durch ein legitimes Ziel gerechtfertigt ist, beispielsweise bei besonderen Arbeitsbedingungen, wenn die Berufserfahrung wichtig ist und für die Aufnahme eine Ausbildung (Rühl/Hoffmann 2008, S. 19 ff.).

Die Anforderungen werden entsprechend ihrer Bedeutung gewichtet. Mit der **Gewichtung** legt man fest, in welcher Ausprägung die jeweilige Anforderung vorhanden sein sollte. Nur durch eine eindeutige Gewichtung wird der Maßstab für den späteren Vergleich mit der korrespondierenden Qualifikation und Kompetenz von Mitarbeiterinnen und Mitarbeitern bzw. Bewerberinnen und Bewerbern geschaffen. Die Gewichtung sollte dem Durchschnitt in der jeweiligen Berufsgruppe und Funktion entsprechen und mit den spezifischen Erfahrungswerten des Unternehmens abgeglichen werden. Sie wird entweder in Form einer Notenskala, mit abgestuften Verbalinformationen oder Plus- und Minuszeichen festgehalten.

So entsteht ein **Anforderungsprofil** (Abb. 5.9, Weuster 2008, S. 31 ff.).

Stellenbenennung	Referent/in für Personalgewinnung (m/w/d)				
Stellennummer	1234				
Abteilung	Personalabteilung				
		–	±	+	++
Qualifikation	Einschlägige Ausbildung				
	Personalfortbildung				
	Berufserfahrung				
	Englisch				
	EDV				
	Organisation				
	Buchführung				
Kompetenz	Teamfähigkeit				
	Belastbarkeit				
	Innovationsfähigkeit				

Abb. 5.9: Beispiel für ein Anforderungsprofil (eigene Darstellung)

ÜBUNGSAUFGABE

Bitte erstellen Sie das Anforderungsprofil für Ihre derzeitige Stelle. Wenn es schon existiert, bitte aktualisieren Sie es.

Das **Eignungsprofil** (Abb. 5.10) ist zunächst das Ergebnis der Personalgewinnung. Es wird im Laufe der Betriebszugehörigkeit ergänzt und aktualisiert, denn die Mitarbeiterinnen und Mitarbeiter sammeln Berufserfahrung, sie lernen dazu, sie werden beurteilt und eventuell ändert sich ihr Gesundheitszustand. Informationen über die Eignungsprofile kann die Führungskraft einerseits eigenständig aus Personaldateien und -akten, Beurteilungen, Gesprächen und Befragungen ziehen, andererseits, und das mit Unterstützung des Personalwesens oder externer Fachleute, aus Testverfahren und standardisierten Arbeitsproben, die man situative Verfahren nennt, aber auch aus Assessment Center, das heißt Auswahlseminaren, die die letztgenannten Methoden kombinieren. Schließlich kommen ärztliche Eignungsuntersuchungen in Betracht (Bröckermann 2021a, S. 97 ff.).

Stellenbenennung	Referent/in für Personalgewinnung (m/w/d)				
Stellennummer	1234				
Abteilung	Personalabteilung				
Kandidatin	Schmitz, Susanne				
		–	±	+	++
Qualifikation	Einschlägige Ausbildung				
	Personalfortbildung				
	Berufserfahrung				
	Englisch				
	EDV				
	Organisation				
	Buchführung				
Kompetenz	Teamfähigkeit				
	Belastbarkeit				
	Innovationsfähigkeit				
Motivation	Durch eine Urlaubsvertretung für die Stelle im Sommer hat sie ihre Motivation bewiesen.				

Abb. 5.10: Beispiel für ein Eignungsprofil (eigene Darstellung)

Im Rahmen der Personalplanung muss man die Neigungen und Interessen der Betroffenen, das heißt ihre **Motivation**, erkunden. Es ist nicht sinnvoll, Mitarbeiterinnen und Mitarbeiter an Arbeitsplätzen einzusetzen, an denen sie auf keinen Fall arbeiten wollen, oder zu Zeiten, die sie ablehnen. Es macht gleichermaßen keinen Sinn, sie für Aus-, Fort- und Weiterbildungsmaßnahmen vorzusehen, an denen sie kein Interesse haben. Der wirtschaftliche Erfolg eines Unternehmens hängt in erheblichem Maße davon ab, dass die Motivation der einzelnen Mitarbeiterinnen und Mitarbeiter bei der Arbeit weitgehend berücksichtigt und ihre Gleichbehandlung sichergestellt wird. Für die Erkundung der Motivation halten mit wenigen Ausnahmen alle Instrumente her, die zur Ermittlung der Eignung eingesetzt werden. Natürlich ist es in diesem Zusammenhang weitaus besser, sich mit den Betroffenen als über die Betroffenen zu unterhalten. Zudem zielt die ärztliche Eignungsuntersuchung vornehmlich auf den Gesundheitszustand und nicht auf die Motive. Als unmittelbare, für die Arbeitseinteilung zuständige Führungskraft sollte einem die Motivation aufgrund der Zusammenarbeit und des persönlichen Kontakts ohnehin bekannt sein. Diese Motivation kann man freilich nur schwerlich in einer Tabellenform erfassen. Eine freie, verbale Beschreibung zu verwenden, ist in diesem Fall optimal (Bröckermann 2021a, S. 128 f.).

Zu guter Letzt wird ein **Profilabgleich** vorgenommen, das heißt, ein Vergleich des Eignungsprofils der oder des Betroffenen mit dem Anforderungsprofil der Stelle, um die es gerade geht (Abb. 5.11).

Stellenbenennung	Referent/in für Personalgewinnung (m/w/d)				
Stellennummer	1234				
Abteilung	Personalabteilung				
Kandidatin	Schmitz, Susanne				
		-	+/-	+	++
Qualifikation	Einschlägige Ausbildung				
	Personalfortbildung				
	Berufserfahrung				
	Englisch				
	EDV				
	Organisation				
	Buchführung				
Kompetenz	Teamfähigkeit				
	Belastbarkeit				
	Innovationsfähigkeit				
Motivation	Durch eine Urlaubsvertretung für die Stelle im Sommer hat sie ihre Motivation bewiesen.				

Abb. 5.11: Beispiel für einen Profilabgleich ····· Anforderungen — Eignung (eigene Darstellung)

5.5 Zeitliche Personalplanung: Wann und wie lange?

Schließlich steht die **zeitliche Personalplanung** an.

Dadurch wird ermittelt, für welchen **Stichtag**, für welches konkrete Datum, die Daten ermittelt und die dementsprechenden Maßnahmen eingeleitet werden müssen. Das ergibt sich aus der konkreten Situation. Im hektischen Tagesgeschäft ist dieser Stichtag häufig das aktuelle Datum (Bröckermann 2021a, S. 43 f.).

In den letzten Jahren ist ein weiterer Aspekt, das **Arbeitszeitmanagement**, von besonderem Interesse, mit dem man planerisch die Grundlagen für die Veränderung der Betriebs- und Arbeitszeiten legt.

- Diesbezüglich sollte man als Führungskraft auf der Bildung einer **Projektgruppe** bestehen, in der außer einem selbst die betroffenen Mitarbeiterinnen und Mitarbeiter, die Unternehmensleitung, der Betriebsrat und Fachleute für Organisation, EDV, Arbeitsmedizin und Arbeitszeitfragen, Letztere etwa aus dem Personalwesen, angemessen vertreten sind.
- Die Projektgruppe orientiert sich am gesetzlichen **Arbeitszeitrahmen**. Für das Gros der Mitarbeiterinnen und Mitarbeiter handelt es sich um das Arbeitszeitgesetz, das die werktägliche Arbeitszeit grundsätzlich auf acht Stunden begrenzt, Ruhepausen sowie eine Ruhezeit nach Beendigung der täglichen Arbeitszeit vorschreibt und Sonn- bzw. Feiertagsarbeit nur unter besonderen Voraussetzungen zulässt.

- Die eigentliche Entwicklungsarbeit beginnt mit einer umfassenden **Marktanalyse**. Hier gilt es zunächst, saisonale Zyklen und konjunkturelle Schwankungen zu ermitteln. Zudem kann die Nachfrage nach einzelnen Produkt- und Dienstleistungsgruppen recht stark differieren. Wenn man keine Wettbewerbsnachteile in Kauf nehmen will, muss man die Erwartungen des Marktes berücksichtigen.
- Es folgt eine **Kapazitätsanalyse**. Am Beginn dieser Analyse steht eine Untersuchung der einzelnen Arbeitsabläufe vom Eingang des Kundenauftrags bis zur endgültigen Erledigung. Wenn überhöhte Kosten durch An- und Herunterfahren etwaiger Produktionsanlagen vermieden werden sollen, muss geprüft werden, ob die Anlagen kontinuierlich genutzt werden können. Weiterhin sollten technische Störungen und Materialengpässe inklusive ihrer Art und Häufigkeit lokalisiert werden.
- Anhand der weiter oben beschriebenen quantitativen und qualitativen Kriterien ist eine angemessene **Zuordnung der Mitarbeiterinnen und Mitarbeiter** zu den Anlagen und Arbeitsabläufen sicherzustellen.
- Aus diesen Analysen ergeben sich nahezu zwangsläufig die Parameter für die nun folgende konkrete Konzipierung der **Arbeitszeitmodelle** (Abb. 5.12).

Feste Arbeitszeit:	Arbeitsbeginn, Arbeitsende und Pausen sind fixiert
Rollierendes System:	Mehrere Mitarbeiter/innen belegen einige Arbeitsplätze im Wechsel an unterschiedlichen Wochentagen
Schichtarbeit:	Die Arbeit wird zu konstant ungewöhnlicher Arbeitszeit oder zu wechselnden Tageszeiten an einem konstanten Betriebsmittelpotenzial vollzogen
Bandbreiten-Modell:	Die an sich vom Zeitvolumen her fixierte wöchentliche Arbeitszeit kann nach Ankündigung temporär in einer Bandbreite verlängert oder verkürzt werden
Gestaffelte Arbeitszeit:	Die Mitarbeiter/innen können sich aus einer Palette von Zeitfenstern, die betriebliche Instanzen festgelegt haben, für eins entscheiden
Baukastensystem:	Die Mitarbeiter/innen können sich ihre Arbeitszeit aus Zeitmodulen individuell zusammenstellen, die betriebliche Instanzen festgelegt haben
Teilzeit:	Die individuelle Arbeitszeit ist kürzer als die betriebliche oder tarifliche Arbeitszeit der Vollzeitkräfte
Gleitzeit:	Es steht den Mitarbeiter/inne/n frei, den Beginn und das Ende der täglichen Arbeitszeit in einem vorgegebenen Rahmen selbst zu bestimmen
Variable Arbeitszeit:	Die Mitarbeiter/innen können über Dauer und Lage ihrer Arbeitszeit innerhalb eines definierten Arbeitszeitrahmens selbst bestimmen
Jahresarbeitszeit:	Die abzuleistende Regelarbeitszeit bezieht sich nicht auf einen Arbeitstag oder eine Woche, sondern auf ein Kalenderjahr
Lebensarbeitszeit:	Man gibt die Möglichkeit eines gleitenden Einstiegs ins Berufsleben, von Unterbrechungen oder einer gleitenden bzw. flexiblen Pensionierung
Sabbatical:	Man ermöglicht Langzeiturlaube zur freien Verfügung

Abb. 5.12: Arbeitszeitmodelle (nach Bröckermann 2021a, S. 147 ff.)

ÜBUNGSAUFGABE

Warum arbeiten Sie in welchem Arbeitszeitmodell und welches würde Ihnen aus welchem Grund besser behagen?

- Letzten Endes werden alle Details in einer schriftlichen **Vereinbarung** mit dem Betriebsrat, einer Betriebsvereinbarung, geregelt.
- Für größere Belegschaften braucht man zudem meist eine computergestützte **Zeiterfassung**. In den meisten Unternehmen kommt nämlich eine Vielzahl unterschiedlicher Arbeitszeitmodelle zum Einsatz.

Ein Evergreen der Personalplanung ist die **Urlaubsplanung**, die neben den beschriebenen quantitativen und qualitativen Aspekten natürlich einen zeitlichen Aspekt hat. Den oder die Termine des Urlaubs von Arbeitnehmern legt prinzipiell der Arbeitgeber bzw. die jeweilige Führungskraft fest. Die Führungskraft muss jedoch die Wünsche der Mitarbeiterinnen und Mitarbeiter berücksichtigen, soweit die betrieblichen Erfordernisse dies zulassen und niemand sonst wegen der sozialen Situation Vorrang beanspruchen kann. In der Regel folgt man bei der Urlaubsplanung der Richtschnur aus Abb. 5.13 (Pulte 2006, S. 63).

Aktivität	Zuständigkeit
Erfassung der Urlaubswünsche der Mitarbeiter/innen spätestens am Jahresbeginn	Führungskraft
Prüfung der Urlaubsansprüche	Personalwesen
Abstimmung der Urlaubswünsche innerhalb der einzelnen Abteilungen unter Berücksichtigung der betrieblichen und persönlichen Erfordernisse	Führungskraft
Festlegung von eventuell notwendigen Vertretungen über den Stellenbesetzungsplan und einen Profilabgleich	Führungskraft und Personalwesen
Prüfung und Genehmigung der Urlaubs- und Vertretungsplanung	Führungskraft
Information des Betriebsrats und Einholen seiner Zustimmung	Personalwesen

Abb. 5.13: Urlaubsplanung (Bröckermann 2021a, S. 155)

5.6 Maßnahmenplanung: Was ist zu tun?

In diesem Planungsstadium gibt die Personalplanung Auskunft über

- das Ist, also den Personalbestand, dessen unbefriedigende Ausgangslage den Grund zum Eingreifen bildet,
- das Soll, also die anstehende Arbeit in allen Aspekten, wie etwa dem Anforderungsprofil der tangierten Stellen, und

- den Rahmen für eine angemessene Reaktion,
- unter Berücksichtigung der Eignung und Motivation der Betroffenen.

Damit ist die planerische Zuordnung abgeschlossen, denn nunmehr sind die erforderliche Anzahl, Qualifikation und Kompetenz, der notwendige Zeitpunkt bzw. Zeitrahmen und der jeweilige Einsatzort des Personals bekannt. Die einzelnen **Maßnahmen** müssen in der Folge noch individuell ausgewählt, geplant und durchgeführt werden. Währenddessen kann es sich herausstellen, dass die tatsächliche Entwicklung von den Plandaten abweicht und Korrekturen notwendig werden (Bröckermann 2021a, S. 130).

ÜBUNGSAUFGABE

Wir nehmen einmal an, dass Ihre Planung Folgendes ergeben hat: Sie brauchen in der Personalabteilung, deren Führungskraft Sie sind, ab sofort zusätzlich eine Person mit der Qualifikation und Kompetenz, die in Abb. 5.9 beschrieben wird. Wie können Sie an so eine Person kommen?

6 Delegation

6.1 Zuständigkeitsbereiche: Stellen und Stellenbeschreibungen

Es wäre völlig unsinnig, wenn die Führungskraft die gesamte Arbeit in ihrer Abteilung selbst erledigen würde. Sie hat vielmehr die Aufgabe, die Arbeit auf ihre Mitarbeiterinnen und Mitarbeiter zu verteilen, das heißt, die Arbeit zu **organisieren**.

Zu diesem Zweck definiert man in enger Zusammenarbeit mit der Unternehmensleitung, einer Stabsstelle, dem Personalwesen und gegebenenfalls einer Unternehmensberatung Zuständigkeitsbereiche, die man als **Stellen** bezeichnet. Im Ergebnis werden zuweilen, aber angesichts der Vielzahl von Stellen nicht immer Stellenbeschreibungen erstellt, die einerseits die Einordnung der Stelle in die Organisationsstruktur beschreiben, andererseits umfassende Angaben über die Stellenziele sowie die anstehende Arbeit, die Rechte und die Pflichten des Stelleninhabers beinhalten (Abb. 5.5, Nicolai 2004, S. 177 ff.)

ÜBUNGSAUFGABE

Bitte fertigen Sie eine Stellenbeschreibung für den Personentransport mit einem Taxi nach dem Schema in Abb. 5.5 an und verlassen Sie sich dabei ganz auf Ihre eigene Anschauung.

6.2 Arbeitseinteilung: Aufgaben, Befugnisse und Verantwortung

Im Arbeitsalltag ist es damit aber nicht getan, denn es treten durchaus Situationen auf, die den Rahmen der Stellen sprengen. Jede Führungskraft steht tagtäglich vor der Aufgabe, Personal

- in der erforderlichen **Anzahl**,
- mit der erforderlichen **Qualifikation und Kompetenz**,
- zu der für die Leistungserstellung notwendigen **Zeit** und
- an dem jeweiligen **Einsatzort** verfügbar zu halten.

Ein Mitarbeiter nimmt beispielsweise die Arbeit nicht auf und die Führungskraft muss nach einer Vertretung suchen oder es treten aufgrund technischer Neuerungen Probleme auf, die in keiner Stellenbeschreibung berücksichtigt wurden. Deshalb ist immer wieder im Einzelfall eine **Delegation**, das heißt eine Übertragung von Aufgaben, Befugnissen und Verantwortung vonnöten (Strackbein/Strackbein 2002, S. 105 ff.).

Die Führungskraft muss sich zunächst Klarheit darüber verschaffen, ob und wann sie etwas delegieren soll und muss. Dabei hilft das **Eisenhower-Prinzip**, benannt nach dem US-amerikanischen General und Präsidenten *Dwight David Eisenhower*, der es erfunden und angewendet haben soll (Abb. 6.1).

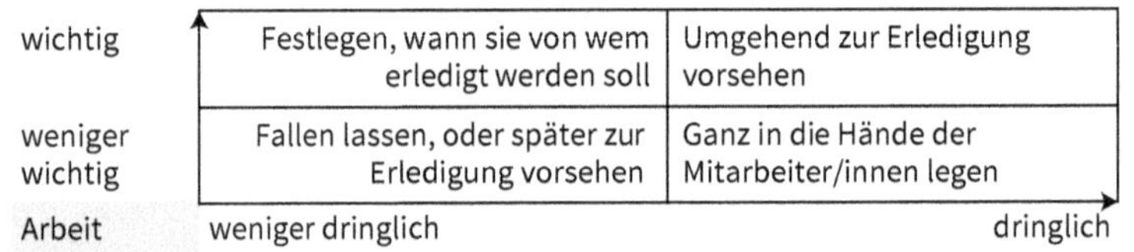

wichtig	Festlegen, wann sie von wem erledigt werden soll	Umgehend zur Erledigung vorsehen
weniger wichtig	Fallen lassen, oder später zur Erledigung vorsehen	Ganz in die Hände der Mitarbeiter/innen legen
Arbeit	weniger dringlich	dringlich

Abb. 6.1: Delegieren nach dem Eisenhower-Prinzip (nach Neuberger 2002, S. 485)

- Wichtige, dringliche Arbeit muss umgehend zur Erledigung vorgesehen werden. Zugleich muss die Führungskraft dafür sorgen, dass diese Konstellation nicht mehr auftritt.
- Entscheidungen für wichtige, aber nicht dringliche Arbeit kann man in Ruhe vorbereiten. Hier wird die Führungskraft jedoch festlegen, wann sie von wem erledigt werden soll.
- Dringliche, aber nicht wichtige Arbeit sollte die Führungskraft ganz in die Hände der Mitarbeiterinnen und Mitarbeiter legen und Unterstützung für den Fall anbieten, dass sich inhaltliche oder terminliche Probleme ergeben.
- Weniger wichtige und weniger dringliche Arbeit kann man entweder, nachdem man alle Betroffenen informiert hat, fallen lassen oder zur Erledigung vorsehen, wenn die Kapazitäten das zulassen.

ÜBUNGSAUFGABE

Carlo Zimmers Vorgesetzte Lena Kaminski macht Urlaub. Lena sagt Carlo am letzten Arbeitstag vor dem Urlaub: »Machen Sie das jetzt mal alles und machen Sie es richtig.« Das ist sicherlich eine Delegation, aber ebenso sicher keine gelungene. Was hätte Lena sagen bzw. regeln müssen?

Die Delegation umfasst **drei Elemente**:

- Die Mitarbeiterinnen und Mitarbeiter müssen wissen, wer welche **Aufgaben** übernimmt und wer die möglichen Ansprechpartner bei auftauchenden Fragen sind. Ferner müssen sie über freie Kapazitäten verfügen, um eine Aufgabe übernehmen zu können.
- Eine Aufgabe kann nur dann erwartungsgemäß abgewickelt werden, wenn man den Mitarbeiterinnen und Mitarbeitern zugleich die **Befugnisse** einräumt, die dafür erforderlich sind. Sie werden gemeinhin als Kompetenzen bezeichnet. Wenn man an die Definition aus dem Kapitel Führungsperspektiven denkt, könnte man meinen, es handle sich um die Fähigkeit, sich eigenständig zurechtzufinden. Das ist aber keineswegs gemeint. Deshalb soll es hier beim deutschen Begriff Befugnis bleiben. Zur Delegation von Aufgaben muss sich folglich die Delegation von Befugnissen gesellen (Abb. 6.2).

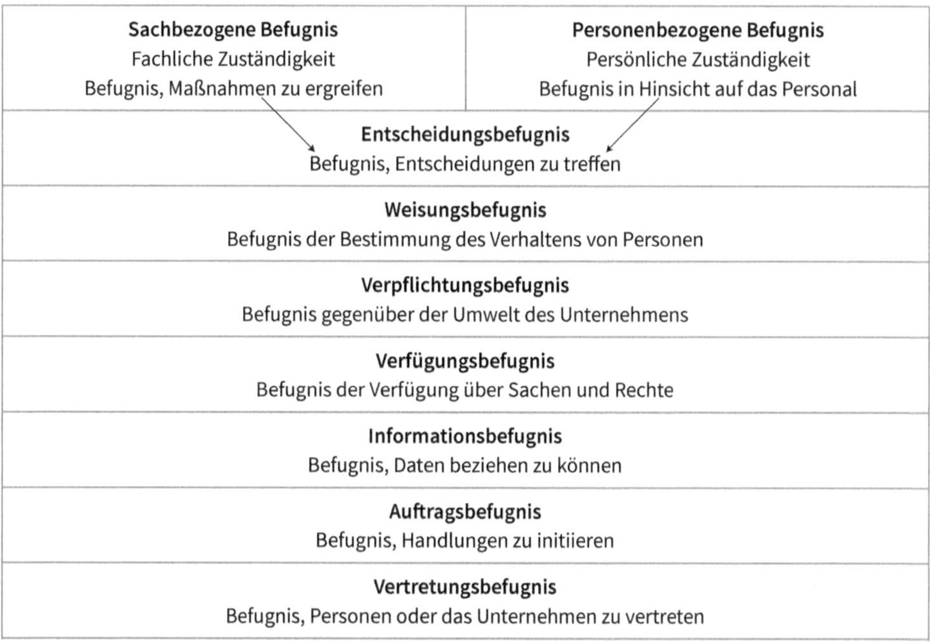

Abb. 6.2: Befugnis (nach Olfert 2019, S. 289)

- Wenn die Zuordnung von Aufgaben auf Einzelne und die Ausstattung mit den erforderlichen Befugnissen sachgerecht vorgenommen worden sind, hat man die Voraussetzungen dafür geschaffen, ihnen auch die **Verantwortung** zu übertragen. Das ist zunächst die Pflicht zu besonderer Umsicht und Sorgfalt, darüber hinaus aber auch die Berichtspflicht. Schließlich müssen die Mitarbeiterinnen und Mitarbeiter für die Ergebnisse einstehen, die sie erzielen. Sie tragen daher die Verantwortung für die Durchführung, die sogenannte Handlungsverantwortung. Von dieser Verantwortung wird man als Führungskraft mithin entlastet, es sei denn, die Mitarbeiterinnen und Mitarbeiter seien der Aufgabe nicht gewachsen. Mit anderen Worten ist die Führungsverantwortung nicht delegierbar.

6.3 Weisungen: Aufträge, Anweisungen und Befehle

Die Führungskraft delegiert, indem sie **Weisungen** gibt. Aber nicht jede Weisung ist zulässig. Bei manchen Weisungen hat der Betriebsrat ein Mitbestimmungsrecht. Außerdem müssen Weisungen sich laut § 106 der Gewerbeordnung an Arbeitsverträgen, Betriebsvereinbarungen (zwischen Arbeitgeber und Betriebsrat), Tarifverträgen (zwischen Arbeitgeber oder Arbeitgeberverband und Gewerkschaft) sowie Gesetzen orientieren und, wie die Juristen es ausdrücken, billigem Ermessen entsprechen (Abb. 6.3, Schirmer/Woydt 2016, S. 68).

Eine Form der Weisung ist der **Auftrag**. Die Mitarbeiterinnen und Mitarbeiter können sich so lange gleichberechtigt einbringen, bis sie meinen, dass alle ihre Probleme behandelt wurden. Ein Auftrag beinhaltet

- die Problemstellung,
- das Ziel des Auftrags,
- eine Erläuterung mit allen erforderlichen Informationen,
- die gewünschte Erledigung und
- das erwartete Ergebnis,
- gegebenenfalls Termine für Zwischenberichte und
- den geplanten Termin für die Erledigung,
- jeweils mit einer ausführlichen Begründung.
- Außerdem sind Vorschläge der Mitarbeiterinnen und Mitarbeiter ebenso erwünscht wie ihre Initiative (Kießling-Sonntag 2000, S. 144 ff.).

Nun mag man einwenden, verantwortungsbewusste, gut qualifizierte, kompetente Mitarbeiterinnen und Mitarbeiter wüssten selbst, welche Arbeit zu erledigen ist. Selbst wenn das so ist, muss die Führungskraft ihnen immer noch die Kundenaufträge aushändigen. Aufträge sind zweifellos die empfehlenswerteste Form von Weisungen.

ÜBUNGSAUFGABE

Wenn auch umständlich, ist es doch zweifellos achtsam und freundlich, Mitarbeiterinnen und Mitarbeitern Weisungen in Form von Aufträgen zu geben. Welcher weitere Vorteil ergibt sich so?

Eine andere Form der Weisung ist die **Anweisung**. Man begründet nichts, steuert praktisch die gesamte Kommunikation allein und räumt dem Gegenüber so gut wie kein Mitspracherecht ein. Allerdings kann die Mitarbeiterin bzw. der Mitarbeiter das Gespräch so lange fortsetzen, bis Klarheit über alle Aspekte erlangt wurde.

Anweisungen sind zielgerichtet und zeitsparend, aber auch ein wenig schroff. Sie empfehlen sich nur dann, wenn es auf schnelles Handeln ankommt und die Schroffheit im Vorfeld und danach wieder aufgefangen werden kann.

Auch **Befehle** sind Weisungen ohne Begründung. Einwendungen oder Widerspruch werden nicht geduldet. Die Führungskraft steuert das gesamte Geschehen allein und beendet es, wenn der Befehl übermittelt worden ist. Die Mitarbeiterin bzw. der Mitarbeiter kommt nicht zu Wort, abgesehen von einem »Verstanden« oder einer Inhaltsangabe des Befehls.

Durch Befehle macht man Mitarbeiterinnen und Mitarbeiter zu reinen Ausführungsorganen. Sie sollen nicht nachdenken, sondern genau das tun, was man befohlen hat. Zu einem akzeptablen Arbeitsergebnis kann es nur kommen, wenn es sich um ausführende Arbeiten handelt, von denen es nicht mehr so viele gibt, und selbst da kann ein wenig Nachdenken nicht schaden. Wenn man Mitarbeiterinnen und Mitarbeiter zu teilnahmslosen Erfüllungsgehilfen macht, darf man sich nicht wundern, wenn sie genau so reagieren. Auf Befehle sollte man demzufolge so weit wie möglich verzichten. In Notfällen zeigen Befehle hingegen ganz andere Qualitäten. Ein Ärzteteam kann mögliche Reaktionen auf einen lebensbedrohlichen Zwischenfall während einer Operation nicht langwierig erwägen. Ein leitender Arzt gibt an, was zu tun ist. Selbst wenn sich hinterher herausstellt, dass das nur die zweit- oder drittbeste Alternative war, sind die Überlebenschancen des Patienten so größer.

Grundregeln	• Die Mitbestimmungsrechte des Betriebsrats sind zu beachten. • Arbeitsverträge, Betriebsvereinbarungen, Tarifverträge und Gesetze sind zu beachten. • Willkür ist auszuschließen.
Auftrag	• Das ist die empfehlenswerteste Form der Weisung. • Sie beinhaltet die Problemstellung, das Ziel, eine Erläuterung, die gewünschte Erledigung, das erwartete Ergebnis und den geplanten Termin für die Erledigung, jeweils mit einer ausführlichen Begründung. • Vorschläge der Mitarbeiterinnen und Mitarbeiter sind erwünscht.
Anweisung	• Sie ist nur empfehlenswert, wenn es auf schnelles Handeln ankommt. • Man steuert die gesamte Kommunikation allein und gibt keine Begründung für die Weisung. • Die Mitarbeiterin bzw. der Mitarbeiter hat kein Mitspracherecht, kann das Gespräch aber so lange fortsetzen, bis Klarheit über alle Aspekte erlangt wurde.
Befehl	• Befehle sind nur in Notfällen empfehlenswert. • Man steuert das gesamte Geschehen allein, gibt keine Begründung für die Weisung und lässt Einwendungen oder Widerspruch nicht zu. • Die Mitarbeiterin bzw. der Mitarbeiter kommt nicht zu Wort, abgesehen von einem »Verstanden« oder einer Inhaltsangabe des Befehls.

Abb. 6.3: Weisungen geben (eigene Darstellung)

6.4 Widerstand: Macht und Gehorsam?

Befehle sind meist nicht angebracht, aber wenn man Widerstände wahrnimmt oder nur vermutet, kann man schon auf die Idee kommen, diese Widerstände zu brechen, also **Macht** auszuspielen.

Maximilian Carl Emil Weber definiert Macht zutreffend als Chance, innerhalb einer sozialen Beziehung, also in der Auseinandersetzung mit Menschen, den eigenen Willen auch gegen **Widerstand** durchzusetzen. Chance will heißen, dass es noch nicht einmal notwendig ist, aktiv zu werden. Es reicht bereits das Vorhandensein der Möglichkeit, anderen Menschen ein bestimmtes Verhalten aufzuzwingen (Weber 1972, S. 28).

Mit einem Experiment zeigte *Stanley Milgram* 1963, dass man durch Macht in einem beängstigenden Ausmaß **Gehorsam** erzeugt. Die Versuchsteilnehmer wurden jeweils einzeln angewiesen, als Lehrer einem vermeintlichen »Schüler«, der hinter einer Wand saß, Elektroschocks zu verabreichen, falls er Fehler dabei machte, sich Wortpaare zu merken. Die Elektroschocks sollten von Fehler zu Fehler von unangenehmen 15 Volt bis 450 Volt gesteigert werden, also weit über die Lebensgefahr hinaus. Die Versuchsteilnehmer wussten nicht, dass sie in Wahrheit nur ein Tonbandgerät steuerten, das Schreie abspielte. 82,5 Prozent verabreichten Elektroschocks von mehr als 150 Volt, fast zwei Drittel gingen bis 450 Volt (Milgram 1974, S. 1 ff.).

Lange wurde behauptet, heute sei so etwas nicht mehr möglich. Eine Wiederholung des Experiments im Jahr 2008 bewies, dass das nur ein frommer Wunsch war. Zwar wurde das Experiment vom Versuchsleiter, anders als 1963, bei 150 Volt gestoppt, aber 70 Prozent hatten sich da noch nicht verweigert (O. V. 2008, S. 8).

Mit der Machtausübung lassen sich also viele Widerstände brechen, aber davon abgesehen, dass Machtmenschen nicht den besten Ruf genießen, stellt sich die Frage, **wie viel Macht** Führungskräfte über ihre Mitarbeiterinnen und Mitarbeiter haben (Walenta/Kirchler 2011, S. 11 ff.).

ÜBUNGSAUFGABE

Welche Gegebenheiten, Gremien und Vorschriften halten heutzutage die Macht von Führungskräften in Unternehmen und anderen Organisationen in Grenzen?

Legitimations- oder **Positionsmacht** ergibt sich aus der formalen Führungsposition in der betrieblichen Hierarchie, durch die einem prinzipiell eine Befehlsgewalt zuwächst, nach dem Motto: »Das entscheide ich so, weil ich Chef bin.« In recht vielen Unternehmen gibt es jedoch Führungsanweisungen und -leitlinien, auf die in diesem Kapitel noch eingegangen wird. Sie unterbinden eine derart autoritäre Haltung (Felfe 2009, S. 10).

Man hört oft, eine Führungskraft solle ein gutes Beispiel geben. Das ist sicherlich berechtigt: Man hat eine **Vorbildfunktion**. »Das darf ich auch«, hört man von Mitarbeiterinnen und Mitarbeitern, wenn Führungskräfte sich etwas herausnehmen. Man kann von anderen eben nichts erwarten, was man für sich selbst nicht gelten lässt.

Andererseits kann man nicht davon ausgehen, dass sich die Mitarbeiterinnen und Mitarbeiter mit ihrer Führungskraft identifizieren, wenn diese mit gutem Beispiel vorangeht, etwa nach dem Motto: »Mein Chef ist immer pünktlich. Ich möchte sein wie mein Chef, also werde ich in

Zukunft auch immer pünktlich sein.« Zwar gibt es eine **Identifikationsmacht**, die man auch als Referenz- oder charismatische Macht bezeichnet, sie entsteht aber gänzlich anders. Je weniger sich Menschen ihrer eigenen Stärken, aber auch Schwächen bewusst sind, desto mehr suchen sie nach einer speziellen emotionalen Bindung. Sie suchen unbewusst nach Personen, Gruppen, Organisationen oder gesellschaftlichen Normen und Zielen, die für sie jene Charakteristiken verkörpern, die sie bei sich selbst vermissen. Beispielsweise kommen Jugendliche so zu ihren Idolen. Die vermissten Charakteristiken sind also nicht notwendigerweise positive. Man kann etwa auch Rücksichtslosigkeit bei sich selbst vermissen. Außerdem wählen wir unsere Identifikationsobjekte keineswegs nach den Wünschen anderer aus. Ergo kann eine Führungskraft keine Macht durch Identifikation erzeugen oder gar erzwingen (Felfe 2009, S. 10 f.).

Wenn Führungskräfte über ein spezielles Wissen verfügen, werden sie als Experten angesehen. Das gibt einem **Expertenmacht**. Dieses Wissen ist im Kern nichts anderes als ein Informationsvorsprung. Ohne Frage bringt es jedoch die fortschreitende Spezialisierung mit sich, dass viele Mitarbeiterinnen und Mitarbeiter Informationsvorsprünge gegenüber ihren Führungskräften erlangen. Welche Geschäftsführerin wird schon die Details des EDV-gestützten Informationssystems beherrschen, das ihr zur Verfügung steht? Damit sind es die Mitarbeiter, die sich bei der Arbeit auf Expertenmacht stützen können. Andererseits hat eine Führungskraft immer noch Informationsvorsprünge, da sie von Aktivitäten und Planungen des Unternehmens weiß, die den Mitarbeiterinnen und Mitarbeitern bis dato nicht offenbart wurden (Becker/Beck/Herz 2012, S. 26 ff.).

Als Führungskraft kann man seine Mitarbeiterinnen und Mitarbeiter kritisieren oder tadeln, man kann sie versetzen, ihre Entgelte kürzen oder sie entlassen. Man hat mithin Sanktions- oder **Bestrafungsmacht**, denn durch den Einsatz oder die Androhung von Sanktionen kann eine Führungskraft die Handlungsspielräume ihrer Mitarbeiterinnen und Mitarbeiter begrenzen, allerdings nur im Rahmen der arbeitsrechtlichen Möglichkeiten. Für Gutdünken und Willkür gibt es keine legalen Spielräume. Zudem haben Bestrafungen und Drohungen nicht die Wirkung, die mancher sich davon verspricht. Menschen legen unter Zwang ein Verhalten an den Tag, das gerade noch eine weitere Bestrafung vermeidet. Eine Abmahnung hat oft genau diese Wirkung und wird insofern vermieden, wenn man noch Hoffnung auf Besserung hat. Ein Kritikgespräch hat hingegen seine Berechtigung, aber nur dort, wo es darum geht, Perspektiven für die Zukunft zu setzen.

Als Führungskraft hat man maßgeblichen Einfluss auf die Entgelte, Beförderungen sowie die berufliche Aus-, Fort- und Weiterbildung. Man kann seinen Mitarbeiterinnen und Mitarbeitern mithin etwas Gutes zukommen lassen. Die andere Seite der Sanktionsmacht, eine **Belohnungsmacht** im eigentlichen Sinne, wächst einem dadurch nur in beschränktem Umfang zu, denn man kann oft nur gewähren, was seinen Mitarbeiterinnen und Mitarbeitern ohnehin als Gegenleistung für ihre Arbeit zusteht. Lob wird zwar oft vermisst, führt indes nicht dazu, dass die lobende Führungskraft damit Widerstände brechen könnte, es sei denn, es sei manipulativ.

Trotzdem hat man als Führungskraft Spielräume, denn man kann sich mehr oder auch weniger für seine Mitarbeiterinnen und Mitarbeiter einsetzen.

Abb. 6.4 fasst die Aussagen noch einmal zusammen.

Positionsmacht	• autoritäre Befehlsgewalt • wird oft durch Führungsanweisungen und -leitlinien unterbunden
Identifikationsmacht	• spezielle emotionale Bindung • kann eine Führungskraft nicht erzeugen, auch nicht, wenn sie ein gutes Beispiel gibt
Expertenmacht	• Informationsvorsprung • hat man als Führungskraft durch Informationen über Aktivitäten und Planungen des Unternehmens
Bestrafungsmacht	• Einsatz oder Androhung von Sanktionen • hat man als Führungskraft nur im Rahmen der arbeitsrechtlichen Möglichkeiten
Belohnungsmacht	• etwas Gutes zukommen lassen • hat man als Führungskraft durch einen mehr oder weniger intensiven Einsatz für die Mitarbeiterinnen und Mitarbeiter

Abb. 6.4: Mit Widerständen umgehen (eigene Darstellung)

Mithin gibt es für Führungskräfte keine breite Machtbasis, aber immerhin bleibt einem eine Expertenmacht durch spezielle Informationsvorsprünge, eine durch Recht und Gesetz beschränkte Bestrafungsmacht und eine Belohnungsmacht durch das Ausnutzen von Spielräumen. Von dieser, wenn auch schmalen, Machtbasis sollte man jedoch **keinen Gebrauch machen**.

- Erstens bleibt das Brechen von Widerständen nicht ohne Folgen. So war es auch nach dem Experiment von *Stanley Milgram*: Die Teilnehmerinnen und Teilnehmer waren ausnahmslos sehr erregt und einige geradezu niedergeschlagene, resignierte Menschen. Niedergeschlagene, resignierte Menschen können aber ihre Arbeit **nicht motiviert** nachgehen und schon gar nicht zu neuen Ufern aufbrechen (Stührenberg 2003, S. 125).
- Zweitens sind Widerstände zwar unangenehm, sie bergen jedoch **Potenziale** in sich, Ideen und Meinungen, die der Sache dienlich sein können.

Empfehlenswert ist für Führungskräfte folglich die Beachtung des Prinzips:

- »**Change it**«: sich mit Widerständen argumentativ auseinanderzusetzen,
- »**Love it**«: berechtigte Widerstände anzunehmen und aufzuarbeiten,
- »**Leave it**«: unberechtigte Widerstände argumentativ zu widerlegen.

6.5 Delegationsleitfäden: Harzburger Modell und Management by Exception

Wenn man von Delegation spricht, kommt der Begriff **Management by Delegation** ins Spiel. Dabei handelt es sich jedoch nicht um eine Theorie oder einen Leitfaden für die Praxis, sondern lediglich um eine Bezeichnung, mit der man alle Ansätze belegt, die die Delegation als einen der zentralen Faktoren im Arbeitsleben thematisieren (Wunderer/Grunwald 1980, S. 288).

Mit dem **Harzburger Modell** hat *Reinhard Höhn* das Management by Delegation durch detaillierte Vorgaben, insbesondere zur Delegation von Verantwortung und zur Organisationsstruktur, in einer Weise präzisiert, die inzwischen als selbstverständlich gilt (Höhn 1986, S. 13 ff.).

- Die Führungskraft delegiert keine einzelnen Aufgaben, sondern einen festen **Arbeitsbereich**, der sich in der Stellenbeschreibung findet. Innerhalb ihres Arbeitsbereichs handeln die Mitarbeiterinnen und Mitarbeiter selbstständig.
- Außerdem delegiert die Führungskraft die entsprechenden **Befugnisse**, sodass die Mitarbeiterinnen und Mitarbeiter innerhalb ihres eigenen Arbeitsbereichs auch selbstständig entscheiden.
- Mit den Arbeitsbereichen und Befugnissen wird zugleich die **Verantwortung** delegiert, und zwar die Handlungsverantwortung. Die Führungsverantwortung bleibt bei der Führungskraft.
- Die Führungskraft übernimmt von vornherein nur Arbeit, die von den Mitarbeiterinnen und Mitarbeiter nicht angegangen werden kann. Dabei handelt es sich, neben einigen wenigen speziellen Sachverhalten, vor allem um die **Führungsaufgabe**.

Soweit sind diese Abläufe auch in den obigen Ausführungen geschildert worden.

Beim Harzburger Modell kommt ein weiteres Element hinzu, die **Führungsanweisung**. Sie legt die Grundsätze der Personalführung für das Unternehmen detailliert und verbindlich fest, fördert dadurch aber zugleich Formalismus und bürokratisches Vorgehen. In so einem Management by Direction and Control kann man zur Marionette der Anweisung werden. Auf diese harsche Kritik haben recht viele Unternehmen reagiert. Sie formulieren, möglichst unter Beteiligung aller Betroffenen, statt detaillierten, verbindlichen Anweisungen und Handbüchern lediglich allgemeine Führungsleitsätze oder Führungsgrundsätze bzw. Führungsprinzipien, die den Führungskräften einerseits Orientierung geben und damit die Qualität der Personalführung unterstützen, andererseits jedoch genügend Spielraum für Individualität lassen (Abb. 6.5, Franken 2007, S. 230 ff.).

1. Wir kommunizieren mit unseren Mitarbeiterinnen und Mitarbeitern einheitlich und klar.
2. Wir handeln als Vorbild, damit sich unsere Mitarbeiterinnen und Mitarbeiter daran orientieren können.
3. Wir fördern und fordern unsere Mitarbeiterinnen und Mitarbeiter – sie sind das Potenzial und die Energie unseres Unternehmens.
4. Wir nehmen unsere Verantwortung für den Unternehmenserfolg aktiv wahr.
5. Wir stehen zu unseren Fehlern und nutzen sie als Chance für Verbesserungen.
6. Wir arbeiten partnerschaftlich, ergebnisorientiert und konstruktiv zusammen.
7. Wir denken und handeln zukunfts- und ertragsorientiert.

Abb. 6.5: Führungsleitsätze des Unternehmens ProACTIV (nach Franken/Steinhausen 2007, S. 244)

Wie das Harzburger Modell sieht das **Management by Exception** vor, dass die Mitarbeiterinnen und Mitarbeiter innerhalb eines vorgegebenen Rahmens selbstständig entscheiden dürfen. Anders als beim Harzburger Modell übernimmt man hier neben der Führungsaufgabe in größerem Umfang Arbeitsaufgaben, und zwar nicht nur die, die von den Mitarbeiterinnen und Mitarbeitern nicht angegangen werden können (Abb. 6.6).

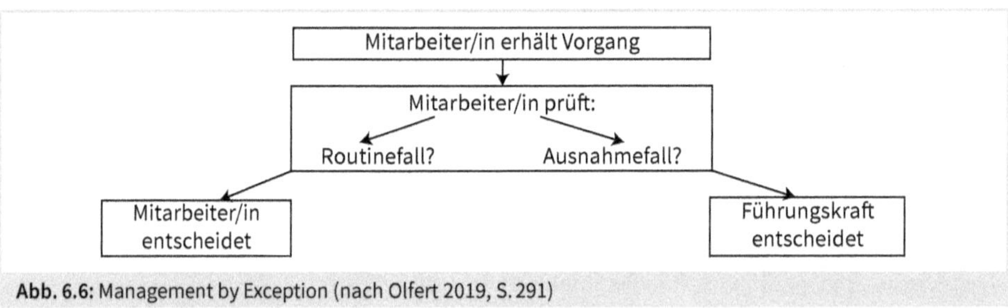

Abb. 6.6: Management by Exception (nach Olfert 2019, S. 291)

Auf diesem Wege wird man als Führungskraft von Routinearbeiten entlastet. Die Mitarbeiterinnen und Mitarbeiter genießen dafür die Selbstständigkeit innerhalb ihrer Ermessensspielräume, müssen aber den Entscheidungsregeln folgen. Deshalb findet sich hier auch die Bezeichnung **Management by Decision Rules**. Und ein Missstand, der im Rahmen der Delegation immer wieder auftreten kann, wird zum Prinzip: Man delegiert nur die wenig reizvollen Routinearbeiten und langweilt die Mitarbeiterinnen und Mitarbeiter damit. Außerdem kann sich die Festlegung der Toleranzbereiche schwierig gestalten.

ÜBUNGSAUFGABE

Im Management by Exception müssen die Führungskräfte neben der Führungsaufgabe alle »Ausnahmefälle«, also alle schwierigen Aufgaben übernehmen. Das ist gewiss spannend. Was ist nachteilig daran?

6.6 Das rechte Maß: Sickerverluste und Flow

Nicht nur die Delegationsleitfäden sind im Detail problematisch. Die Delegation ist generell nicht frei von **Risiken**.

Zuweilen entstehen Koordinationsprobleme, sogenannte **Sickerverluste**. Es ist wie in dem auf Partys praktizierten Spiel, bei dem viele Menschen im Kreis sitzen und man seinem Nachbarn zur Rechten das zuflüstert, was einem der Nachbar zur Linken zugeflüstert hat. Am Ende ist die Information oft so entstellt, dass sie ihren Sinn verloren hat. Genau das kann geschehen, wenn etwas weiter und weiter delegiert wird.

Manchmal sind Aufgaben, Befugnisse und Verantwortung nicht **gleich dimensioniert** und deshalb nicht zu bewältigen (Abb. 6.7).

Abb. 6.7: Gleichgewicht von Aufgabe, Befugnis und Verantwortung (nach Olfert 2019, S. 290)

Ohne die notwendigen Befugnisse darf man nicht das tun, was notwendig ist. Und ohne Verantwortung entsteht eine Scheindelegation, etwa wenn man jemandem aufträgt, eine Arbeit in den Schritten abzuarbeiten, die man sich vorher überlegt hat und überdies täglich einen Bericht verlangt (Niermeyer/Postall 2008, S. 146 f.).

Schließlich müssen die **Herausforderungen** der Arbeit, die man delegiert, den Möglichkeiten oder **Fähigkeiten** der Mitarbeiterinnen und Mitarbeiter entsprechen. Diese an sich selbstverständliche Einsicht fand *Mihály Csikszentmihályi* bestätigt, als er Menschen zu ihren Freizeitaktivitäten befragte. Solche Aktivitäten, beispielsweise das Klettern am Fels oder Schachspielen, bringen scheinbar keinen Nutzen. Sie sind zeitaufwendig und verursachen Kosten. Trotzdem bereiten sie Freude. Die Befragten berichteten von einem Gefühl, das sie in ihrem Alltag ansonsten nicht hatten. Sie erlebten ein Verschmelzen von Handlung und Bewusstsein, Zeit und Raum wurden vergessen. Nach weiteren Erhebungen kam *Csikszentmihályi* zu folgendem Ergebnis (Abb. 6.8, Csikszentmihályi 2000, S. 59 ff.):

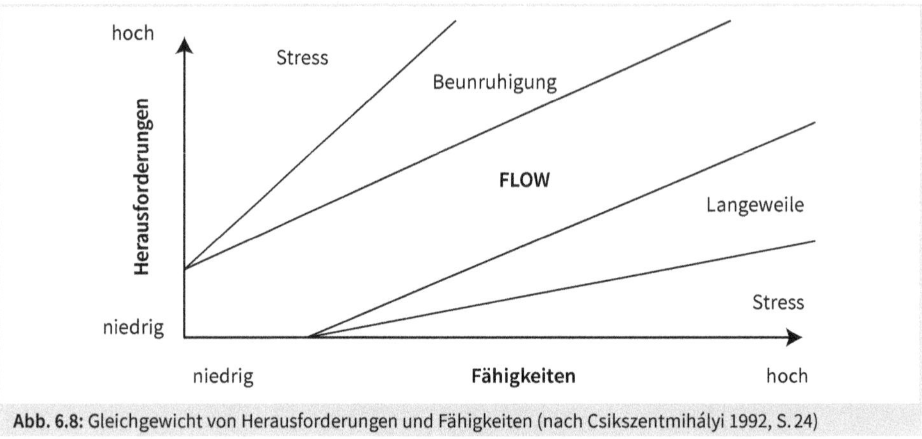

Abb. 6.8: Gleichgewicht von Herausforderungen und Fähigkeiten (nach Csikszentmihályi 1992, S. 24)

- Sind die Herausforderungen zu gering, kommt es zunächst zum Gefühl der Langeweile.
- Bei einer langfristigen Unterforderung stellt sich Stress ein.
- Ganz parallel, lediglich mit umgekehrten Vorzeichen, entwickelt sich die subjektive Befindlichkeit bei zu hohen Herausforderungen. Das erste Warnzeichen ist hier eine Beunruhigung.
- Bleibt die Herausforderung auf diesem hohen Niveau, wird aus der Beunruhigung Stress durch Überforderung.
- Wenn die Herausforderungen jedoch den eigenen Möglichkeiten entsprechen, kann sich ein **Flow-Erlebnis** einstellen. Alles geht einem, verbunden mit einem Hochgefühl, wie selbstverständlich von der Hand. Handlung folgt auf Handlung, und zwar nach einer inneren Logik, die kein bewusstes Eingreifen mehr zu erfordern scheint.

Als Führungskraft sollten man demnach die Leistungsmöglichkeiten, Potenziale und Interessen seiner Mitarbeiterinnen und Mitarbeiter **einschätzen**. Wenn es geht, sollte man jedem Einzelnen spezifisch auf ihn zugeschnittene Arbeiten zuweisen, denn so kann der Flow gewährleistet werden. Den Mitarbeiterinnen und Mitarbeitern macht die Erledigung dann Spaß, und das wiederum ist eine der Voraussetzungen dafür, dass auch die Führungsaufgabe eine Freude ist (Comelli/Rosenstiel/Nerdinger 2014, S. 140 f.).

ÜBUNGSAUFGABE

Haben Sie bei Personen aus Ihrem beruflichen Umfeld beobachtet, dass die eine oder andere Aufgabe sie ganz und gar und im positiven Sinne gefesselt hat? Wenn das so ist, um welche Aufgaben hat es sich gehandelt?

7 Förderung

7.1 Personalentwicklung: Begriff, Phasen und Beteiligte

Die Mitarbeiterinnen und Mitarbeiter müssen der anstehenden Arbeit gewachsen sein. Also macht eine Delegation ohne Förderung keinen Sinn. Notwendig ist ein Management by Teaching, das man im Fachjargon als **Personalentwicklung** bezeichnet, nämlich die Vermittlung jener Qualifikation und Kompetenz, die zur optimalen Verrichtung der derzeitigen und der zukünftigen Arbeit erforderlich und beruflich, persönlich sowie sozial zuträglich sind. Dabei versteht man unter Qualifikation die Fertigkeiten, über die man als Voraussetzung für die Ausübung des Berufs verfügen muss, unter Kompetenz die Fertigkeiten, die einen Menschen in die Lage versetzen, sich im Beruf eigenständig zurechtzufinden.

Wie sehr die Mitarbeiterinnen und Mitarbeiter eine solche Förderung wünschen, zeigt eine Studie, die das Marktforschungsunternehmen Forsa im Auftrag der Haufe Akademie unter 1.018 deutschen Beschäftigten durchgeführt hat. Danach würden sich 60 Prozent gerne mehr weiterbilden (Forsa/Haufe Akademie 2019, S. 10).

Die Personalentwicklung kennt grundsätzlich drei **Phasen** (Abb. 7.1).

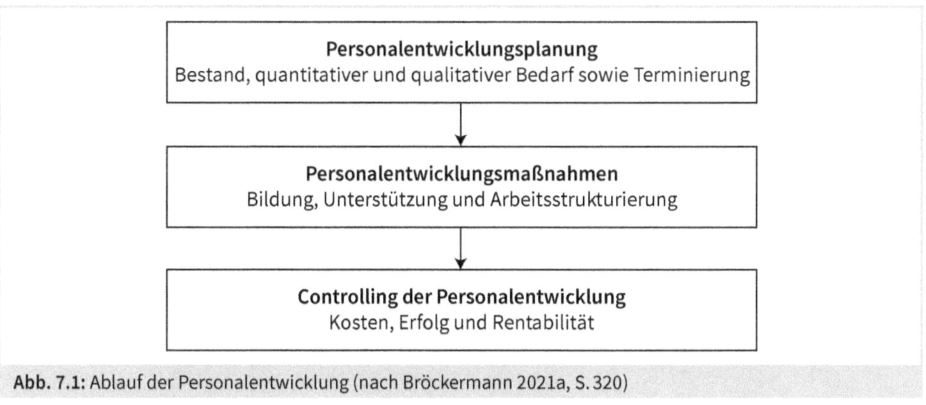

Abb. 7.1: Ablauf der Personalentwicklung (nach Bröckermann 2021a, S. 320)

- Personalentwicklung kann man nur betreiben, wenn man den Personalentwicklungsbedarf aus Unternehmens- und Mitarbeitersicht kennt, der sich aus einem Vergleich von Anforderungs- und Eignungsprofilen und den Interessen der Mitarbeiterinnen und Mitarbeiter ergibt. Die Ergebnisse der quantitativen, qualitativen und zeitlichen **Planung** werden dokumentiert und visualisiert, um die Maßnahmen fundiert angehen zu können.
- Die konkrete Umsetzung geschieht durch **Personalentwicklungsmaßnahmen**, die sich in Bildung, Unterstützung und Arbeitsstrukturierung kategorisieren lassen.
- Im Anschluss an die Vermittlung von Qualifikationen und Kompetenzen dient das **Controlling der Personalentwicklung** der Klärung, ob bzw. inwieweit die angestrebten Ziele erreicht wurden.

Personalentwicklung kann nur dann erfolgreich sein, wenn alle Betroffenen mit den Führungskräften **kooperieren**.

- Die Frage, ob und in welchem Umfang in einem Unternehmen Personalentwicklung betrieben werden soll, muss von der **Unternehmensleitung** entschieden werden.
- Die Personalentwicklung fällt in den Zuständigkeitsbereich des **Personalwesens**. In größeren Unternehmen übernehmen Spezialisten die Detailarbeit.
- Die **Betriebsräte** haben umfangreiche Mitbestimmungs- und Mitwirkungsrechte.
- **Referentinnen und Referenten** bzw. externe Bildungsträger setzen Personalentwicklungspläne in konkrete Maßnahmen um.
- Wichtige Akteure der Personalentwicklung sind die **Mitarbeiterinnen und Mitarbeiter**. Ihre Auskünfte offenbaren einen Personalentwicklungsbedarf. Ihre Mitwirkung ermöglicht Maßnahmenpläne, die umsetzbar sind. Ihr Engagement ist die Voraussetzung für eine erfolgreiche Vermittlung der jeweiligen Qualifikation und Kompetenz.

Führungskräfte sind in alle Phasen maßgeblich eingebunden. Sie liefern Daten für aktuelle und zukünftige Anforderungsprofile und erkunden die Eignungsprofile von Mitarbeiterinnen und Mitarbeitern. Zugleich nehmen sie erheblichen Einfluss auf die Maßnahmenplanung, nicht nur in Fragen der Terminierung, sondern auch bei der Bestimmung der konkreten Entwicklungsziele, der Festlegung der Inhalte sowie der geeigneten Maßnahmen und Methoden. Gelegentlich vermitteln sie selbst die notwendige Qualifikation und Kompetenz. Auch die Erfolgskontrolle beruht auf ihren Recherchen. Deshalb muss sich jede Führungskraft darauf einstellen, dass sie daran gemessen wird, wie sie sich in Fragen der Personalentwicklung engagiert.

ÜBUNGSAUFGABE

Joel Esser ist als Lagerist tätig. Seiner Führungskraft Lea Hofer teilt er mit, dass er Finnisch lernen und dabei von seinem Arbeitgeber, der »Lagerhaus GmbH«, gefördert werden möchte. Die »Lagerhaus GmbH« hat jedoch keine Geschäftskontakte nach Finnland und sie plant auch keine. Was soll Lea unternehmen und was soll sie Joel sagen?

7.2 Entwicklungsplanung: Potenziale und Termine

Grundsätzlich folgt die Planung der Personalentwicklung der **Richtschnur**, die im Kapitel Planung erläutert wird (Abb. 5.1).

Auf die Ermittlung **Eignungsprofile** und der Neigungen der Mitarbeiterinnen und Mitarbeiter, also ihrer **Motivation**, muss man hier besonderen Wert legen. Personalentwicklung will ja gerade Eignungsdefizite tilgen und Potenziale, das heißt Entwicklungsmöglichkeiten ausbauen. Dabei spielt man als Führungskraft eine wichtige Rolle (Mudra 2004, S. 155 ff.).

- Wenn man seine Sache richtig macht, spricht man oft und regelmäßig mit seinen Mitarbeiterinnen und Mitarbeitern. In diesen **Gesprächen** kann man deren Eignung, Potenziale und Neigungen erkennen.
- Das der Beurteilung folgende **Beurteilungsgespräch** kann ebenfalls Informationen liefern.
- Möglich sind aber nicht nur Gespräche mit den Betroffenen, sondern auch Gespräche über die Betroffenen. So können sich Führungskräfte, etwa Hauptabteilungsleiterinnen und -leiter, viertel- oder halbjährlich zu **Entwicklungsgesprächen** treffen und dort die Eignung und Neigung ihrer Mitarbeiterinnen und Mitarbeiter diskutieren. Sicherlich sind ihre Eindrücke subjektiv. Diese Subjektivität kann aber im Gespräch relativiert werden.
- Zur Vorbereitung dieser Entwicklungsgespräche werden die Führungskräfte regelmäßig schriftlich befragt. Mit der Einladung zum Entwicklungsgespräch erhalten sie Listen mit kurz gefassten Daten aus der Personalakte, versehen mit Fragen zur Eignung. Derartige Befragungen sind natürlich auch losgelöst von Entwicklungsgesprächen denkbar. Sie können in Form von **Potenzialerhebungen** vorgenommen werden. Dann werden die Führungskräfte aufgefordert, diejenigen Mitarbeiterinnen und Mitarbeiter zu nennen, die sie zum Zeitpunkt der Befragung für besonders leistungsfähig und talentiert halten.
- Eigens zum Zweck der Ermittlung des Personalentwicklungsbedarfs der Mitarbeiterinnen und Mitarbeiter dient das **Beratungs- und Fördergespräch**. Für dessen Vorbereitung und Durchführung gelten grundsätzlich die gleichen Regeln wie für das Beurteilungsgespräch. Da es den Mitarbeiterinnen und Mitarbeitern in der Regel schwerfällt, auf Anhieb ihren Personalentwicklungsbedarf zu artikulieren, sollten sie so rechtzeitig eingeladen werden, dass ihnen noch genügend Zeit für die Vorbereitung bleibt.

Wenn die Potenziale bekannt sind, kann man zur **Nachfolgeplanung** übergehen. Sie dient der Vorsorge, denn als Führungskraft steht man dafür gerade, dass auch in Zukunft die Ziele im eigenen Zuständigkeitsbereich umgesetzt und die anstehenden Arbeiten ordentlich erledigt werden. Mit der Nachfolgeplanung wird geeigneten und interessierten Personen die Möglichkeit geboten, sich gezielt für die Übernahme einer bestimmten Stelle zu qualifizieren. Dann kann umgehend auf Kandidatinnen und Kandidaten zurückgegriffen werden, wenn Mitarbeiterinnen und Mitarbeiter das Unternehmen verlassen. Den Nachfolgekandidatinnen und -kandidaten wird mit der Chance eines planmäßigen, nach allgemeingültigen Kriterien vollzogenen Aufstiegs ein Anreiz zum Verbleib und zum Engagement im Unternehmen geboten. Wenn aus Sicherheitsgründen mehrere potenzielle Nachfolger in die Planung einbezogen werden, relativiert sich dieser Anreiz jedoch zumindest für diejenigen, die letztlich nicht berücksichtigt werden (Abb. 7.2).

Falls sich für eine Position keine potenziellen Nachfolgerinnen oder Nachfolger finden, muss eine Führungskraft andere Maßnahmen einleiten, im Allgemeinen eine Personalsuche, und zwar sofort oder zu einem späteren Zeitpunkt, der zu fixieren ist.

Etwaige allgemeine Nachfolgeprinzipien beachten

↓

Anforderungsprofil erstellen

↓

Nachwuchsdatei erstellen bzw. auswerten		
Stelle		
Stellenbezeichnung	Stellennummer	
Abteilung / Bereich	Kostenstelle	
Zielsetzung		
Derzeitige Stellenbesetzung		
Name, Vorname	Geburtsdatum	
Stelleninhaber/in seit	Ausscheiden zum	
Stellvertreter/in	Gegenwärtige Position	Ausbildung
1.		
2.		
3.		
Mögliche/r Nachfolger/in		
1. Name, Vorname	Eignung zur Stellenübernahme liegt voraussichtlich vor:	
Geburtsdatum	• sofort	
Derzeitige Position	• innerhalb eines Jahres	
Notwendige Weiterbildung	• innerhalb von 2 Jahren	
	• nach ca. 2 bis 5 Jahren	
2. Name, Vorname	Eignung zur Stellenübernahme liegt voraussichtlich vor:	
Geburtsdatum	• sofort	
Derzeitige Position	• innerhalb eines Jahres	
Notwendige Weiterbildung	• innerhalb von 2 Jahren	
	• nach ca. 2 bis 5 Jahren	

↓

Anforderungs- und Eignungsprofile vergleichen

↓

Nachfolgekandidat/inn/en auswählen

↓

Nachfolgekandidat/inn/en informieren

↓

Dringlichkeitsstufe festlegen

↓

Personalentwicklungsmaßnahmen festlegen

Abb. 7.2: Nachfolgeplanung (nach Mentzel 2018, S. 141 ff.)

Anders als bei der Nachfolgeplanung geht es bei der **Laufbahnplanung** nicht unmittelbar um eine Stellenbesetzung, sondern um die berufliche Entwicklung einzelner Mitarbeiterinnen und Mitarbeiter im Unternehmen. Damit sind natürlich indirekt auch wieder Stellen angesprochen, die die Betreffenden im Laufe ihrer Entwicklung einnehmen können, wenn sie sich entsprechend qualifizieren (Mentzel 2018, S. 132 ff.).

Insbesondere bei der Laufbahnplanung wird ein **Dilemma** offenbar, mit dem man als Führungskraft leben muss. Einerseits muss man darauf vertrauen, dass einem bei Personalabgängen geeigneter Ersatz zur Verfügung steht. Andererseits bringen es die Entwicklungschancen und -pfade mit sich, dass man gerade die Mitarbeiterinnen und Mitarbeiter mit großem Potenzial missen muss, und zwar zunächst für Entwicklungsmaßnahmen und danach für anspruchsvollere Positionen in gegebenenfalls anderen Abteilungen (Sprenger 2001, S. 119f.).

ÜBUNGSAUFGABE

Alle in Ihrer Abteilung sind stark ausgelastet, müssen aber unbedingt lernen, mit einer neuen Software umzugehen. Es gibt folgende Angebote: 1. Eine Referentin kommt für ein Tagesseminar mit beliebiger Teilnehmerzahl ins Unternehmen, 2. bei einem Anbieter können für jeden ersten Mittwoch eines Monats eintägige Schulungen für Einzelne oder mehrere gebucht werden, 3. eine neue Mitarbeiterin kennt die Software und könnte den anderen zeigen, wie sie funktioniert. Welche Vor- und Nachteile haben die Angebote und warum entscheiden Sie sich wofür?

Viele Maßnahmen konzentrieren sich auf die Arbeitszeit, zum Beispiel unternehmensinterne Schulungen. Andere finden zum Leidwesen der Beteiligten ausschließlich in der Freizeit statt, etwa ein Fernstudium. Manche Personalentwicklungsmaßnahmen beinhalten Arbeits- und Freizeit, beispielsweise Wochenseminare, die das Wochenende einschließen. Die **Terminierung** der Maßnahmen, die während der Arbeitszeit stattfinden, ist immer wieder ein großes Problem. Eigentlich sind die Mitarbeiterinnen und Mitarbeiter nahezu unabkömmlich, denn sonst hätte man sich beim quantitativen Personalbedarf verrechnet. Ohne Personalentwicklung würden sie aber Zug um Zug ihre Eignung für die Erledigung ihrer Arbeit verlieren, die sich ständig wandelt und tendenziell immer anspruchsvoller wird. Deshalb wird man als Führungskraft die Terminierung recht frühzeitig mit den Betroffenen abstimmen. Zudem sind die Maßnahmen auch danach zu beurteilen, ob sie zu vertretbaren Terminen stattfinden und sich in einem ebenso vertretbaren Zeitrahmen bewegen.

Auf der Grundlage der Planung geht es nun an die Umsetzung. Die geeigneten **Maßnahmen** wird die Führungskraft sicherlich gemeinsam mit dem Betroffenen und Experten des Personalwesens oder bei spezialisierten Anbietern auswählen.

7.3 Bildung: Von der Berufsausbildung bis zum Training on the Job

Bildung ist im Rahmen der Personalentwicklung der Überbegriff für die Aus-, Fort- und Weiterbildung von Mitarbeiterinnen und Mitarbeitern. Unter Ausbildung versteht man in der Hauptsache die Berufsausbildung, unter Fortbildung die Vertiefung und Erweiterung der Qualifikation und Kompetenz und unter Weiterbildung die Veränderung und Neuorientierung (Abb. 7.3, Becker 2013, S. 306ff.).

Berufsausbildung:	Erstausbildung
Duales Studium:	Studium neben einer betrieblichen Ausbildung
Anlernen:	fachliche Einweisung für die Praxis
Onboarding:	fachliche Einweisung und Unterstützung für Neueintritte
Training into the Job:	Reintegration nach einem anderen Einsatz
Reaktivierung:	Aktualisierung für Berufsaussteiger
Umschulung:	Schulung nach Rehabilitation bzw. Aufgabe des Berufs
Berufliche Neuorientierung:	Schulung für Entlassene
Training on the Job:	Lernen am Arbeitsplatz
Training off the Job:	Lernen außerhalb des Arbeitsplatzes
Training near the Job:	Lernen parallel zur Arbeit
E-Learning:	Lernen mithilfe von Software
Web-Based Training:	Lernen mithilfe von EDV-Netzwerken
Wissensmanagement:	Wissen in Netzwerken systematisieren
Telelearning:	Lernen mithilfe eines Angebots im TV
Blended Learning:	Kombination von Präsenz + Lernen auf Distanz
Fernunterricht:	Lernen mithilfe von Lehrmaterialien
Selbstgesteuertes Lernen:	individuelles Lernen
Corporate University:	Bildungskatalog großer Unternehmen

Abb. 7.3: Personalbildung (nach Bröckermann 2021a, S. 338 ff.)

Im Folgenden werden die Maßnahmen genauer beschrieben, die man als Führungskraft selbst in Gänze oder teilweise verantwortet.

In Deutschland erfolgt die **Berufsausbildung** an zwei Lernorten, im Unternehmen, wo Führungskräfte aktiv werden, wenn sie als Ausbilderinnen und Ausbilder fungieren und in der Berufsschule. Die Berufsausbildung ist eine Erstausbildung, schafft also den Übergang vom Bildungs- in das Beschäftigungssystem. Ein geordneter Ausbildungsgang wird durch staatliche Ausbildungsordnungen sichergestellt, die jeweils die Bezeichnung des Ausbildungsberufs, die Dauer der Berufsausbildung, das Berufsbild, die Prüfungsordnung und den Ausbildungsrahmenplan enthalten. Die Inhalte der Ausbildungsrahmenpläne sind für die Ausbilderinnen und Ausbilder verbindlich. Methodisch und organisatorisch lassen sie ihnen jedoch weitgehend freie Hand für betriebliche Ausbildungspläne. Sie orientieren sich am Ausbildungsrahmenplan und berücksichtigen zugleich die betrieblichen Bedingungen. Sie helfen bei der Steuerung der Ausbildung und zeigen auf, wo die Auszubildenden was zu lernen haben, wann das zu geschehen hat und wie lange sie jeweils an einem Ausbildungsort verweilen sollen. Die Ausbildung muss aber nicht nur als Ganzes, sondern auch individuell geplant werden. Der individuelle Ausbildungsplan muss in Form einer sachlichen und zeitlichen Gliederung dem Berufsausbildungsvertrag beigelegt werden, der die Rechtsgrundlage für ein Berufsausbildungsverhältnis ist (Wegerich 2015, S. 161 ff.).

Anders als die Berufsausbildung ist das **Anlernen** an keine staatlichen Vorgaben gebunden. Es bleibt einem als zuständiger Führungskraft selbst überlassen, wie man dabei vorgeht. Das Anlernen ist eine Form der fachlichen Einweisung von Mitarbeiterinnen und Mitarbeitern. Es handelt sich um eine Maßnahme, durch die man jene Qualifikation und Kompetenz vermitteln will, die für die Ausübung einer praktischen Tätigkeit im Unternehmen notwendig sind. Aber nicht jede fachliche Einweisung ist ein Anlernen. Das Anlernen gilt in aller Regel relativ anspruchslosen Arbeitsgebieten, für die eine Berufsausbildung nicht existiert oder zumindest nicht erforderlich ist.

Das **Onboarding** geht weit über das Anlernen hinaus. Mit dieser Maßnahme wird sichergestellt, dass jene Mitarbeiterinnen und Mitarbeiter, die die Arbeit erstmals aufnehmen, nicht nur ihre Aufgaben kennen, akzeptieren und erlernen, sondern zudem in die soziale Struktur der Belegschaft integriert werden. Damit das gelingt, muss man frühzeitig den Arbeitsplatz vorbereiten, den Kollegenkreis informieren und einen exakten Einarbeitungsplan erstellen, der den organisatorischen Ablauf regelt und fachliche wie auch persönliche Aspekte berücksichtigt. Am ersten Arbeitstag beginnt das Onboarding mit einer Begrüßung. Man bietet Hilfe für persönliche Probleme durch die Arbeitsaufnahme an, nimmt etwaige noch fehlende Daten auf, erläutert den Einarbeitungsplan, zeigt die Räumlichkeiten und stellt den Kollegenkreis vor. Speziell am Beginn des neuen Arbeitsverhältnisses suchen und benötigen die Neuen den engen Kontakt zu ihren Führungskräften. Viele Fragen müssen geklärt werden und nahezu täglich kommen neue dazu. Völlig falsch wäre der Ansatz, sie erst einmal zur Ruhe kommen zu lassen oder diese Angelegenheit komplett zu delegieren. Vielmehr sollte man ein generelles Gesprächsangebot machen und daneben feste Termine für situations- und bedarfsorientierte Gespräche absprechen. Da die Eingliederung in eine Arbeitsgruppe oftmals schwierig und langwierig ist, empfiehlt sich der Einsatz einer Kollegin oder eines Kollegen als Patin bzw. Pate, das heißt zur Unterstützung der sozialen Integration. Die fachliche Einweisung sprengt den Rahmen des ersten Arbeitstages. Hier geht es um das Erlernen und Trainieren von besonderen Techniken und Methoden sowie die Bedienung von Maschinen und Anlagen. Dabei werden Arbeitsunterlagen und Arbeitsabläufe erklärt. Die fachliche Einweisung findet am Arbeitsplatz statt oder auch im Rahmen von Schulungen. Der Lernprozess muss so gestaltet werden, dass die verlangten Lernschritte in angemessenem Tempo, sinnvoller Reihenfolge und zweckmäßigen Größenordnungen stattfinden können. Als Führungskraft sollte man Hilfestellung geben und engen Kontakt zu der oder dem Betreffenden halten, über die Aufgaben informieren sowie den Sinn der Tätigkeit im Kontext des Betriebes erklären. Großunternehmen unterhalten mitunter für den gewerblichen Bereich gesonderte Anlernwerkstätten. Die Arbeitsausführung ist zu kontrollieren und die Arbeitsergebnisse sind zu besprechen. Fortschritte sollten jederzeit anerkannt werden. Das Onboarding und die Probezeit verlaufen parallel. Folglich wird die bzw. der Neue hinsichtlich der Eignung beurteilt. Vor Ablauf der Probezeit wird entschieden, ob sie bzw. er in ein Dauerarbeitsverhältnis übernommen wird (Bröckermann 2020, S. 227 ff.).

Das Onboarding von Mitarbeiterinnen und Mitarbeitern, die nach einem anderweitigen Einsatz an ihren vormaligen oder einen anderen Arbeitsplatz kommen, nennt man **Training into the Job** oder Reintegration.

ÜBUNGSAUFGABE

Oliver Schröder kommt nach drei Jahren Auslandseinsatz zurück ins deutsche Stammhaus seines Arbeitgebers. Dort hat man für ihn ein einwöchiges Training into the Job vorgesehen. Das ärgert ihn maßlos. »Ich kenne den Laden doch«, sagt er. Warum ärgert er sich zu Recht bzw. warum macht das Training Sinn?

Als **Training on the Job** werden Personalentwicklungsmaßnahmen am Arbeitsplatz bezeichnet. Es handelt sich um eine aktive Auseinandersetzung mit der jeweiligen Arbeit. Oft ist man als Führungskraft die Trainerin bzw. der Trainer und unterstützt den Aufbau eines gesunden Selbstbewusstseins, indem man Stärken anerkennt und entwickelt, aber auch auf Fehler und Schwächen aufmerksam macht. Besonders erfolgreich ist diese Maßnahme, wenn die Mitarbeiterinnen bzw. Mitarbeiter für das Training motiviert sind und das Training auf ihr Qualifikations- und Kompetenzniveau Bezug nimmt. Das Training on the Job kann kurzfristig angesetzt werden. Die Mitarbeiterinnen bzw. Mitarbeiter erbringen neben der Lernleistung auch noch eine Arbeitsleistung. Durch diese Verknüpfung ist die Umsetzung in die tägliche Arbeit, der Transfer, gewährleistet (Weiand 2011, S. 64).

7.4 Unterstützung: Von der Fachberatung bis zum Mentoring

Im Rahmen der Personalentwicklung sind mit Unterstützung jene Maßnahmen gemeint, die auf die persönlichen Interessen und Neigungen der Mitarbeiterinnen und Mitarbeiter ausgelegt sind (Abb. 7.4, Mentzel 2018, S. 11 f.).

Praktikum:	Vorbereitung auf einen späteren Beruf
Traineeprogramm:	Training von Hochschulabsolventen
Fachberatung:	Führungskräfte, Kollegen + Spezialisten als Ratgeber
Moderation:	gemeinsame Problemlösung
Coaching:	Hilfe zur Selbsthilfe
Mentoring:	erfahrene Führungskraft unterstützt einen Anfänger

Supervision:	Reflexion des beruflichen Alltags
360-Grad-Feedback:	Feedback von allen Kontaktpersonen
Assessment Center:	Seminare mit vielen Übungen
Förderkreis:	im vertrauten Kreis Verhaltensweisen einüben
Juniorfirma:	Übungsfirma oder Schattenkabinett
Outdoor Training:	Lernen in der freien Natur
Training out of the Job:	Übergang von der Arbeit in den Ruhestand

Abb. 7.4: Unterstützung (nach Bröckermann 2021a, S. 343 ff.)

Im Folgenden werden wiederum die Instrumente unter die Lupe genommen, die größtenteils das Metier der Führungskräfte sind.

Führungskräfte, Kolleginnen und Kollegen sowie Spezialistinnen und Spezialisten können eine **Fachberatung** anbieten. Mehr als ein Angebot sollte es aber nicht sein, denn Beratung darf keineswegs aufgezwungen werden. Mitarbeiterinnen und Mitarbeiter, die einen fundierten fachlichen Rat annehmen, vermeiden Fehler und sammeln Erfahrungen (Krämer 2012, S. 57).

Wenn eine Führungskraft als Moderatorin bzw. Moderator fungieren soll oder will, empfiehlt es sich, zunächst ein einschlägiges Seminar zu besuchen. Der Schwerpunkt der **Moderation** liegt auf der Schaffung eines gemeinsamen Problembewusstseins und auf einer gemeinsamen Problemlösung. Zur Vorbereitung führt man oft Einzelinterviews mit den Mitarbeiterinnen und Mitarbeitern sowie ein Vorgespräch mit der Gruppe, um die Rahmenbedingungen zu verdeutlichen. Zu Beginn muss das ursächliche Problem gemeinsam analysiert werden. Im Mittelpunkt steht das Lernen durch das Erarbeiten von neuen Lösungsansätzen. Man sollte die Mitarbeiterinnen und Mitarbeiter zu einem kooperativen, kreativen Prozess anregen, ohne selbst in den Mittelpunkt zu rücken und ohne inhaltlich einzugreifen oder zu steuern. Die Moderatorin bzw. der Moderator stellt Fragen, statt Antworten und Lösungen vorzugeben. Dadurch werden alle Mitarbeiterinnen und Mitarbeiter stimuliert, sowohl ihr Wissen und ihre Erfahrungen als auch ihre Stimmungen und Meinungen zu äußern. Schließlich muss die Moderatorin bzw. der Moderator die neuen Lösungsansätze dokumentieren (Krämer 2012, S. 58 f.).

Ein **Coaching** soll den Betroffenen helfen, sich selbst besser zu organisieren, ihre individuellen Potenziale zu entwickeln und neue Kraft zu schöpfen. Das empfiehlt sich zum Beispiel als Laufbahnplanung sowie bei veränderten Arbeitsinhalten und -bedingungen oder Versetzungen, aber auch bei Leistungsdefiziten, gesundheitlichen Beeinträchtigungen und privaten Problemen. Das Coaching durch die Führungskraft, das Employee Coaching, ist ein in der Regel mehrmonatiger Beratungsprozess, durch den Stärken und Schwächen ausgewählter Mitarbeiterinnen und Mitarbeiter, man bezeichnet sie in diesem Zusammenhang als Coachees, identifiziert und Korrekturen angeregt werden. Als Führungskraft leistet man

Hilfe zur Selbsthilfe, damit der Coachee die Arbeitsanforderungen in Zukunft erfolgreicher und unabhängiger bewältigen kann. Zwischen der Führungsrolle und der beratenden und fördernden Rolle als Coach bestehen erhebliche Unterschiede. Deshalb wird man sich auf diese Rolle in der Regel durch eine Personalentwicklungsmaßnahme vorbereiten müssen. Da das Coaching einen zeitlich stark binden kann, kommen als Coachee oft nur Personen in Betracht, die ihrerseits Führungsverantwortung tragen oder künftig tragen werden (Abb. 7.5, Rauen 2000, S. 171 ff.).

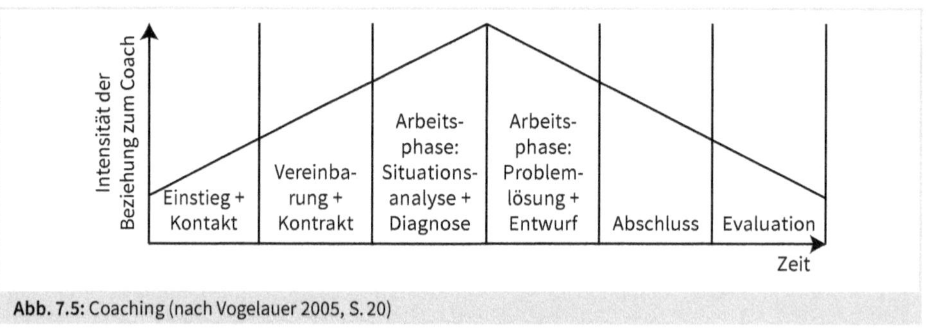

Abb. 7.5: Coaching (nach Vogelauer 2005, S. 20)

Mentoring ist eine Beziehung zwischen einer erfahrenen, auf dem Karriereweg weit vorangeschrittenen Führungskraft, der Mentorin bzw. dem Mentor, und einer am Anfang des Berufslebens stehenden Person, dem Protegé. Im Vordergrund steht einerseits die Integration in die soziale Struktur der Belegschaft und andererseits die Vermittlung der Qualifikation und Kompetenz. Hier wird zunächst die Zielsetzung geklärt, also die Frage, welchen Nutzen die Beteiligten erwarten können. Es folgt die Initiierung, bei der zunächst eine Mentorin bzw. ein Mentor nach den Kriterien Förderungsbedarf, Erfahrung, Qualifikation und Kompetenz ausgewählt wird. Man lernt sich zumeist im Rahmen des Onboardings kennen. Die zentrale Phase ist die Entwicklung. Als Mentorin bzw. Mentor sucht man geeignete Personalentwicklungsmaßnahmen aus, führt Beratungsgespräche und betreibt eine Art Marketing für den Protegé. Dabei darf man allerdings nicht auf freundschaftliche Gefälligkeiten und Cliquenwirtschaft verfallen. In dieser Phase wird die Beziehung ausgebaut, allerdings seitens der Mentorin bzw. des Mentors auch viel Zeit investiert. Der Protegé wird zunehmend unabhängiger. Danach setzt die Trennung ein. Die Mentorin bzw. der Mentor gibt nun lediglich Unterstützung bei der Umsetzung von Entscheidungen. In der Neubestimmung wird die offizielle Beziehung aufgelöst. Unter Umständen schließt sich nun eine rein freundschaftliche Beziehung an (Graf/Edelkraut 2017, S. 1 ff.).

ÜBUNGSAUFGABE

Was hat man als Führungskraft davon, sich als Mentorin bzw. Mentor für den Nachwuchs zu engagieren?

7.5 Arbeitsstrukturierung: Von der Telearbeit bis zur Beförderung

Eine Beschleunigung der Entwicklungszeiten und präventive Maßnahmen der Fehlervermeidung sind nur möglich, wenn die Mitarbeiterinnen und Mitarbeiter über ein höheres Qualifikations- und Kompetenzniveau verfügen. Insofern muss die Qualifikations- und Kompetenzvermittlung in die Arbeitsstrukturierung integriert werden, das heißt, in die Gestaltung der Arbeitsinhalte und des Ausmaßes der Arbeitsteilung (Abb. 7.6).

Telearbeit:	außerhalb der Firma, Kontakt über EDV-Medien
Cross Functional Assignment:	Führungskräfte tauschen temporär
Job Rotation:	Wechsel von Arbeitsplätzen und Arbeitsgebieten
Fertigungsteam:	Gruppen, die viele Arbeitsstationen beherrschen
Job Enlargement:	Zusammenfassung ähnlicher Arbeitselemente
Job Enrichment:	Hinzufügen schwieriger Arbeitselemente
Teilautonome Gruppe + Fertigungsinsel:	Fertigung in der Eigenverantwortung einer Gruppe
Qualitätszirkel + Lernstatt:	eigenverantwortliche Qualitätsarbeit
Werkstattzirkel + Projektgruppe:	Gruppenarbeit zur Problemlösung
Stellvertretung + Sonderaufgaben:	anspruchsvolle Arbeiten
Versetzung + Beförderung:	Änderung des Arbeitsbereichs
Auslandseinsatz:	Arbeit im Ausland bewältigen

Abb. 7.6: Arbeitsstrukturierung (nach Bröckermann 2021a, S. 347 ff.)

Auch in diesem Zusammenhang werden die Maßnahmen beschrieben, die mehr oder weniger in den Händen der Führungskräfte liegen.

Für die **Telearbeit**, die dauerhaft oder temporär entfernt von der Betriebsstätte mithilfe von Kommunikationsmedien ausgeführt wird, muss die Führungskraft Mitarbeiterinnen und Mitarbeiter auswählen, die über die einschlägige fachliche und methodische Qualifikation verfügen. Die Betreffenden sollten zudem in der Lage sein, ihre Qualifikation eigenverantwortlich auszubauen, unabhängig vom Standort voneinander zu lernen oder auf eine Hilfestellung durch das Unternehmen zu drängen (Scholz 2014, S. 758 f.).

ÜBUNGSAUFGABE

Die Telearbeit im Homeoffice wird immer beliebter, aber nicht jede und jeder hat die notwendige Qualifikation und Kompetenz. Welche weiteren Voraussetzungen müssen erfüllt sein, damit das Homeoffice kein Fiasko wird?

Viele Abteilungen arbeiten eng zusammen. Wenn deren Führungskräfte untereinander temporär die Leitung jener Abteilungen tauschen, erweitern sie nicht nur ihre Qualifikation und Kompetenz. Sie werden der jeweils anderen Abteilung auch in Zukunft mit mehr Verständnis begegnen. Folglich werden Schuldzuweisungen und Konflikte nicht mehr an der Tagesordnung sein. Dieses **Cross Functional Assignment** setzt eine gründliche Planung und eine professionelle Begleitung voraus (Becker 2013, S. 706).

Job Rotation ist durch den regelmäßigen und systematischen, planmäßigen Wechsel von Arbeitsplätzen und Arbeitsgebieten der Mitarbeiterinnen und Mitarbeiter untereinander gekennzeichnet. Die Betroffenen erwerben mithin die Qualifikation und Kompetenz, die sie zur Übernahme anderer Arbeit befähigt. Das hat Vorteile, die Führungskräfte überzeugen. Man hat beim Ausfall von Mitarbeiterinnen und Mitarbeitern eingearbeitete Ersatzkräfte. Zudem wird die ermüdende und mithin kontraproduktive Monotonie wenn nicht vermieden, so doch eingeschränkt (Wegerich 2015, S. 63 ff.).

Dasselbe gilt für **Fertigungsteams**, das heißt Gruppen von etwa zehn Mitarbeiterinnen und Mitarbeitern, die jeweils mindestens drei Arbeitsstationen beherrschen, für das Job Enlargement und das Job Enrichment. Mit dem **Job Enlargement** kann man mehrere ähnliche Arbeitselemente, die ursprünglich auf verschiedene Arbeitsplätze verteilt waren, auf einem Arbeitsplatz zusammenfassen. Beim **Job Enrichment** wird die Arbeit durch Hinzufügen verschieden schwieriger, aber dennoch zusammengehörender Arbeitselemente der Planung, Ausführung und Kontrolle angereichert (Scholz 2014, S. 582).

Eine **teilautonome Arbeitsgruppe** fordert den drei bis zehn Mitgliedern eine facettenreiche Qualifikation und Kompetenz ab. Sie bewältigen nicht nur die Fertigung in Eigenverantwortung, sondern auch die Planung, Organisation und Kontrolle. Zudem sollen sie möglichst alle Arbeiten der Gruppe beherrschen, Verbesserungsvorschläge erstellen und umsetzen. Um die tägliche Arbeit, aber auch das tägliche Lernen zu koordinieren, wählt die Gruppe eine Gruppensprecherin bzw. einen Gruppensprecher. Die Führungskraft ist in der Hauptsache als Coach tätig. Wenn man nicht nur die Mitarbeiterinnen und Mitarbeiter, sondern auch die Betriebsmittel, die für die Erledigung einer Arbeit notwendig sind, räumlich und organisatorisch zusammenfasst, bezeichnet man eine teilautonome Arbeitsgruppe als **Fertigungsinsel** (Berthel/Becker 2017, S. 126).

Qualitätszirkel sind Gruppen von ungefähr sechs bis zwölf Mitarbeiterinnen und Mitarbeitern, die Schwierigkeiten im Produktionsprozess beseitigen und die Produktqualität verbessern. Der Gruppe stehen Moderatorinnen oder Moderatoren zur Verfügung. Diese Rolle übernehmen oft Führungskräfte. Die Gruppe hat die Möglichkeit, Expertinnen und Experten einzuladen und deren Hilfe bei der Problemlösung in Anspruch zu nehmen, auch und gerade um die Qualifikation und Kompetenz der Gruppenmitglieder zu verbessern (Wegerich 2015, S. 66 f.).

Noch deutlicher wird dies, wenn der Begriff **Lernstatt** ins Spiel kommt, der sich als Abkürzung für das Lernen in der Werkstatt erklärt und vor dem Hintergrund der Beschäftigung ausländischer Arbeitnehmerinnen und Arbeitnehmer entstand. Die Lernstatt diente zunächst dazu, ihr sprachliches und technisches Verständnis anhand konkreter Arbeitsanliegen und Abläufe zu verbessern. Heute fungiert die Lernstatt als Qualitätszirkel (Wegerich 2015, S. 65 f.).

Werkstattzirkel sind befristete Kleingruppen, in denen sich fachkundige, erfahrene Mitarbeiterinnen und Mitarbeiter unterschiedlicher Hierarchieebenen und Abteilungen zusammenfinden, um betriebliche Probleme zu lösen oder Innovationen zu entwickeln. Eine solche Gruppe wird von einer Führungskraft moderiert. Hier werden keine weiteren Expertinnen oder Experten eingeladen. Andererseits erwerben die Mitglieder durch die Problemlösung und Zusammenarbeit neue Qualifikationen und Kompetenzen.

Ähnlich verhält es sich mit **Projektgruppen**, die neuartige und komplexe, bereichsübergreifende Problemstellungen bearbeiten. Fachabteilungen stellen die benötigten Spezialistinnen und Spezialisten ab, die während der Projektdauer einer Projektmanagerin bzw. einem Projektmanager unterstellt sind. Der Lösungsprozess bedingt ein Lernen aller Beteiligten (Berthel/Becker 2017, S. 124 f.).

Wenn man über die Nachfolgeplanung etwaige Kandidatinnen und Kandidaten ausmacht, ist es ratsam, diese mit einer **Stellvertretung** zu betrauen. Sie könnten entweder das gesamte Arbeitsgebiet über die Urlaubszeit bzw. andere Abwesenheitsperioden übernehmen oder dauerhaft einige Elemente. Damit erwerben sie die erforderliche Qualifikation und Kompetenz im Tagesgeschäft.

Sonderaufgaben bieten die Gelegenheit, sich in neuen, über die Routinetätigkeit hinausgehenden Arbeiten zu versuchen. Dafür kommen einmalig oder unregelmäßig anfallende Untersuchungen, Planungs- oder Kontrollvorhaben infrage (Mentzel 2018, S. 194).

Eine **Versetzung** ist eine Änderung des Arbeitsbereichs nach Art, Ort und Umfang der Tätigkeit. Die Betroffenen müssen das hinnehmen, wenn, so § 106 der Gewerbeordnung, diese Weisung nicht durch einen Tarifvertrag (zwischen Arbeitgeber oder Arbeitgeberverband und Gewerkschaft), eine Betriebsvereinbarung (zwischen Arbeitgeber und Betriebsrat) oder den Arbeitsvertrag eingeschränkt wird. Gemäß § 95 Absatz 3 des Betriebsverfassungsgesetzes ist die Zustimmung des Betriebsrats erforderlich, wenn die Versetzung voraussichtlich die Dauer von einem Monat überschreitet. Bei einem knappen Personalbestand stopft man mit einer langfristigen Versetzung ein Loch, um ein anderes aufzureißen, denn es kommt ja niemand hinzu. Bei einer kurzfristigen Versetzung mag das nicht so ins Gewicht fallen. Auf jeden Fall erwerben die Betroffenen entweder bei vorbereitenden Maßnahmen oder spätestens am anderen Arbeitsplatz eine breitere Qualifikation und Kompetenz (Bröckermann 2021a, S. 59 ff., 349).

Versetzungen auf höherwertige, anspruchsvollere Positionen nennt man **Beförderungen**. Sie müssen auf Beurteilungen beruhen, auf die im gleichnamigen Kapitel eingegangen wird.

7.6 Controlling: Kosten, Erfolg und Rentabilität

An die Planung der Personalentwicklung und ihre Umsetzung sollte sich ein **Controlling** anschließen. Nur durch eine regelmäßige Überprüfung kann festgestellt werden, ob bzw. inwieweit die angestrebten Ziele erreicht wurden (Abb. 7.7).

Kosten erfassen:	Budget eingehalten?
Erfolg überprüfen:	Zufriedenheit, Lern- und Anwendungserfolg?
Rentabilität einschätzen:	Verhältnis von Aufwand und Ertrag?

Abb. 7.7: Controlling der Personalentwicklung (nach Bröckermann 2021 a, S. 349 ff.)

Demnach ist zunächst eine vollständige **Kostenerfassung** vonnöten. Wenn man die Maßnahmen als Führungskraft selbst durchgeführt hat, muss man die notwendigen Daten liefern. Auf der anderen Seite muss man bei allen Maßnahmen damit rechnen, dass die entstandenen Kosten vom Budget für den eigenen Zuständigkeitsbereich eingehalten werden.

ÜBUNGSAUFGABE

Nicht jedes Seminar, an dem man teilnimmt, stimmt einen fröhlich. Dann kommen am Ende oft noch nervige Teilnehmerbefragungen hinzu. Was genau will man mit diesen Befragungen erfahren?

Die **Überprüfung des Erfolgs** richtet sich darauf, ob die erstrebte Qualifikation und Kompetenz vermittelt wurden und umsetzbar sind. Von einem Erfolg der Personalentwicklung kann aber nur dann gesprochen werden, wenn auch die Erwartungen der Teilnehmerinnen und Teilnehmer erfüllt wurden (Becker 2011, S. 281 ff.).

Um eine einigermaßen zuverlässige Aussage treffen zu können, muss zwischen dem Lernerfolg, dem Anwendungs- oder Transfererfolg und dem Erfolg aus Teilnehmersicht, der Zufriedenheit, unterschieden werden (ähnlich Wegerich 2015, S. 239 ff.).

- Bei manchen Personalentwicklungsmaßnahmen liegt der **Lernerfolg** auf der Hand, etwa bei einer Unterweisung. Wenn man als Trainerin bzw. Trainer fungiert, kann man den Lernerfolg selbst beobachten. In größeren Gruppen kommt man schnell auf die Idee, praktische Übungen und Rollenspiele einzusetzen. Die sind aber recht zeitraubend, wenn alle Teilnehmerinnen und Teilnehmer eingebunden werden sollen. Ansonsten ist man entweder auf eine im Ergebnis oft unzuverlässige Befragung der Trainerinnen und Trainer oder auf Prüfungen und Tests angewiesen. Letztere sind beim Teilnehmerkreis meistens unbeliebt, es sei denn, sie verhelfen zu einem allgemein anerkannten Zertifikat.
- Für die Überprüfung sowohl des Lernerfolgs als auch des **Erfolgs aus Teilnehmersicht** eignen sich Teilnehmerbefragungen. Sie können in mündlicher oder besser in schriftlicher

Form durchgeführt werden und konzentrieren sich auf Inhalte und Methoden, Trainer und Referenten, die Organisation sowie die Lernerfolge und die Umsetzungsmöglichkeiten aus eigener Sicht.

- Personalentwicklung kann sich für ein Unternehmen nur dann auszahlen, wenn sie sich als **Anwendungserfolg** niederschlägt. Einen Hinweis darauf kann der Vergleich einer Beurteilung der Mitarbeiterinnen und Mitarbeiter vor und nach einer Maßnahme geben, aber auch eine mündliche oder schriftliche Befragung der jeweiligen Führungskräfte. Besser geeignet sind Mitarbeitergespräche und Kennzahlenvergleiche. Wenn geeignete Kennzahlen zu Ausbringungsmengen, Umsätzen oder Ähnlichem aber noch nicht zur Verfügung stehen, ist der Aufwand alleine für die Überprüfung des Anwendungserfolgs von Personalentwicklungsmaßnahmen meistens zu hoch.

Die Einschätzung der **Rentabilität** wird die Führungskraft in der Regel der Unternehmensleitung und dem Personalwesen überlassen. Rentabilität ist das Verhältnis des Periodenerfolges als Differenz von Ertrag und Aufwand zu anderen Größen. Mit der Überprüfung der Rentabilität der Personalentwicklung versucht man, den Erfolg der Investition Personalentwicklung zu messen (Mentzel 2018, S. 290 ff.).

8 Zusammenarbeit

8.1 Management by Participation: Kooperation in Gruppen

Personalführung ist nur denkbar, wenn eine Person zumindest zeitweise eine andere Person beeinflusst. Personalführung ist also ein Prozess der **Zusammenarbeit**, anders gesagt der Kooperation in Gruppen, ein Management by Participation, in dem die Beteiligten unterschiedliche, vielleicht sogar wechselnde Rollen wahrnehmen (Wunderer 2009, S. 26 ff.).

Unter einer **Gruppe** versteht man eine Reihe von Personen, die in einer bestimmten Zeitspanne häufig miteinander Umgang haben, die also unmittelbar miteinander in Verbindung treten können. Der moderne Begriff **Team** meint grundsätzlich dasselbe, wird aber kaum für Gruppen verwendet, die sich aus sozialen Gründen zusammenfinden, sondern eher für aufgabenorientierte Gruppen (Homans 1960, S. 29).

Diese Definition ist zwar weitestgehend akzeptiert, aber doch sehr allgemein gehalten. Eine genauere Begriffsbestimmung, wie sie in Abb. 8.1 wiedergegeben wird, erschließt sich jedoch erst nach einer Erläuterung.

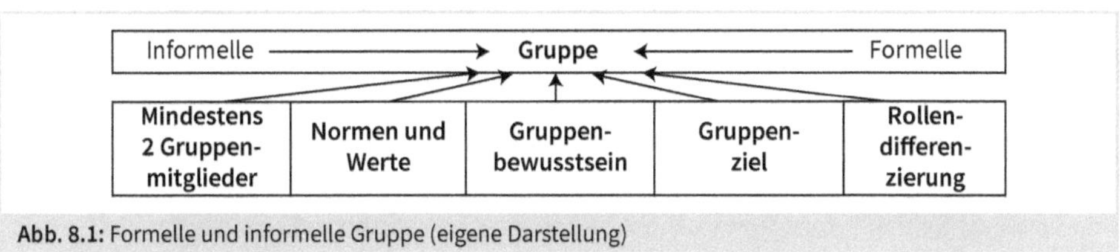

Abb. 8.1: Formelle und informelle Gruppe (eigene Darstellung)

Als Arbeitsgruppen oder **formelle Gruppen** bezeichnet man solche, die in Unternehmen dauerhaft oder zeitlich begrenzt gebildet werden, beispielsweise Abteilungen, teilautonome Gruppen, Qualitätszirkel, Lerngruppen, Werkstattzirkel und Projektgruppen. In Unternehmen bestehen solche formellen Gruppen oft aus einer Führungskraft und ihren Mitarbeiterinnen und Mitarbeitern.

Die Mitglieder von Arbeitsgruppen halten sich nicht immer an die formellen Vorgaben. Sie sprechen miteinander, leisten sich gegenseitig Hilfe, tauschen die Arbeit und geraten in Konflikte. Außerdem kennen sie sich vielleicht seit der gemeinsamen Ausbildung, durch die Arbeit an einem Projekt, weil sie im selben Ort wohnen oder zusammen in die Kantine gehen. Innerhalb der Arbeitsgruppe und darüber hinaus bilden sich **informelle Gruppen** (Abb. 8.2).

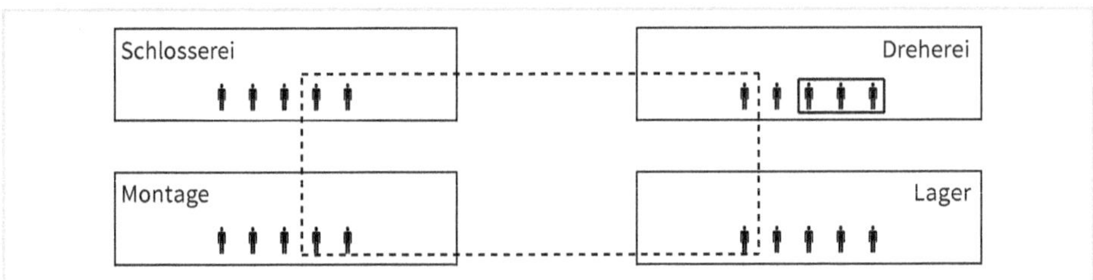

Abb. 8.2: Formelle Gruppen (Schlosserei, Dreherei, Montage, Lager), informelle Gruppe in einer formellen Gruppe (—) und informelle Gruppe, die formelle Gruppen überlappt (----) (nach Golas 1997, S. 39)

George Elton Mayo, *Fritz Jules Roethlisberger* und *William J. Dickson* kamen bei ihren Studien in einem Unternehmen in Hawthorne (USA) zu der Einsicht, dass die Leistung einer Arbeitsgruppe nicht so stark von den Arbeitsbedingungen abhängt, wie man es im ersten Moment glauben mag. Entscheidend ist vielmehr die Tatsache, dass der Mensch nicht nur als isoliertes Individuum denkt, fühlt und handelt, sondern auch als **Mitglied von formellen und** insbesondere **informellen Gruppen**, in denen sich die Mitglieder wechselseitig beeinflussen, in den mit anderen Worten eine Gruppendynamik entsteht (Mayo 1933, S. 1 ff., Roethlisberger/Dickson 1939, S. 1 ff.).

Ein fiktives Beispiel mag das verdeutlichen. Merve Schmitz arbeitet im Akkord, der so ausgestaltet ist, dass sie bei 600 Einheiten pro Tag einen durchschnittlichen Lohn erhält. Sie fertigt aber 700 Einheiten pro Tag und bekommt Ärger mit ihren Kolleginnen und Kollegen, die die gleiche Tätigkeit verrichten. Die befürchten nämlich, dass die Verantwortlichen angesichts Merves guter Leistung demnächst mehr als 600 Einheiten pro Tag für einen durchschnittlichen Lohn fordern werden. Sie üben solange Druck auf Merve aus, bis sie nur noch 600 Einheiten pro Tag erstellt. Kevin Reimann fertigt am benachbarten Arbeitsplatz nur 500 Einheiten. Auch er bekommt Ärger mit den Kolleginnen und Kollegen, weil sie es kommen sehen, dass ihr Meister die schlechte Gruppenleistung bemängeln wird (ähnlich Golas 1997, S. 41).

Eine Führungskraft ist also gut beraten, positive wie auch negative Entwicklungen daraufhin zu hinterfragen, ob sie auf die Kooperation in Gruppen zurückzuführen sind. Das erfordert **Empathie**, also Einfühlungsvermögen bzw. Verständnisbereitschaft. Man muss sich dabei nicht nur in die Mitarbeiterinnen und Mitarbeiter hineinversetzen, sondern sich darüber hinaus bemühen, ihre Gedanken zu akzeptieren.

- Die Grundlage dafür ist die genaue **Kenntnis des Arbeitsplatzes** und der anliegenden Arbeit. Wie im Kapitel Planung ausgeführt, ist es zu diesem Zweck unumgänglich, sich die anliegenden Arbeiten von den Mitarbeiterinnen und Mitarbeitern erläutern zu lassen oder sogar zeitweilig selbst zu übernehmen, soweit man dazu fachlich überhaupt in der Lage ist.
- Selbst dann wird die Führungskraft sicherlich nie alles in Erfahrung bringen, was die Mitarbeiter bewegt. Der bereits an anderer Stelle empfohlene **Jour fixe**, eine turnusmäßige Mitarbeiterbesprechung an einem bestimmten Wochentag zu einer festen Stunde inner-

halb der Arbeitszeit, bietet jedoch die Chance, eine vertrauensvolle, offene Beziehung zueinander aufzubauen, in der man sich vieles sagt. Diese Chance baut man aus, wenn man das, was man in diesen Besprechungen erfahren hat, in spontanen, offenen Einzelgesprächen weiter ergründet.

Mit der obigen Definition der Gruppe als einer Reihe von Personen wird deutlich, dass eine Gruppe **zumindest zwei Personen** umfassen muss.

- Einiges spricht dafür, dass die optimale Gruppengröße fünf bis neun Personen umfasst. Die Paarbeziehung ist nicht immer beständig. In Gruppen mit drei Personen können sich im Einzelfall zwei gegen einen solidarisieren und in Gruppen mit vier Personen zwei gegen zwei. Gruppen mit mehr als neun Mitgliedern tendieren zur Instabilität durch die Aufspaltung in Untergruppen oder Cliquen. Allerdings kann man als Führungskraft die Anzahl der Mitarbeiter, für die man Verantwortung trägt, die sogenannte **Führungsspanne**, nicht beliebig selbst steuern. Wenn man mehr als neun Personen führen muss, kann man die Gruppe aber proaktiv selbst in Untergruppen aufteilen, um den Überblick zu wahren (Niermeyer/Postall 2008, S. 63).
- Für Gruppen, die schnelle Entscheidungen treffen müssen, empfiehlt sich eine **ungerade** Mitgliederzahl, um Patt-Situationen bei Abstimmungen zu vermeiden. Entscheidungen mit großer Tragweite sollten nach Möglichkeit in Gruppen mit **gerader Mitgliederzahl** getroffen werden, weil sie die Eventualitäten sorgfältiger abwägen als Gruppen mit ungerader Mitgliederzahl (Glueck 1976, S. 86).
- **Homogene** Gruppen, die aus Menschen des gleichen Alters mit ähnlicher Ausbildung und ähnlichen Ansichten bestehen, sind vorteilhaft, wenn Routineaufgaben bewältigt werden sollen. **Heterogene Gruppen** sind im Vorteil, wenn es um eine schnelle Problemerkennung, die Umsetzung von Erkenntnissen und die Entwicklung tragfähiger Lösungsalternativen geht. Das hat zwei Gründe: Erstens wird durch die Unterschiedlichkeit der Druck zur Übereinstimmung, zum Group Think, gemildert, die den Kreativitätsvorteil von Gruppen zunichtemachen kann. Zweitens wird auch das Gegenteil verhindert, der als Risky Shift bezeichnete Risikoschub. Grundsätzlich kann eine Gruppe höhere Risiken eingehen als jeder Einzelne für sich, weil die Verantwortung bei allen und damit letztlich bei niemandem liegt. Wenn die Gruppenmitglieder aber recht unterschiedlich sind, mögen sie den anderen Mitgliedern diese Verantwortung nicht so umfänglich zugestehen (Regnet 2007, S. 15 ff.).

Gruppenmitglieder unterscheiden sich nicht selten durch ihre Herkunft, ihr Alter und ähnliche Merkmale, wodurch sich auch unterschiedliche **Normen und Werte** ergeben. Eine Voraussetzung für die Existenz einer Gruppe ist aber ein gewisser Vorrat von gemeinsamen Normen und Werten. Mit Normen meint man die formellen, geschriebenen Regeln, die vom Unternehmen vorgegeben werden, zum Beispiel ein betriebliches Alkohol- oder Rauchverbot, aber auch die informellen, ungeschriebenen Regeln, die Gruppen sich selbst geben, etwa gemeinsam in die Kantine zu gehen. Ein Wert ist ein gemeinsames Interesse, ein Ordnungs- und Orientierungskonzept, also eine Vorstellung von dem, was eine oder mehrere Personen schätzen, beispielsweise das Einstehen für die anderen Gruppenmitglieder (Wilpert 2007, S. 645).

Als Führungskraft muss man einerseits darauf pochen, dass die formellen **Normen eingehalten** werden. Das ist eine Daueraufgabe, die im täglichen Miteinander nicht vergessen werden darf. Andererseits muss man daran arbeiten, dass die Gruppe akzeptable informelle Normen und Werte aufbaut. Das kann zu den verschiedensten Anlässen geschehen, etwa in der regelmäßigen Mitarbeiterbesprechung, dem sogenannten Jour fixe, in spontanen, offenen Gesprächen, aber vor allem bei informellen Treffen wie beim Betriebssport, einem gemeinsamen Ausflug, einer Feier oder einem Jubiläum. Die Bedeutung dieser informellen Treffen darf man als Führungskraft also nicht unterschätzen, auch für das Gruppenbewusstsein (Pinnow 2008, S. 227 f.).

Eine Gruppe muss sich selbst als Gruppe definieren. Notwendig ist also ein **Gruppenbewusstsein**. Wenn man zusammen im Aufzug fährt, ist das sicher nicht so. Wenn der Aufzug aber stecken bleibt, sich alle umschauen und realisieren, wer das Schicksal mit ihnen teilt, entsteht ein Gruppenbewusstsein.

Jede Gruppe muss im Sinne dessen, was im Kapitel Zielvereinbarung thematisiert wird, ein **Ziel** haben.

Schließlich bedarf eine Gruppe für ihre Existenz einer **Rollendifferenzierung**. Damit ist nicht gemeint, dass alle nur Theater spielen. Die Gruppenmitglieder übernehmen vielmehr bei ihren Bemühungen, das Ziel zu erreichen, unterschiedliche Aufgaben. Die Rollen werden ihnen einerseits zugewiesen, indem man ihnen eine Stelle zuteilt. Andererseits entwickeln sich die Rollen je nach Arbeitsgebiet, Situation, Kenntnissen, Fertigkeiten und Verhaltensweisen der Gruppenmitglieder.

ÜBUNGSAUFGABE

Vermutlich haben Sie in diversen Gruppen schon Menschen in den unterschiedlichsten Rollen beobachtet, beispielsweise Pausenclowns, Petzen und Klugschwätzer. Bitte beschreiben Sie ein paar dieser Rollen. Gibt es diese Rollen in jeder Gruppe?

Die Definition des Begriffs Rolle klingt zunächst abstrakt: Unter einer **Rolle** wird die Summe der Erwartungen an den Inhaber einer bestimmten Position verstanden. Die Definition wird verständlich, wenn man die einzelnen Elemente erklärt (Wunderer 2009, S. 294).

- Die **Position** ist ein Ort in einem Gefüge sozialer Beziehungen. Sie ließe sich in formellen Gruppen, etwa in Abteilungen von Unternehmen, anhand des Stellenbesetzungsplans ermitteln (Abb. 5.2).
- **Erwartungen** sind die Rechte und Pflichten, die der Inhaber einer sozialen Position, beispielsweise die Führungskraft, im Verhältnis zu anderen Personen hat, etwa im Verhältnis zu den Mitarbeiterinnen und Mitarbeitern.

- Die Mitarbeiterinnen und Mitarbeiter üben untereinander und auf ihre Führungskräfte Druck aus, die besagten Erwartungen zu erfüllen, und umgekehrt. Diesen Druck bezeichnet man als **Sanktion**.
- Können oder wollen die Führungskräfte oder Mitarbeiter die Erwartungen nicht erfüllen, entstehen **Konflikte**, von denen noch die Rede sein wird.

Damit ist aber noch nicht geklärt, welche konkreten Rollen die Beteiligten übernehmen. In der Literatur finden sich umfangreiche Listen von **Mitarbeiterrollen**, beispielsweise in der Professional Role-Motivation Theory von *John B. Miner*:
- Anreicherung von Wissen,
- selbstständiges Handeln,
- Status und Akzeptanz,
- Hilfe anbieten sowie
- Einsatz und Verpflichtung (Miner 1993, S. 1 ff.).

Vera Felicitas Birkenbihl weist auf noch weitere Rollen hin:
- Rangniedrigste,
- Nesthäkchen,
- Jasager und Gefolgsleute sowie
- Außenseiter (Birkenbihl 1993, S. 5 ff.).

Belege dafür, dass diese Mitarbeiterrollen immer und überall vertreten sind, gibt es nicht. Nachweisbar sind jedoch Rollen, die sich aufgrund diverser Folgeerscheinungen der Zusammenarbeit ergeben und zuweilen die Leistung in Arbeitsgruppen vermindern (Nöllke 2009. S. 106 f.).
- **Trotteleffekt** (Sucker Effect): Die Leistungsträgerinnen und Leistungsträger wollen nicht dadurch zum Trottel werden, dass Unfähige von ihnen profitieren.
- **Trittbrettfahren** (Free Riding): Mitarbeiterinnen und Mitarbeiter strengen sich weniger an, wenn ihr Beitrag auf das Gesamtergebnis gar keinen Einfluss zu haben scheint.
- **Soziales Faulenzen** (Social Loafing): Sie strengen sich gleichfalls weniger an, wenn ihr Beitrag zum Gesamtergebnis nicht identifizierbar ist. Anhand des **Ringelmann-Effekts** kann man erklären, wie es dazu kommt. Dieser Effekt ist nach dem französischen Agronom *Maximilien Ringelmann* benannt, der seine Versuchspersonen Ende des 19. Jahrhunderts in einem Experiment allein, zu zweit, zu dritt und in größeren Gruppen an einem Tau ziehen ließ und maß, wie viel Kraft jeder Einzelne dafür aufwendete. Je größer die Gruppe war, umso weniger Kraft ließ sich auf den Einzelnen umrechnen. Wenn zwei Personen an dem Tau zogen, leistete jeder von ihnen im Durchschnitt nur noch 93 Prozent von dem, was er allein schaffte, bei drei waren es 85 Prozent und bei acht war es gerade einmal die Hälfte der Leistung eines Einzelkämpfers, und zwar nicht, weil sich jedes Gruppenmitglied immer weniger anstrengte, sondern weil es für die Gruppe mit zunehmender Größe immer schwieriger wird, die gemeinsamen Aktivitäten zu koordinieren. Die Leistung der Gruppe fällt schwächer aus, weil sich die Mitglieder ungenügend abstimmen, aber auch, weil die Abstimmung selbst sehr viel Energie kostet.

Eine Chance zum **Gegensteuern** hat die Führungskraft nur, wenn sie Zurechenbarkeit sicherstellt (Nöllke 2009. S. 109 f.).

- Dann strengen sich die Mitarbeiterinnen und Mitarbeiter besonders an, um andere zu übertreffen. Gefordert ist also sozialer Wettbewerb, der dann besonders förderlich ist, wenn die Mitarbeiterinnen und Mitarbeiter ein vergleichbares Leistungsniveau haben.
- Leistungsstarke Mitarbeiterinnen und Mitarbeiter, deren Arbeit anerkannt wird, unterliegen nicht nur dem Trotteleffekt. Sie sorgen auch für soziale Kompensation, das heißt, sie strengen sich besonders an, um die Defizite der schwächeren Kollegen auszugleichen.
- Die schwächeren Mitarbeiterinnen und Mitarbeiter engagieren sich mehr als gewöhnlich, um zu vermeiden, dass sie für ein schlechtes Abschneiden des Teams verantwortlich gemacht werden. Das bezeichnet man als Köhler-Effekt, benannt nach dem Verhaltensforscher *Otto Köhler*.

Mit der Rollentheorie der Führung unternimmt man den Versuch, zumindest die **Führungsrollen**, die Rollen der Führungskräfte im Rahmen der Personalführung, zu präzisieren (Lukasczyk 1960, S. 179 ff.).

- Aufgabenorientierte Führungskräfte, die »Tüchtigen«, verschreiben sich der sogenannten **Lokomotion**. Sie widmen sich voll und ganz der anstehenden Arbeit. Dafür sind sie formell als Führungskräfte durch das Unternehmen autorisiert. Deshalb spricht man in diesem Zusammenhang auch von formeller (Personal-)Führung.
- Daneben findet man eine informelle (Personal-)Führung. Mitarbeiterinnen und Mitarbeiter, die in keiner Weise vom Unternehmen autorisiert sind, arbeiten eher unbewusst und neben ihrer eigentlichen Arbeit daran, die **Kohäsion**, den Zusammenhalt der Gruppe, zu gewährleisten. Man bezeichnet sie als sozio-emotionale »Führungskräfte« oder einfach als die »Beliebten«.

Meist sind die Rollen auf zwei Personen verteilt. In der Wissenschaft spricht man deshalb vom **Divergenzansatz**. Die Führungskraft ist in ihrer formell autorisierten Rolle »tüchtig«. Sie hat zwar eine Chance, »beliebt« zu sein, das heißt, auch informell bestätigt zu werden. Das ist aber eine Konstellation, auf die man nicht spekulieren kann.

Wie wichtig diese beiden Führungsrollen sind, zeigt sich beispielsweise, wenn eine Mitarbeiterin das Unternehmen verlässt, die als »Beliebte« bis dahin für den Zusammenhalt der Abteilung gesorgt hat. Die Gruppe ist dann, was diesen Aspekt angeht, hoffnungslos ohne Führung, selbst wenn es eine Abteilungsleiterin gibt. In derartigen Fällen darf die Führungskraft es nicht versäumen, etwa auf einer Abschiedsfeier, die Verdienste der ausgeschiedenen Mitarbeiterin gerade für den Zusammenhalt zu würdigen. Damit verdeutlicht sie allen den Verlust und stößt zugleich einen Prozess zur neuerlichen Besetzung der Rolle an.

Abb. 8.3 fasst die Empfehlungen für die Führung von Gruppen zusammen.

Eigenschaften von Gruppen	Praktische Umsetzung
• Formelle Gruppen werden in Unternehmen dauerhaft oder zeitlich begrenzt gebildet, z. B. Abteilungen. • Informelle Gruppen bilden sich innerhalb einer Arbeitsgruppe und darüber hinaus.	• Die Führungskraft muss erkennen, inwiefern die Mitarbeiter/innen als Gruppenmitglieder denken, fühlen und handeln. • Dafür muss sie ihre Arbeit aus eigener Anschauung kennen. • Die Führungskraft sollte turnusmäßige Mitarbeiterbesprechungen ansetzen. • Sie sollte spontan offene Einzelgespräche führen.
• Die optimale Gruppengröße umfasst fünf bis neun Personen.	• Größere Gruppen sollte die Führungskraft in Untergruppen aufteilen. • Für schnelle Entscheidungen ist eine ungerade Mitgliederzahl vorteilhaft. • Für Entscheidungen mit großer Tragweite ist eine gerade Mitgliederzahl vorzuziehen. • Homogene Gruppen bildet man für Routineaufgaben. • Heterogene Gruppen bildet man für die Entwicklung von Alternativen.
• Es gibt formelle Normen, z. B. ein betriebliches Alkoholverbot, sowie • informelle Normen und Werte, z. B. füreinander einstehen.	• Die Führungskraft muss überall darauf pochen, dass formellen Normen eingehalten werden. • Informelle Normen und Werte kann man bei informellen Treffen bilden.
• Gruppenbewusstsein	• Dieses Bewusstsein kann man bei formellen und informellen Treffen bilden.
• Die Mitarbeiterrollen variieren stark. • Einige Rollenzuweisungen vermindern die Leistung von Arbeitsgruppen: Trotteleffekt, Trittbrettfahren und soziales Faulenzen • Es gibt zwei Führungsrollen: »tüchtig« und »beliebt«.	• Typisierungen sind nicht hilfreich. • Die Führungskraft muss sicherstellen, dass den einzelnen Mitarbeiter/inne/n ihre individuellen Leistungsbeiträge zugerechnet werden. • Beide Rollen müssen besetzt sein. • Die Führungskraft ist in ihrer formellen Rolle die/der »Tüchtige«. • Die Führungskraft hat eine Chance, zur bzw. zum »Beliebten« zu werden, kann aber darauf nicht spekulieren.

Abb. 8.3: Kooperation in Gruppen (eigene Darstellung)

8.2 Führungsverhalten und Führungsstil: Heute so und morgen anders?

Wie man als Führungskraft seine Führungsrolle ausfüllt, hat sicherlich etwas mit der Situation zu tun, in der man sich befindet. Zunächst klingt deshalb die häufig geäußerte Aufforderung überzeugend, man müsse sich an die jeweilige Situation anpassen, solle also nicht immer gleich, sondern je nach Situation anders führen. Diese Aufforderung stammt aus den **Situations- und Verhaltenstheorien** der Führung und wird kaum hinterfragt (Aschauer 1970, S. 78 f.).

In diesem Zusammenhang muss man aber sehr genau zwischen Führungsverhalten und Führungsstil **unterscheiden**.

- Unter **Führungsverhalten** wird das aktuelle Verhalten einer Führungskraft in einer konkreten Führungssituation verstanden. Wie alle Menschen verhalten sich Führungskräfte in verschiedenen Situationen unterschiedlich, manchmal so, wie sie es häufig tun, manchmal aber auch völlig untypisch, manchmal angemessen und manchmal unangemessen. Das Privatleben ist hier nicht von Interesse, sondern nur die spezifischen Aspekte, die die Ausübung der Führungsaufgabe betreffen.
- Beobachtet man eine Führungskraft über einen längeren Zeitraum, wird man in ihrem Führungsverhalten gewisse Gemeinsamkeiten erkennen. Diese Gemeinsamkeiten machen ihren **Führungsstil** aus. Ein Führungsstil ist also ein Verhaltensmuster für Führungssituationen, das an einer einheitlichen Grundeinstellung einer Führungskraft zu ihrer Aufgabe orientiert ist. In kurzen Worten ist der Führungsstil die Art und Weise, in der eine Führungskraft ihre Mitarbeiter im Allgemeinen führt.

Das Führungsverhalten muss man durchaus situativ anpassen. Selbst eine kollegiale Führungskraft wird sicherlich strikte Anweisungen geben, wenn damit bei einem Gebäudebrand Leben gerettet werden können. Aber ein **situationsgemäßer Führungsstil** – wenn man ein wenig darüber nachdenkt, kommt man schnell zu dem Ergebnis – ist weder wünschenswert noch praktikabel.

- Eine Führungskraft, die einen wechselhaften Stil pflegt, wäre der **Albtraum** aller Mitarbeiterinnen und Mitarbeiter. Im ersten Quartal unnachsichtig, im zweiten kollegial, was sollten sie davon halten? Sie würden wahrscheinlich im zweiten Quartal aufatmen, aber nicht aus tiefstem Herzen, da sie befürchten müssten, dass die Führungskraft unvermittelt wieder auf das Verhalten aus dem ersten Quartal schwenkt.
- Ferner ist eine Änderung des Führungsstils je nach Situation **nicht praktikabel**. Das betont *Fred Edward Fiedler*, der in Theorie und Praxis recht erfolgreich um effektive Führung bemüht war. In seinem Kontingenzmodell spielt der Führungsstil eine wichtige Rolle und er stellt fest, dass jede Führungskraft ihren ureigenen Führungsstil hat. Er meint damit nicht, dass eine Führungskraft sich nicht unterschiedlich verhalten könnte, denn ein Führungsstil beschreibt ja nur die Gemeinsamkeiten im Verhalten. Er meint auch nicht, dass der Führungsstil absolut unveränderlich sei, weil man durchaus etwas Neues lernen kann. Aber nur tiefe Erschütterungen könnten eine plötzliche, radikale Veränderung hervorrufen, und das kommt sehr selten vor (Fiedler 1967, S. 36).

Folglich gibt es eigentlich ebenso viele Führungsstile wie Führungskräfte. Die Wissenschaft hat aus dieser Vielzahl **Typologien** entwickelt, die an dieser Stelle kurz unter die Lupe genommen werden sollen. Einerseits kann man anhand dieser Typologien den eigenen Führungsstil besser erkennen. Andererseits kann man sich durchaus bemühen, das eine oder andere überzeugende Element in den eigenen Führungsstil zu integrieren.

ÜBUNGSAUFGABE

Wie treffen Sie Entscheidungen im Kreise der Familie, alleine oder gemeinsam, wie treffen Sie Entscheidungen im Freundeskreis und wie im beruflichen Umfeld?

Im Arbeitsalltag muss eine Führungskraft viele **Entscheidungen** treffen. So wundert es nicht, dass man Führungsstile nach dem Entscheidungsspielraum der Beteiligten normiert, etwa im Führungskontinuum von *Robert Tannenbaum* und *Warren Harry Schmidt*, die die Extremwerte als autoritären und kooperativen Führungsstil bezeichnen. Die Grauzone zwischen den beiden Extremwerten ist breit gefächert. Eine derartige Typologie wird als eindimensional bezeichnet, weil sie lediglich auf ein Kriterium Bezug nimmt (Abb. 8.4).

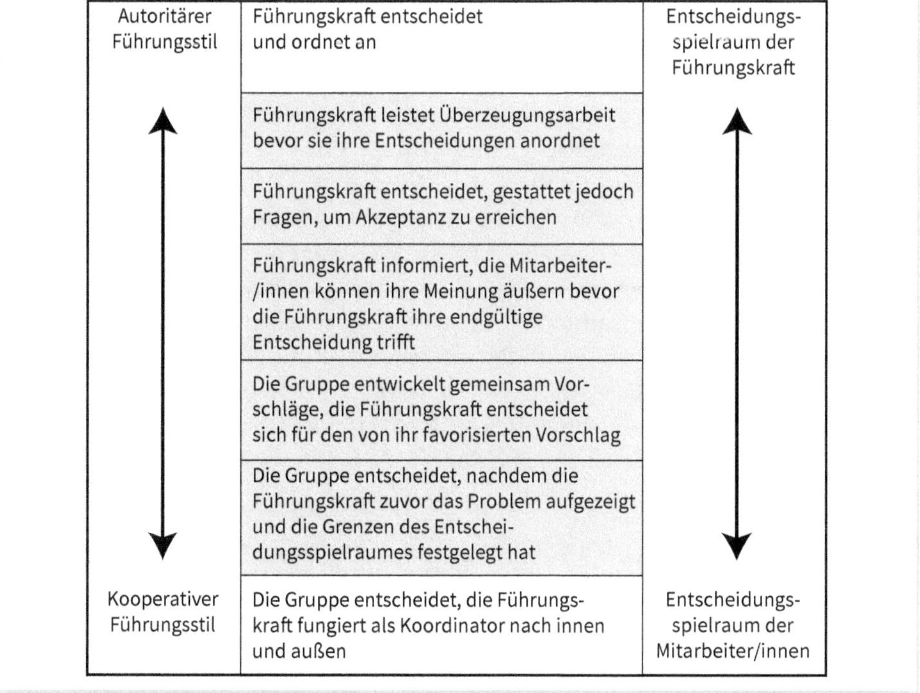

Abb. 8.4: Typisierung von Führungsstilen nach dem Entscheidungsspielraum (nach Tannenbaum/Schmidt 1958, S. 96)

Wie im Kapitel Zielvereinbarung erläutert, sollte die Führungskraft, wenn eben möglich, **nicht alleine entscheiden**, sondern mit den Mitarbeiterinnen und Mitarbeitern Ziele für die Arbeit absprechen, die sich mit deren persönlichen Zielen vertragen. Ein durchgängig autoritäres

Führungsverhalten, also ein autoritärer Führungsstil, würde das ausschließen und ist demnach nicht zu empfehlen.

Rensis Likert, *Daniel Katz* und *Robert L. Kahn* stellten in den sogenannten Michigan-Studien bereits vor geraumer Zeit die einseitige Orientierung der Führungsstiltypologien am Entscheidungsspielraum infrage. Eine andere Quelle für diesen Zweifel sind die Ohio-State-Studien von *Edwin A. Fleishman* und seinem Kollegenkreis. Die beiden Forschungsgruppen wiesen nach, dass Führungsstile sich eher und eindeutiger anhand ihrer Ausprägung der **Aufgaben- und Beziehungsorientierung** beschreiben lassen. Weil hier zwei Kriterien angewendet werden, spricht man von zweidimensionalen Typologien (Fleishman 1973, S. 1 ff., Katz/Kahn 1966, S. 1 ff., Likert 1961, S. 1 ff., 1967, S. 1 ff.).

Da man als Führungskraft in einer Arbeitssituation auf andere zielorientiert Einfluss nimmt, führt man logisch zwingend mit einer Aufgaben- und Beziehungsorientierung. Es muss ja sichergestellt sein, dass Leistungen erbracht werden, das ist die **Leistungsdimension** der Personalführung, und dass Arbeitszufriedenheit herrscht, das ist die **Humandimension**, wobei mal die eine, mal die andere Dimension mehr beachtet wird (Neuberger 2002, S. 42 ff.).

Eine weitere zweidimensionale Typologie von Führungsstilen hat in den letzten Jahren beachtliche Forschungsaktivitäten ausgelöst (Rosenstiel 2012, S. 151 f.).

- Mitarbeiterinnen und Mitarbeiter bieten etwas an, etwa ihre Leistung und Kooperationsbereitschaft, und erhalten dafür von ihrer Führungskraft das, was ihnen wichtig ist, beispielsweise Lob oder Förderung. An die Grenzen stößt dieser **transaktionale Führungsstil**, wenn von den Mitarbeitern außergewöhnliche Leistungen erbracht werden sollen.
- In diesen Fällen wird der **transformationale Führungsstil** empfohlen. Die Führungskraft transformiert, das heißt verwandelt die Mitarbeiterinnen und Mitarbeiter durch ihre Ausstrahlungskraft, also ihr Charisma, durch schöpferische Ideen, gemeint ist Inspiration, Ermunterung, das heißt intellektuelle Stimulierung, oder individuelle Wertschätzung so, dass sie sich selbstlos für bestimmte Personen oder Ziele engagieren, ohne eine Gegenleistung zu erwarten.

Die Wirkung des transformationalen Führungsstils wurde in der Zwischenzeit vielfach nachgewiesen, wobei diese Wirkung besonders intensiv in solchen Situationen zu sein scheint, die Verunsicherung auslösen. Damit hat man es hoffentlich nicht allzu oft zu tun, wenn man andere führt. Andererseits ist es immer angebracht, fleißigen Mitarbeiterinnen und Mitarbeitern seine **Wertschätzung** zu verdeutlichen, sie durch schöpferische Ideen zu ermuntern und ihnen gerade dabei eine **gerechte Gegenleistung** für ihren Einsatz zu gewähren.

Der transformationale Denkansatz findet sich im Servant und Supportive Leadership wieder (Oelsnitz/Busch 2016, S. 795 f.).

- Beim **Servant Leadership** kommt der Führungskraft die Aufgabe zu, ihren Mitarbeiterinnen und Mitarbeitern zu dienen und sich für sie zu engagieren. Damit ist gemeint, dass sie sowohl sich als auch andere weiterentwickeln, und dabei gleichermaßen auf die Belange der Menschen, der Arbeit sowie der Gemeinschaft achten soll. Das fordert ihr einen ethischen Umgang mit Macht ab.

- **Supportive Leadership**, die unterstützende Führung, ist eine emotionale Anregung, die die Mitarbeiterinnen und Mitarbeiter durch ihre Führungskraft erfahren. Die Führungskraft muss verdeutlichen, dass jeder Einzelne zählt und über sich hinauswachsen kann, Begeisterung wecken, Stärken erkennen, Potenziale entfalten und eine starke Beziehungskultur aufbauen, die anspornt. Angst ist einschränkend und Belohnungssysteme sind nur kurzfristig wirksam. Eingefahrene Denk- und Verhaltensmuster werden durch eine emotionale Ansprache durchbrochen, Hirnareale durch Vernetzungen aktiviert, wodurch auch Kräfte geweckt werden, die zur Selbstmotivation führen.

Dabei ist das Wort »dienen« doch eher antiquiert. Dass die Führungskraft sich aber für ihre Mitarbeiterinnen und Mitarbeiter **engagieren** und sie **unterstützen** soll, ist sicherlich unumstritten.

Transformational ist noch ein weiterer Ansatz, der in den schwierigen Rahmenbedingungen der Zusammenarbeit verankert ist, die man mit dem Kürzel VUCA umschreibt: Volatility (Volatilität, das heißt Unbeständigkeit), Uncertainty (Unsicherheit), Complexity (Komplexität) und Ambiguity (Mehrdeutigkeit). Angesichts dieser Rahmenbedingungen gilt es, flexibel und dynamisch, kurz gesagt agil zu handeln. **Agilität** ist ursprünglich ein Konzept aus der Softwareentwicklung, hat jedoch in den vergangenen Jahren immer größere Popularität gewonnen (Rigby/Sutherland/Noble 2019, S. 32 ff.).

- Vorgaben und Kontrollen, starre Zielsysteme und monetäre Anreize, stabile Prozesse, Macht und autoritäres Gehabe passen nicht in diesen Kontext. Die Führungskräfte sind für strategische Aufgaben, für das Vermitteln der Zusammenhänge, das Schaffen von Rahmenbedingungen und der nötigen Infrastruktur sowie die Förderung der Mitarbeiterinnen und Mitarbeiter in ihrem Zuständigkeitsbereich verantwortlich. Sie arbeiten mit ihnen **auf Augenhöhe** zusammen, indem sie sich dort einbringen, wo es gewünscht und angeraten ist.
- Die Mitarbeiterinnen und Mitarbeiter sind die Experten für ihre Arbeitsgebiete. Sie tragen Verantwortung und verfügen über weitgehende Entscheidungsbefugnis. Viele setzen dabei auf **Scrum**: Während eines laufenden Prozesses berücksichtigen und reagieren sie auf die Veränderungen der Projektparameter, richten die davon betroffenen Abläufe schnellstmöglich neu aus und hinterfragen regelmäßig, wie die Prozesse effizient umgesetzt werden können. Entscheidungen werden gemeinsam, dezentral und selbstverantwortlich getroffen. Daraus resultieren flache Hierarchien.

Alles in allem greift der **agile Führungsstil** auf viele Elemente zurück, die in diesem Buch unter den Stichworten Kommunikation, Motivation, Zielsetzung, Planung, Delegation und Förderung, Kooperation in Gruppen und Beurteilung erläutert werden. Die Beschreibung dieses Führungsstils nimmt die Bedeutsamkeit der Kommunikation und der Eigenmotivation der Beschäftigten, Ansätze des Management by Objectives, den kooperativen und den transformationalen Führungsstil sowie Servant Leadership und Supportive Leadership nahezu eins zu eins auf. Neu ist aber der Veränderungsdruck, den die Digitalisierung erzeugt, die zugleich eine Anlehnung an Prozesse der Softwareentwicklung nahelegt.

Mehrdimensionale Typologien verwenden mehr als zwei Kriterien zur Beschreibung von Führungsstilen. Diese Ansätze werden dadurch präziser, unterliegen aber zugleich auch der Gefahr der Unübersichtlichkeit. Eine der anschaulichen mehrdimensionalen Typologien ist das 3-D-Programm von *William James Reddin*. Er unterscheidet drei Dimensionen: die Aufgabenorientierung, die Beziehungsorientierung und die Effektivität. Seiner Ansicht nach gibt es vier Grundstile, die durch den Grad ihrer Aufgabenorientierung und Beziehungsorientierung gekennzeichnet sind. Alle vier können effektiv sein, und zwar in Abhängigkeit von der spezifischen Situation, in der sie angewandt werden (Abb. 8.5).

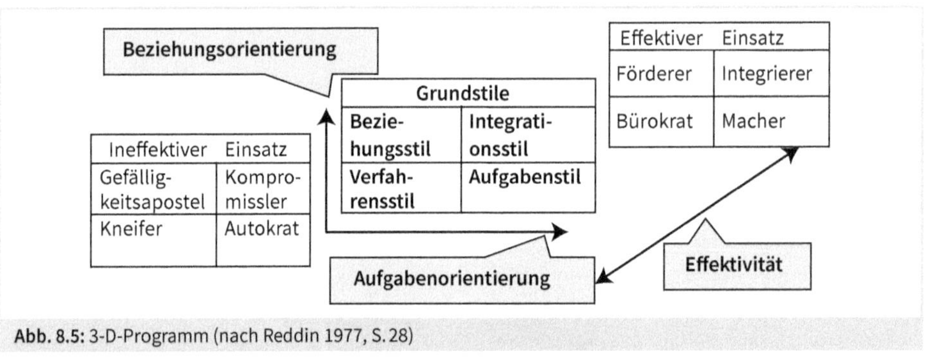

Abb. 8.5: 3-D-Programm (nach Reddin 1977, S. 28)

Die dritte Dimension im 3-D-Programm kann nicht so recht überzeugen, denn fast alles kann man effektiv bewältigen – oder auch nicht. Andererseits gibt es für Führungskräfte in der Tat mehr zu tun, als zu entscheiden, auf die Leistung zu achten und Beziehungen zu pflegen.

Angesichts des umfangreichen Aufgabenspektrums wird die Frage, wann Personalführung erfolgreich ist, von Unternehmen zu Unternehmen bzw. von Situation zu Situation unterschiedlich beantwortet. So **vielgestaltig und verwirrend** wie die Antworten sind dann auch die mehrdimensionalen Typologien von Führungsstilen.

Das kennzeichnet auch die Interaktionstheorie der Führung, die *Cecil Austin Gibb* nachhaltig prägte und die in der Wissenschaft beinahe als »der Stein der Weisen« gilt. Er versteht Personalführung als eine soziale Interaktion, als **wechselseitig aufeinander bezogenes Handeln** von Führungskräften und Mitarbeiterinnen bzw. Mitarbeitern: Sobald Menschen aufeinander treffen, wirken sich die Aktionen der einen auf die der anderen aus und umgekehrt. So ergibt sich ein dichtes Geflecht von Abhängigkeiten und Beziehungen, das nur vage und allenfalls mathematisch beschrieben werden kann (Gibb 1969, S. 205 ff.).

Ganz ähnliche Gedanken finden sich in zwei weiteren theoretischen Konzepten,

- im Management by Systems, das allerdings nicht die Personal-, sondern die Unternehmensführung betrifft, und
- in der systemischen Führung, einem Ansatz, der nicht die Führungskraft in den Fokus stellt, sondern die Zusammenhänge zwischen den Einflussfaktoren und den handelnden Menschen (Pinnow 2008, S. 160).

Immerhin veranschaulichen diese Konzepte, dass man sich nachdrücklich in Führungsprozesse einbringen und damit Wirkung erzielen kann. Man sollte sich als Führungskraft aus den unterschiedlichsten Anlässen selbst hinterfragen, die eigenen Ziele, Motive und Einstellungen überdenken und mit den Menschen in seinem Umfeld darüber reden. Das kann dazu führen, dass alle Beteiligten ihr Verhalten ändern.

Abb. 8.6 fasst die Empfehlungen zum Führungsverhalten und Führungsstil zusammen.

Theoretischer Hintergrund	Praktische Umsetzung
• Führungsverhalten ist das Verhalten in einer konkreten Führungssituation. • Die Gemeinsamkeiten im Führungsverhalten machen den Führungsstil aus.	• Das Führungsverhalten muss man durchaus situativ anpassen. • Ein je nach Situation unterschiedlicher Führungsstil ist weder wünschenswert noch praktikabel.
• Ein Führungsstil ist autoritär, kooperativ oder in der Grauzone dazwischen angesiedelt.	• Die Führungskraft sollte möglichst nicht alleine entscheiden. Ein autoritärer Führungsstil ist demnach nicht zu empfehlen.
• Ein Führungsstil ist aufgaben- und beziehungsorientiert ausgeprägt.	• Die Führungskraft sollte sowohl ergebnisorientiert als auch kooperativ führen.
• Man kann transaktional (Leistung gegen Leistung) oder transformational (inspirierend) führen.	• Die Führungskraft sollte Mitarbeitern ihre Wertschätzung verdeutlichen und sie durch schöpferische Ideen ermuntern.
• Die Führungskraft sollte auf die Menschen, die Arbeit und die Gemeinschaft achten (Servant Leadership). • Die Mitarbeiter/innen sollen emotionale Anregung erfahren (Supportive Leadership).	• Die Führungskraft soll sich für ihre Mitarbeiter/innen engagieren. • Man sollte sie unterstützen.
• Führungskräfte sind für strategische Aufgaben und die Förderung zuständig (agile Führung).	• Der Veränderungsdruck, den die Digitalisierung erzeugt, legt eine Anlehnung an Prozesse der Softwareentwicklung nahe.
• Mehrdimensionale Typologien verwenden mehr als zwei Kriterien zur Beschreibung von Führungsstilen.	• Mehrdimensionale Ansätze sind präziser, aber auch unübersichtlich.
• Die Aktionen der einen wirken sich auf die der anderen aus und umgekehrt (Interaktionstheorie).	• Die Führungskraft sollte die eigenen Ziele, Motive und Einstellungen überdenken und mit Menschen in ihrem Umfeld darüber reden.

Abb. 8.6: Führungsverhalten und Führungsstil (eigene Darstellung)

8.3 Vertrauen: Entstehung und Qualitäten

Gute Zusammenarbeit bedarf einer längerfristigen, verlässlichen Beziehung. Die muss man aufbauen und das funktioniert nur auf der Basis von gegenseitigem **Vertrauen**. Zwar kann man auch mit Menschen zusammenarbeiten, wenn man ihnen nicht so recht über den Weg traut, beispielsweise wenn es um eine rationale Entscheidung geht. Grundsätzlich sind Zusammenarbeit und Vertrauen aber eng miteinander verknüpft. Der Erfolg von Führung hängt entscheidend davon ab, inwieweit man eine Vertrauensbasis schaffen kann, denn Vertrauen gibt jene Sicherheit, in der Einfluss erst möglich wird (Steinle/Ahlers/Gradtke 2000, S. 208 ff.).

Allerdings vertrauen nach einer Untersuchung des Beratungs- und Wirtschaftsprüfungsunternehmens Ernst & Young lediglich 47 Prozent der Beschäftigten in Deutschland ihrer Führungskraft. Daran kann und muss man arbeiten (Ernst & Young 2016, o. S.).

ÜBUNGSAUFGABE

Warum vertrauen Sie Ihrer Hausärztin bzw. Ihrem Hausarzt respektive warum nicht? Kann sich Ihre Hausärztin bzw. Ihr Hausarzt darauf verlassen, dass Sie alle Fragen rund um Ihre Gesundheit offen und ehrlich beantworten?

Vier **Faktoren** sind dafür verantwortlich, ob und in welchem Umfang Vertrauen entstehen kann (Abb. 8.7, Weibler 2016, S. 52 ff.).

- Die **Vertrauensbereitschaft** eines Menschen ist eine Veranlagung, die sich schon im frühen Kindesalter ausbildet und danach vergleichsweise stabil bleibt.
  Als Führungskraft hat man folglich keinen nennenswerten Einfluss auf die Vertrauensbereitschaft der Mitarbeiterinnen und Mitarbeiter.
- Die **Vertrauenswürdigkeit** eines Menschen hängt ab von der Ähnlichkeit etwa in Bezug auf das Alter, das Geschlecht, den Beruf, die soziale Stellung und vergleichbare Aspekte, von der Sachkunde, der Integrität und Loyalität, einer offenen Kommunikation und schließlich der Gutwilligkeit im Sinne des Fehlens destruktiver Absichten.
  Destruktive Absichten wird man doch wohl nicht haben. Die Ähnlichkeiten könnte man im Rahmen der Personalauswahl beeinflussen. Die Mitglieder einer Arbeitsgruppe »aus einem Guss« würden sich in der Tat als vertrauenswürdig erachten. Freilich wäre aber eine solche Arbeitsgruppe nur eingeschränkt kreativ; deshalb ist davon abzuraten. Eine Führungskraft kann jedoch die eigene Sachkunde, Integrität, Reputation und Kommunikationsfähigkeit in die Gruppe einbringen und damit ihre Vertrauenswürdigkeit unter Beweis stellen.
- Vertrauen ist nicht nur die Voraussetzung für eine gelungene Kooperation, sondern zugleich auch das Ergebnis erfolgreicher **bisheriger Zusammenarbeit**.
  Da die Führungskraft in einer beständigen Arbeitsbeziehung zu den Mitarbeiterinnen und Mitarbeitern steht, ist diese Voraussetzung für Vertrauen naturgemäß erfüllt, es sei denn, man ist neu dabei. Dann muss man auf den Faktor Zeit setzen.

- Das Renommee einer Institution, anerkannte Zertifikate, vorgeschriebene Prozeduren und Sicherheitsgarantien wie ein festgelegter Beschwerdegang und Haftungsregelungen können **Systemvertrauen** schaffen.
  Gemeint ist der gute Ruf des Unternehmens, auf den eine einzelne Führungskraft jedoch nur einen eingeschränkten Einfluss hat.

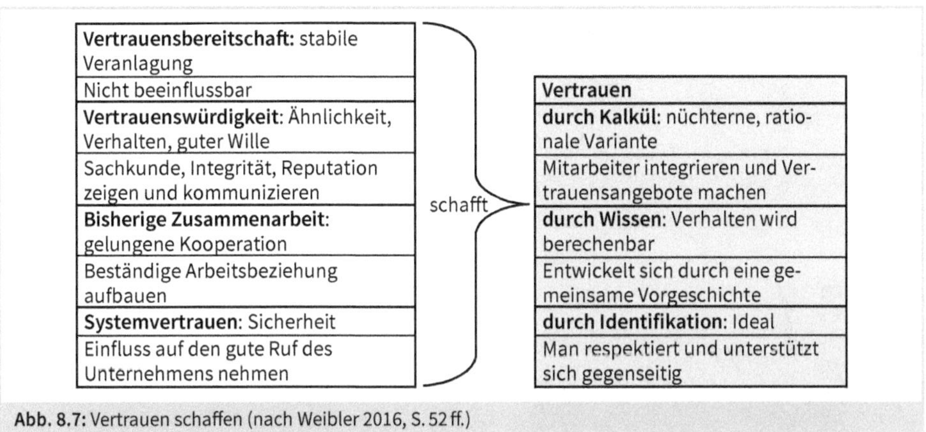

Abb. 8.7: Vertrauen schaffen (nach Weibler 2016, S. 52 ff.)

Wenn Vertrauen entstanden ist, kann es von unterschiedlicher **Qualität** sein (Abb. 8.7):

- **Vertrauen durch Kalkül** ist eine nüchterne und rationale Variante. Sie spielt beim erstmaligen Aufeinandertreffen zweier sich bislang Unbekannter eine hervorragende Rolle. Beide werden Überlegungen anstellen, ob der andere tatsächlich das tun wird, was er im Vorfeld verspricht. In einer längeren Arbeitsbeziehung ist kalkülbasiertes Vertrauen immerhin besser als gar kein Vertrauen und eine Basis, auf der man aufbauen kann.
  Wenn man als Führungskraft eine Gruppe übernimmt oder neue Mitarbeiterinnen und Mitarbeiter integriert, empfehlen sich Vertrauensangebote, in der Hoffnung, dass sie auf Dauer erwidert werden. Beispielsweise teilt man einer Mitarbeiterin mit einem gehörigen Vertrauensvorschuss ein heikles Problem zu. Übt die Führungskraft der Gruppe diese Funktion schon seit einer längeren Zeit aus, können die bisherige Zusammenarbeit und die eigene Vertrauenswürdigkeit kalkülbasiertes Vertrauen erzeugen. Die Mitarbeiterinnen und Mitarbeiter werden zu der Überzeugung gelangen, dass die Führungskraft tatsächlich zu dem steht, was sie verspricht.
- **Vertrauen durch Wissen** setzt eine gemeinsame Vorgeschichte voraus, die Informationen bietet, aufgrund derer man das Verhalten des anderen besser vorhersehen kann.
  Diese Qualität des Vertrauens kann sich auf lange Sicht dadurch entwickeln, dass man miteinander Erfahrungen macht. So wird es den Mitarbeiterinnen und Mitarbeitern möglich, das Verhalten ihrer Führungskraft einzuschätzen.
- **Vertrauen durch Identifikation**, die höchste Stufe des Vertrauens, beruht auf einer gemeinsamen Entwicklung, die die beiden genannten Qualitäten beinhaltet. Man respektiert

und unterstützt sich gegenseitig. Insbesondere weiß jeder, welches Verhalten beim anderen Vertrauen fördert.

Hier wird quasi das Vertrauensideal beschrieben, das man als Führungskraft sicherlich anstrebt, aber nicht in jedem Fall herbeiführen kann. Man respektiert und unterstützt sich gegenseitig.

Der Gewinn durch **bestätigtes Vertrauen** wird für selbstverständlich gehalten. Der Verlust durch **missbrauchtes Vertrauen** wird hingegen sofort und intensiv erlebt, darf aber nicht dazu führen, entweder zukünftig auf eine vertrauensvolle Zusammenarbeit zu verzichten oder einfach wegzusehen. *Reinhard K. Sprenger* empfiehlt eine »Ethik der zweiten Chance« (Sprenger 2012, S. 84) mit den »Regeln ...

1. Kooperiere! Biete immer zunächst Kooperation an!
2. Wenn sie erwidert wird, stelle die Kooperation auf Dauer!
3. Wenn nicht, bestrafe sofort und unnachsichtig! Sei provozierbar!
4. Sei versöhnlich! Biete nach einer gewissen Zeit wieder Kooperation an!
5. Wenn die Kooperation nicht erwidert wird, breche die Zusammenarbeit ab!«

8.4 Konflikte: Analyse und Schlichtung

Leider kann man nicht davon ausgehen, dass mit der Schaffung einer Vertrauensbasis alles Notwendige getan sei. Trotzdem wird es zu Konflikten kommen, denn Konflikte liegen in der **Natur des Menschen**. Ein konfliktfreies Zusammenleben kann es nicht geben (Thiel 2003, S. 50).

Konflikte sind Spannungssituationen, in denen mehrere Parteien, die voneinander abhängig sind, mit Nachdruck versuchen, unvereinbare Handlungspläne zu verwirklichen, und sich dabei ihrer Gegnerschaft bewusst sind (Schwarz 2010, S. 36).

Insofern liegen die **Konfliktursachen** in allen Lebensbereichen und damit auch in allen Bereichen der Personalführung: in der Kommunikation, im Entgelt und in Fehlzeiten, in Zielvereinbarungen und Planungen, in der Delegation und Förderung, in der Zusammenarbeit und in Beurteilungen. Ausschlaggebend sind jedoch nicht nur die objektiven Gegebenheiten. Ein Konflikt entsteht erst, wenn starke Emotionen im Spiel sind, die die Wahrnehmung, Gefühle, Einstellungen und Verhaltensweisen beeinflussen (Hugo-Becker/Becker 2000, S. 108 f.).

Konflikte sind vom Grundsatz her keine **Meinungsverschiedenheiten**, obwohl aus Meinungsverschiedenheiten Konflikte erwachsen können. Bei Meinungsverschiedenheiten steht lediglich eine subjektive Bewertung gegen eine andere.

Man kann einen Konflikt auch nicht mit einer **Aggression** gleichsetzen, einem Angriff, der sich gegen andere Menschen, Gegenstände oder das eigene Ich richtet. Es ist durchaus möglich, dass es zu einer Aggression kommt, obwohl kein Konflikt vorliegt, etwa beim Vandalismus (Jiranek/Edmüller 2007, S. 15).

Auch **innere Konflikte** sind im Sinne der obigen Definition eigentlich keine echten Konflikte. Es handelt sich vielmehr um innere Spannungszustände, die einen Menschen beschäftigen (Abb. 8.8).

Annäherungs-Annäherungskonflikte	Entscheidung zwischen gleichwertigen Alternativen, die man nicht gleichzeitig erreichen kann
	Beispiel: Beruflicher Aufstieg versus Selbstständigkeit
Annäherungs-Vermeidungskonflikte	Entscheidung, die Gutes und Schlechtes verspricht
	Beispiel: Ein Auslandseinsatz ist gut für die Karriere, bringt aber familiäre Probleme mit sich
Vermeidungs-Vermeidungskonflikte	Entscheidung zwischen Alternativen, die man alle als schlecht bewertet
	Beispiel: Man ist in einer berufliche Sackgasse, aber der Arbeitsmarkt bietet nichts Besseres

Abb. 8.8: Natur innerer Konflikte (nach Regnet 2007, S. 5 f.)

Hier geht es folglich zum Teil um ein Phänomen, das in den Kapiteln Motivation und Zielvereinbarung im Zusammenhang mit den persönlichen Zielen der Mitarbeiterinnen und Mitarbeiter angesprochen wird. Diese Ziele muss eine Führungskraft berücksichtigen und damit den Mitarbeiterinnen und Mitarbeiter die Möglichkeit bieten, sich in der Arbeit zu verwirklichen.

Innere Konflikte haben aber unter Umständen keinen unmittelbaren Bezug zur Arbeit und wirken sich trotzdem dort aus. Wenn jemand einen inneren Konflikt verspürt, wird sich unter Umständen sein Verhalten ändern und seine Leistung kann nachlassen. Das wäre so, wenn ein Mitarbeiter schlechte Erfahrungen mit seinem Zahnarzt gemacht hat und aktuell unter Zahnschmerzen leidet. Sowohl das Aufsuchen eines Zahnarztes als auch die Vermeidung einer Zahnbehandlung wird er als schlecht bewerten und vielleicht einige Tage schlecht gelaunt mit einer dicken Backe zur Arbeit kommen. Wenn sich derartige Konstellationen ergeben, muss man als Führungskraft versuchen, im Gespräch bei der Entscheidung zu helfen.

Die eigentlichen Konflikte, die **sozialen Konflikte** bzw. Mehrpersonenkonflikte, sind solche zwischen zwei oder mehr Personen oder Gruppen. Sie erzeugen Stress, rufen Krisen hervor und können zu einer kaum kontrollierbaren Auseinandersetzung eskalieren. Zudem sind solche Konflikte kraftraubend und führen zu geringerer Leistungsfähigkeit, was letztlich sogar das gesamte Unternehmen in Gefahr bringen kann. Sie bergen aber auch Entwicklungschancen, denn sie geben Denkanstöße, weisen auf Probleme hin und verhindern so den Stillstand. Ferner machen derartige Konflikte auf Unterschiede aufmerksam, was Integrationsprozesse ins Rollen bringt und das Leben interessanter macht (Haeske 2003, S. 90 f.).

ÜBUNGSAUFGABE

Im Leben vieler Menschen gibt es markante Wendepunkte. Gar nicht so selten sind diese Wendepunkte durch Konflikte gekennzeichnet, Konflikte mit den Gegebenheiten, mit anderen Menschen oder mit sich selbst. Wenn das auch auf Sie zutrifft, rufen Sie sich bitte einen solchen Konflikt in Erinnerung.

Sowohl die negativen als auch die positiven Aspekte von Konflikten haben für Führungskräfte einen Aufforderungscharakter, denn für gewöhnlich macht man Führungskräften nicht nur die Analyse, sondern auch die **Beilegung von Konflikten** zur Aufgabe. Sie ermöglichen die Zusammenarbeit, indem sie Konflikte schlichten (Abb. 8.9, Wunderer 2009, S. 480 ff.).

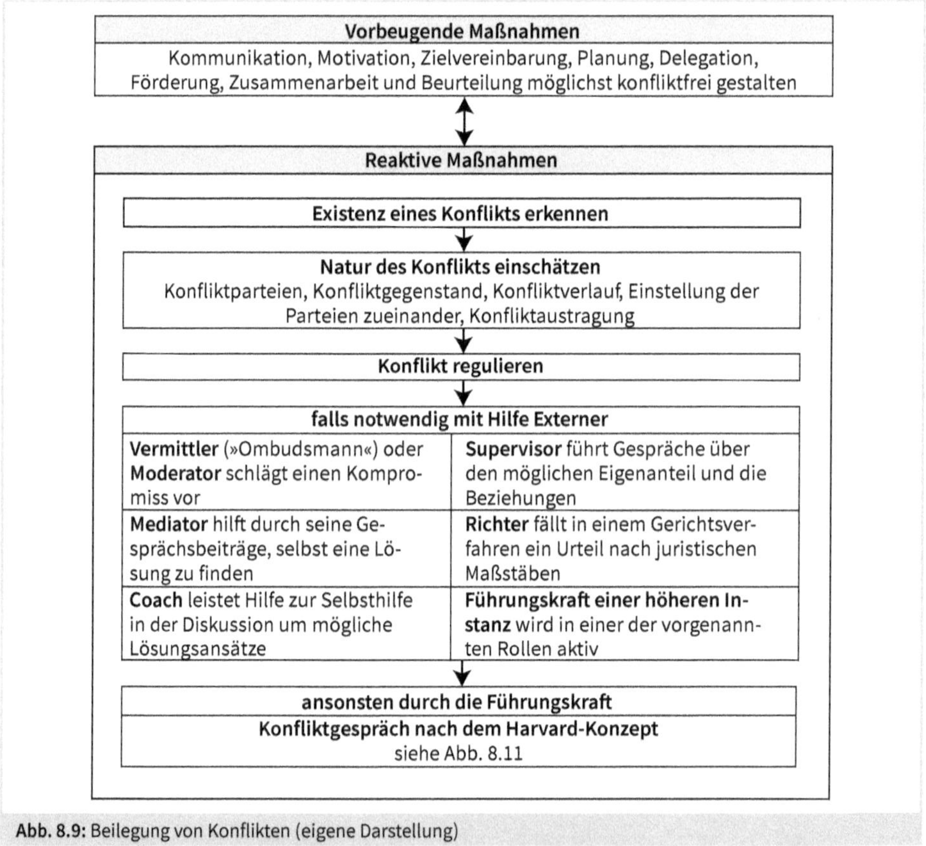

Abb. 8.9: Beilegung von Konflikten (eigene Darstellung)

Im Sinne der **Vorbeugung** empfehlen sich sogenannte strukturelle Maßnahmen. Man kann vielen Konflikten dadurch beikommen, dass man Ratschlägen zur Kommunikation, Motivation, Zielvereinbarung, Planung, Delegation, Förderung, Zusammenarbeit und Beurteilung folgt, wie sie sich etwa in diesem Buch finden. Dies bedeutet aber nicht, dass Konflikte ein für alle Mal verhindert würden. Das wäre angesichts der Entwicklungschancen, die sie bieten, auch nicht wünschenswert. Sie werden lediglich weniger wahrscheinlich (Berkel 2008, S. 83 ff.).

Ist ein Konflikt bereits ausgebrochen, muss man zunächst um seine **Existenz** wissen. Dazu ist es notwendig, als Führungskraft ständig mit den Mitarbeiterinnen und Mitarbeitern zu kommunizieren, etwa in regelmäßigen Mitarbeiterbesprechungen (Jour fixe) und in spontanen, offenen Gesprächen.

Nun steht man vor dem Problem, die **Natur des Konflikts** zu analysieren (Glasl 2013, S. 106 ff.).

Man muss ergründen, wer inwiefern zu den **Konfliktparteien** zählt, also wer in welcher Rolle am sozialen Konflikt beteiligt ist. Besteht ein Konflikt zwischen einzelnen Mitarbeiterinnen und Mitarbeitern, zwischen Gruppen oder trägt ein Dritter einen Konflikt für andere aus? Bestimmt eine sogenannte Schlüsselperson das Konfliktgeschehen?

Danach geht es darum, zu erkennen, was **Gegenstand** des sozialen Konflikts ist. Das ist den Beteiligten nicht unbedingt bewusst, weil sie infolge der Eskalation und aufgewühlt durch Wut, Angst oder Hass einen weitreichenden Dissens entwickelt haben. Man bittet sie, getrennt voneinander festzuhalten, worum es bei ihrem Konflikt geht, sich das wechselseitig vorzutragen und darüber zu diskutieren. Dabei stellt sich heraus, welche Konfliktgegenstände

- sich decken,
- nur für eine Partei problematisch sind,
- für die andere Seite noch gar nicht existiert haben,
- sehr bedeutsam und
- eher unbedeutend sind.

Danach sollte der Konflikt in der zeitlichen Abfolge, also der **Konfliktverlauf** analysiert werden.

- Der Ursprung des Konflikts liegt in der Vergangenheit. Man ermittelt, wann er erstmalig aufgetreten ist und spürbar war.
- Es folgt die Betrachtung der Gegenwart. Wie ist der aktuelle Stand? Welche Themen bestimmten den Konflikt?
- Auch der Blick in die Zukunft ist hilfreich. Die Konfliktparteien sollen sich verdeutlichen, was geschehen könnte, wenn sich eine Seite durchsetzt, und was, wenn der Dissens fortdauert.

Für die Beilegung eines Konflikts ist die **Einstellung der Konfliktparteien zueinander** von großer Bedeutung. In Unternehmen geht es dabei nicht nur um die Weisungsbefugnisse: Kann der eine den anderen Arbeit zuteilen oder arbeitet man in einer Arbeits- oder Projektgruppe miteinander? Es geht auch darum, ob die Konfliktparteien in einer direkten oder indirekten, engen oder losen Beziehung zueinander stehen: Haben sie abgegrenzte Arbeitsgebiete oder ist die eine für etwas zuständig, das andere weiter verarbeiten müssen? Die Konfliktparteien sollten ihre Beziehung selbst beschreiben und ihre gegenseitigen Erwartungen austauschen.

Schließlich wird ermittelt, wie der **Konflikt ausgetragen** wird, also ob die Konfliktparteien der Meinung sind, dass eine Konfrontation unumgänglich ist, und ob sie noch Möglichkeiten sehen, zu einer Übereinstimmung zu gelangen. Dazu eignen sich folgende Fragen: Wie beurteilen die Konfliktparteien die Gesamtsituation? Haben Konflikte für die Parteien eine positive oder negative Funktion? In welcher Höhe entstehen Kosten, wie hoch wird der eigene Nutzen und der Nutzen für die Gegenpartei sein? Wie beurteilen die Parteien ihre bisherigen Versuche, den Konflikt selbst oder mithilfe eines Dritten zu lösen? Haben beide Parteien die gleichen Einstellungen zum Konflikt, oder leugnet vielleicht eine Partei den Konflikt, während die andere ihn provoziert (Abb. 8.10)?

Form der Auseinandersetzung	Konflikt nicht umgehbar, Ausgleich unmöglich	Konflikt umgehbar, Ausgleich unmöglich	Konflikt umgehbar oder nicht, Ausgleich möglich	Interesse am Streitgegenstand
Aktiv ↑	Machtprobe	Rückzug	Problemlösung	Stark ↑
↕	Urteil eines Dritten	Isolation	Teilen des Streitwertes	↕
↓ Passiv	Zufallsurteil	Indifferenz/ Ignoranz	Friedliche Koexistenz	↓ Schwach

Abb. 8.10: Konfliktaustragung (nach Blake/Shepard/Mouton 1964, S. 13)

Konstruktive Konfliktverläufe sind in der Regel das Produkt eines gegenseitigen Verhandelns und Aushandelns. Dabei gibt jeder einen Teil seiner Handlungsfreiheit im Interesse einer Lösung auf. Im Kompromiss, durch den man neue Lösungsmöglichkeiten findet, wird die Konfrontation aufgehoben. Dabei ist das Eingreifen einer Führungskraft sogar verzichtbar.

Manchmal werden Konflikte ausgesessen, ignoriert oder aus Sorge vor den Folgen nicht angesprochen. Es kommt sogar vor, dass sich Konflikte scheinbar ohne weiteres Zutun erledigen. Ebenso häufig beeinflussen Konflikte aber unterschwellig die weitere Zusammenarbeit. Folglich sollte man als Führungskraft auch **verborgene Konflikte** beilegen und alle Konflikte, ob verborgene oder offene, in einem möglichst frühen Stadium (Höher/Höher 2004, S. 169 f.).

Konflikte werden nicht nur von Führungskräften beigelegt, sondern können von Führungskräften, wie von allen anderen Mitgliedern einer Arbeitsgruppe oder Abteilung, auch hervorgerufen werden. Selbst wenn das nicht so ist, ist man als Führungskraft doch vielfach in die Konflikte einbezogen und verfolgt dann zwangsläufig eigene Interessen. Ab und an sprengen Konflikte auch den Rahmen des eigenen Zuständigkeitsbereichs oder sie eskalieren stark. In solchen Fällen sollte **externe Hilfe** als sogenanntes formelles Konfliktmanagement in Betracht gezogen werden (Abb. 8.9, Berkel 2008, S. 97).

Wenn die Mitarbeiterinnen und Mitarbeiter ohnehin das Urteil eines Dritten suchen, an der Problemlösung interessiert sind oder den Ausgleich suchen, wenn der Konflikt nicht verschoben, konfliktfähigen Mitarbeiterinnen und Mitarbeitern bewusst und noch nicht zu weit eskaliert ist, sind die Chancen gut, den Konflikt selbst zu regulieren, und zwar in einem **Konfliktgespräch** (Abb. 8.11, Jiranek/Edmüller 2007, S. 312 ff.).

Vorbereitung	Durchführung	Aufbereitung
• Termin und • Zeitrahmen festlegen • Geeigneten Raum wählen • Atmosphäre herstellen • Einladen • Natur des Konflikts vergegenwärtigen	• Anwesend sind nur die Konfliktparteien und die Führungskraft • Begrüßung • Regeln: offen, aktiv, konzentriert, gezielt und verantwortlich kommunizieren, nicht immer sprechen, beruhigen und inspirieren, Willen zum Zuhören zeigen, Ablenkungen fernhalten, auf die Konfliktparteien einstellen, Geduld und Selbstbeherrschung zeigen, Fragen stellen • Natur des Konflikts beschreiben • Harvard-Konzept anwenden: 1. Menschen und Probleme getrennt voneinander behandeln 2. Nicht Positionen, sondern Interessen in den Vordergrund rücken 3. Entscheidungsmöglichkeiten finden, die für beide Seiten von Vorteil sind 4. Einigung auf neutrale Beurteilungskriterien • Entscheidung treffen • Verabschiedung	• Ergebnisprotokoll erstellen • Ggf. schriftliche Vereinbarung • Kontrolle der Zusagen der Konfliktparteien

Abb. 8.11: Konfliktgespräch (eigene Darstellung)

Ein Konfliktgespräch bedarf einer intensiven **Vorbereitung**. Man beginnt mit der Festlegung des Termins, des Zeitrahmens und eines Raums mit einer ungestörten, angenehmen Atmosphäre. Danach werden die Konfliktparteien eingeladen. Schließlich muss man sich die Natur des Konflikts vergegenwärtigen.

Bei der **Durchführung** des Gesprächs sollten nur die Konfliktparteien und die Führungskraft anwesend sein. Wäre dies nicht der Fall, könnte jeder darauf bedacht sein, sein Gesicht vor anderen nicht zu verlieren. Nach einer Begrüßung sollte man offen, aktiv, konzentriert, gezielt und verantwortlich kommunizieren, nicht immer sprechen, die Konfliktparteien inspirieren, den Willen zum Zuhören zeigen, Ablenkungen fernhalten, sich auf den Anwesenden einstellen, Geduld haben, die Selbstbeherrschung behalten und Fragen stellen.

Zunächst beschreibt die Führungskraft die Natur des Konflikts, so wie sie ihn wahrnimmt. Für den weiteren Verlauf hat sich das **Harvard-Konzept** bewährt, das *Roger Dummer Fisher* gemeinsam mit *William L. Ury* und *Bruce M. Patton* im Rahmen einer Forschungsarbeit an der Harvard University entwickelt hat. Sie stellten fest, dass manche ihre Position auf Kosten ihres Gegenübers durchsetzen, während andere Zugeständnisse machen. Das »Harvard Negotiation Project« zeigt einen dritten Weg auf, das sachbezogene Verhandeln: Man bleibt hart in der Sache, aber zugleich nachgiebig gegenüber den Menschen (Fisher/Ury/Patton 2004, S. 19 ff.).

- Man sollte **Menschen und Probleme getrennt voneinander behandeln.** In jedem sozialen Konflikt stehen sich Menschen gegenüber, die eigene Interessen und unterschiedliche Wurzeln haben. Deshalb kann die gestörte Beziehung zueinander im Vordergrund stehen. Das behindert die Arbeit am eigentlichen Sachproblem. Um diese Barriere zu beseitigen, fordert man die Konfliktparteien auf, sich in die Lage der Gegenseite zu versetzen.
- Für die Konfliktregulierung ist es essenziell, **nicht Positionen, sondern Interessen in den Vordergrund** zu rücken. Konzentriert man sich nur auf die Positionen der Konfliktparteien, wird man schwerlich zu einer Lösung kommen. Erfährt man jedoch mehr über die Hintergründe, die beiderseitigen Nöte, Wünsche, Sorgen und Ängste, die die Positionen begründen, kann eine Einigung erzielt werden, mit der beide Seiten zufrieden sind.
- Die Führungskraft muss **Entscheidungsmöglichkeiten** finden, die für beide Seiten von Vorteil sind. Allzu oft glauben die Konfliktparteien, die richtige Lösung schon zu kennen. Sie möchten diese Lösung auf Biegen und Brechen durchsetzen. Es ist besser, gemeinsam nach verschiedenen Lösungen zu suchen, aus denen man wählen kann.
- Schließlich muss man sich allerdings **auf neutrale Beurteilungskriterien einigen**. Gemeint sind objektive Maßstäbe, die nicht von den Interessen der Konfliktparteien abhängig sind.

Wenn die Konfliktparteien sich auf eine Lösung geeinigt haben, wird man das Gespräch durch eine freundliche Verabschiedung beenden.

Nach dem Konfliktgespräch erstellt man ein **Ergebnisprotokoll**, in dem man die Einigung festhält. Gegebenenfalls ist sogar eine schriftliche Vereinbarung vonnöten, in der Konsequenzen bei Nichteinhaltung festgelegt werden (Regnet 2007, S. 89 ff.).

8.5 Mobbing: Die Schattenseite der Zusammenarbeit

Mobbing ist ein sozialer **Konflikt**, der wegen seines spezifischen Verlaufs besonderer Erwähnung bedarf (Zuschlag 2001, S. 21 ff.).

Heinz Leymann, einer der maßgeblichen Mobbingforscher, führte Interviews mit Mobbingopfern durch, um Handlungen zu isolieren, die mit dem Begriff Mobbing beschrieben werden können. Ergebnis dieser Befragungen war das »Leymann Inventory of Psychological Terrorization«, das 45 **Mobbinghandlungen** fünf Kategorien zuordnet (Leymann 1993b, S. 273):

- Angriffe auf die Möglichkeiten, sich mitzuteilen,
- Angriffe auf die sozialen Beziehungen,

- Angriffe auf das soziale Ansehen,
- Angriffe auf die Qualität der Berufs- und Lebenssituation sowie
- Angriffe auf die Gesundheit.

Axel Esser und *Martin Wolmerath* erkennen sogar mehr als 100 Mobbinghandlungen, die sie zehn Kategorien zuordnen, von denen sich einige mit denen von *Leymann* decken, andere jene von *Leymann* ergänzen (Esser/Wolmerath 2005, S. 25 ff.):

- Angriffe gegen die Arbeitsleistung und das Leistungsvermögen,
- Angriffe gegen den Bestand des Beschäftigungsverhältnisses,
- destruktive Kritik,
- Angriffe gegen die soziale Integration am Arbeitsplatz,
- Angriffe gegen das soziale Ansehen im Beruf,
- Angriffe gegen das Selbstwertgefühl,
- Angst, Schrecken und Ekel erzeugen,
- Angriffe gegen die Privatsphäre,
- Angriffe gegen Gesundheit und körperliche Unversehrtheit,
- Versagen von Hilfe.

Leymann zufolge liegt Mobbing am Arbeitsplatz vor, wenn eine Person von einer oder mehreren Mobbinghandlungen belästigt wird, und zwar mindestens einmal in der Woche während mindestens eines zusammenhängenden halben Jahres. Zudem müssen hinter den Handlungen destruktive Absichten stecken, sodass sie als negativ empfunden werden. Diese Handlungen sind eher als Regelbeispiele und der Zeitrahmen als Orientierungsgröße zu verstehen. Die neueren Forschungsansätze münden in ähnliche **Definitionen** (Leymann 1993b, S. 272).

Mobbing zieht sich durch alle Beziehungen und alle Hierarchien. *Leymann* ermittelte, dass 44 Prozent aller Mobbingfälle auf derselben Hierarchieebene stattfinden, 37 Prozent als »**Bossing**« von oben nach unten, 10 Prozent als Kombination von beiden Konstellationen und 9 Prozent als »**Staffing**« von unten nach oben (Leymann 2009, S. 47 ff.).

Das deckt sich weitgehend mit den Ergebnissen der für Deutschland repräsentativen Studie von *Bärbel Meschkutat*, *Martina Stackelbeck* und *Georg Langenhoff*. Sie fanden zudem heraus, dass **Männer** häufiger mobben als **Frauen**. Was das **Lebensalter** angeht, ließen sich kaum Unterschiede feststellen, wohl aber in den **Branchen**: 18 Prozent der Mobbingfälle fanden sich im kaufmännischen Bereich, 11 Prozent im Gesundheits- und Sozialwesen und 10 Prozent in der öffentlichen Verwaltung (Meschkutat/Stackelbeck/Langenhoff 2003, S. 65 ff.).

Leymann erläutert, dass sich Mobbing in der Regel so entwickelt, wie es in Abb. 8.12 zum Ausdruck kommt.

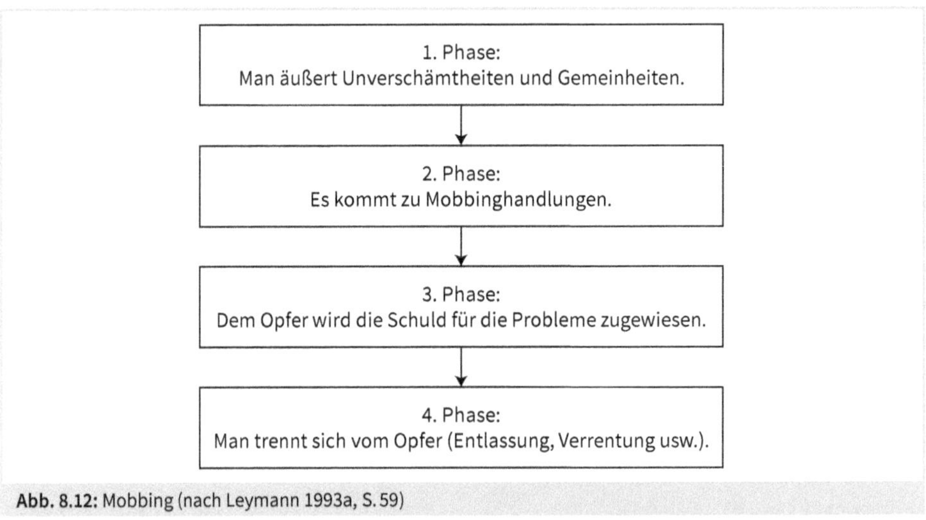

Abb. 8.12: Mobbing (nach Leymann 1993a, S. 59)

Anders als der Laie vermutet, kann jeder zum **Mobbingopfer** werden. Es kann keinesfalls nur psychisch anfällige oder schwierige Personen treffen. Persönlichkeitsveränderungen sind in der Regel eher Folgen und nicht Ursachen des Mobbings. Die **Mobbingtäter** zeichnen sich gleichfalls nicht durch besondere Persönlichkeitsmerkmale aus. Es handelt sich vielmehr um Menschen, die im Verlaufe des Mobbings aktiv ihre schlechtesten Seiten hervorkehren oder zu passiven Mitläufern werden, denn auch das ist kennzeichnend: Mobbing ist nur möglich, wenn die Kollegen die Täter schalten und walten lassen.

Für die Entstehung und Entwicklung von Mobbing gibt es mehrere **Ursachen** (Leymann 1993a, S. 61 ff.).

- Dazu zählen ungünstige **Arbeitsbedingungen**, vor allem sowohl die Überforderung als auch die Unterforderung am Arbeitsplatz, aber auch
- die Bürokratie und steile **Hierarchien**, verbunden mit starker Konkurrenz, sowie
- unterschiedliche **Werte** und strikte **Normen**. Dabei ist nicht die Befolgung und Durchsetzung von strikten Normen ausschlaggebend, sondern ihre Einseitigkeit, Unfairness, Undurchschaubarkeit oder Auslegungsbreite.
- *Leymann* ist bei seinen Interviews geschildert worden, dass es in Gruppen immer einen **Sündenbock** gibt, der für Fehler verantwortlich gemacht wird. Für die anderen Gruppenmitglieder ergibt sich daraus ein Gefühl der Erleichterung. Sie können sich abreagieren und für alle Fehler einen Schuldigen präsentieren. An einem Sündenbock hält man fest, um sich nicht selbst eines Tages in dieser Rolle wiederzufinden.
- Gerade **neue Mitarbeiterinnen und Mitarbeiter** laufen Gefahr, gemobbt zu werden. Sie befinden sich notgedrungen in einer sozial herausragenden Stellung. Andersartigkeit, bessere Qualifikation und Kompetenz oder besonderer Fleiß können dann leicht das Mobbing anfachen.

- *Leymann* stellte fest, dass ein frühes Eingreifen von Führungskräften das Mobbing in nahezu jedem Fall verhindert hätte. Deshalb sieht er in der **Untätigkeit** der Führungskräfte den wichtigsten Grund für die Entstehung von Mobbing.

Insgesamt deutet viel darauf hin, dass es sich beim Mobbing eigentlich nicht um einen Konflikt zwischen Einzelpersonen handelt, sondern eher um einen verborgenen, aber bohrenden **Konflikt in einer Gruppe**, der von den Mobbingtätern und dem Mobbingopfer ausgetragen wird. Genau das führt aber dazu, dass der ursprüngliche Konflikt fortbesteht. In der Praxis zeigt es sich immer wieder, dass das Mobbing selbst dann kein Ende findet, wenn das Mobbingopfer das Unternehmen verlassen hat. Wenn der ursprüngliche Konflikt nicht ausschließlich mit der ausgeschiedenen Person verbunden war, übernehmen andere die Rollen der Täter, Mitläufer und Opfer (Esser 2003, S. 397 f.).

ÜBUNGSAUFGABE

Mobbing muss aktiv bekämpft werden. Das ist schon aus humanitären Gründen und aufgrund juristischer Vorschriften selbstverständlich. Welche ökonomischen Argumente sprechen darüber hinaus für Mobbingprävention und -bekämpfung?

Bei der **Regulierung des Mobbings** sollte man in erster Linie auf die Vorbeugung setzen, also auf strukturelle Maßnahmen.

Die **Vorbeugung** ist gemäß § 12 des Allgemeinen Gleichbehandlungsgesetzes eine Verpflichtung (Abb. 8.13, Heidenreich 2007, S. 111 ff.).

- Führungskräfte sollten Unter- und Überforderung verhindern,
- die Gesundheit fördern,
- den zeitlichen Spielraum für zu erledigende Arbeiten vergrößern,
- Kommunikationsmöglichkeiten in Form von Pausenräumen oder Betriebsfesten schaffen und
- öfter und regelmäßig mit Mitarbeiterinnen und Mitarbeiter kommunizieren.
- Ein fundiertes Onboarding hilft konkret dabei, das Mobbing von neuen Mitarbeiterinnen und Mitarbeitern zu vermeiden.
- Führungskräfte sollten durch Information und Aufklärung den irrigen Annahmen, wer gemobbt würde, sei selbst schuld und Mobbing würde im eigenen Umfeld selten vorkommen, begegnen.
- Führungskräfte können eine Betriebsvereinbarung (zwischen Arbeitgeber und Betriebsrat) zum Umgang mit Mobbing, Tätern und Opfern initiieren.
- Empfehlenswert ist es schließlich, einen Ansprechpartner für das Mobbing zu benennen, der nach einschlägigen Schulungen eine erste Anlaufstelle sein kann.

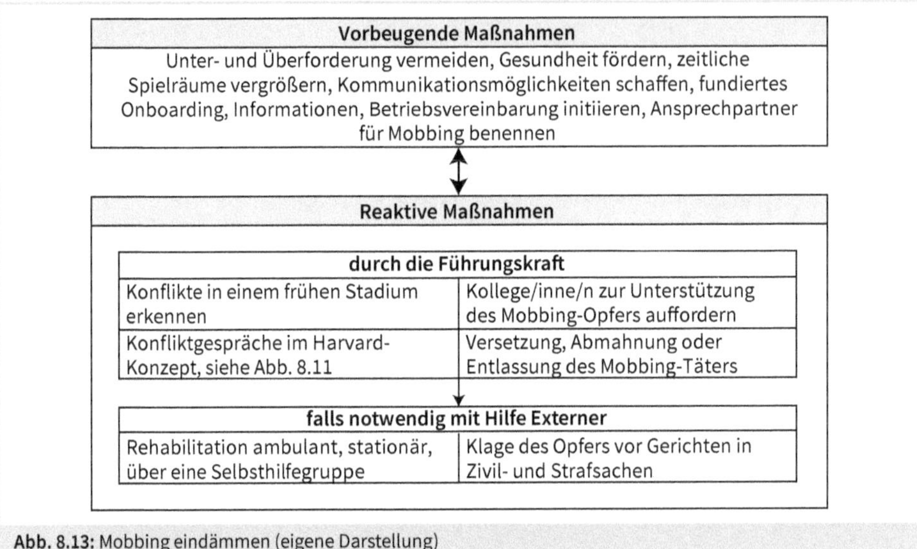

Abb. 8.13: Mobbing eindämmen (eigene Darstellung)

Wenn es zum Mobbing kommt, weil in Gruppen Konflikte verschoben werden, müssen Führungskräfte durch **reaktive Maßnahmen** dafür sorgen, dass diese Konflikte beigelegt werden können (Abb. 8.13, Neuberger 1999, S. 113 ff.).

- Als Führungskraft sollte man sich bemühen, Konflikte möglichst schon in einem sehr frühen Stadium zu erkennen.
- Gerade in puncto Mobbing ist es notwendig, dass die Führungskraft von den Mitarbeiterinnen und Mitarbeitern ohne großen Aufwand ansprechbar ist und für Konfliktgespräche zur Verfügung steht. Damit stellt sie unter Beweis, dass sie persönliche Probleme akzeptiert und sich ihrer annimmt. Konfliktgespräche sollten nicht nur mit Tätern und Opfern stattfinden, sondern nachfolgend mit der gesamten Gruppe einschließlich der Mitläufer, um dem Konflikt beizukommen, der das Mobbing ausgelöst hat (Abb. 8.11).
- Mobbingopfern sollten den Tätern verdeutlichen, dass ihre Handlungen nur bis zu einem gewissen Punkt geduldet werden, aber andererseits auch eine Versöhnung möglich ist.
- Scheitert dieser Ansatz, muss die Führungskraft einerseits die Kolleginnen und Kollegen zur Unterstützung des Mobbingopfers auffordern. Andererseits muss sie den Tätern deutlich zu verstehen geben, dass diese Art der Konfliktaustragung keinesfalls geduldet wird.
- Tritt auch dann keine Besserung ein, kann eine Versetzung des Mobbingtäters in Betracht gezogen werden oder man spricht Abmahnungen und schließlich eine Entlassung aus. Für Abmahnungen und Entlassungen ist es jedoch erforderlich, dem Täter unrechtmäßige Handlungen nachweisen zu können.

Manchmal ist eine Lösung des Problems auf der Unternehmensebene leider nicht zu erreichen. Mitarbeiterinnen und Mitarbeiter, die am Arbeitsplatz belästigt werden, haben gemäß § 14 des Allgemeinen Gleichbehandlungsgesetzes das Recht, ihre Tätigkeit ohne Verlust des Arbeitsentgelts einzustellen, wenn keine oder offensichtlich ungeeignete Maßnahmen zur Unterbindung getroffen wurden. Das macht es für die Opfer leichter, Hilfe von anderer Seite in Anspruch zu nehmen. Eine **Rehabilitation** kann ambulant, stationär oder über eine Selbsthilfegruppe erfolgen. Man muss sich, etwa über ein sogenanntes Mobbingtelefon bemühen, die richtigen Ansprechpartner zu ermitteln. Wenn dem Täter rechtswidrige Handlungen nachgewiesen werden können, ist eine **Klage** des Opfers vor Gerichten in Zivil- und Strafsachen möglich (Zuschlag 2001, S. 177 ff.).

8.6 Emotionen: Zuneigung und Angst

ÜBUNGSAUFGABE

Es wird ab und an behauptet, für Gefühle sei im Wirtschaftsraum kein Platz. Wer sich so äußert, hat nie die Börse beobachtet. Bitte erinnern Sie sich an ein Ereignis, bei dem die Gefühle der Menschen sich auf das Wirtschaftsgeschehen ausgewirkt haben, und eines, bei dem das Wirtschaftsgeschehen die Gefühle der Menschen beeinflusst hat.

Zuweilen tendiert man dazu, über all den Problemfeldern die Gefühle der Menschen, die sich bei der Arbeit zusammenfinden, also ihre **Emotionen** zu vergessen (Küpers/Weibler 2005, S. 17 ff.).

Zum Glück sind Emotionen oft angenehm. Diese Gefühle sind aber auch so vielfältig, dass man sie kaum aufzählen kann: Zu den wichtigsten angenehmen Emotionen zählt sicherlich die **Zuneigung**, vor allem die starke Zuneigung, also die Liebe (Kiefer 2002, S. 49 ff.).

In der Tat finden viele Paare am **Arbeitsplatz** zueinander. Das ist unvermeidlich und nahezu zwangsläufig so. Wer die Arbeit nicht zu Hause erledigt, verbringt bei einer Vollzeitbeschäftigung fast mehr Zeit am Arbeitsplatz als zu Hause, wenn man den Schlaf von der Freizeit abrechnet. Außerdem lernt man im Arbeitsumfeld viele Menschen recht gut kennen, weil man sich einerseits ohnehin begegnet und andererseits in den verschiedensten Situationen erlebt (Teske 2014, S. 31 ff.).

Zuneigung und Liebe im Arbeitsumfeld haben durchaus **Vorteile**. Der graue Arbeitsalltag wird rosarot, man weiß, was die Partnerin bzw. den Partner beruflich bewegt, und sieht sich auch in stressigen Zeiten.

Aber auch **Nachteile** sind zu verzeichnen. Der Wunsch, gemeinsam Urlaub zu nehmen, ist kaum zu realisieren, wenn man sich wechselseitig vertreten soll, wie das in kleineren Unternehmen oft der Fall ist. Paare, die häufig gemeinsam auftreten, schränken die Beziehungen zum Kollegenkreis ein. Das ist für die Karriere nicht förderlich. Je enger Paare zusammenarbeiten, umso mehr Probleme können sich ergeben, beispielsweise in Banken, die für viele Vorgänge das

Vier-Augen-Prinzip praktizieren: Man soll sich gegenseitig kontrollieren, kann das aber kaum gewährleisten, wenn man einander zugetan ist. Ähnlich verhält es sich, wenn ein Partner Geschäftsinformationen hat, von denen der andere eigentlich nichts wissen sollte. Und schließlich können Zuneigung und Liebe generell die Konzentration auf die Arbeit behindern, weil man sich öfter begegnet (Weilbacher 2012, S. 6).

Als Führungskraft können einem diese Probleme Kopfzerbrechen bereiten. Einige Unternehmen haben den falschen Weg beschritten, mit dieser Verunsicherung umzugehen. Sie machen **Vorgaben**, die auch schon einmal als »Ethikrichtlinien« bezeichnet werden und im Einzelfall unter anderem wie folgt lauten: »Sie dürfen nicht mit jemandem ausgehen oder in eine Liebesbeziehung mit jemandem treten, wenn Sie die Arbeitsbedingungen dieser Person beeinflussen können oder der Mitarbeiter Ihre Arbeitsbedingungen beeinflussen kann.« (Leue 2010, S. 13)

Derartige Vorgaben verstoßen gegen das allgemeine Persönlichkeitsrecht und sind deshalb juristisch **nicht haltbar**. Beispielsweise hat das Arbeitsgericht Berlin geurteilt: »Mit vollem Recht werden heute auch Liebschaften am Arbeitsplatz dem selbstbestimmten Bereich privater Lebensgestaltung zugeordnet ..., der allenfalls dann vertragsrechtliche Aufmerksamkeit auf sich zieht, wenn seine Erscheinungsformen oder Krisenentwicklungen auf die von den Akteuren geschuldete Vertragserfüllung nachteilig durchschlagen ... Im Übrigen unterliegt die Aufnahme und Pflege zwischenmenschlicher Beziehungen hingegen grundsätzlich keiner Reglementierung des Arbeitgebers«. (AG Berlin 2015, S. 13)

Zudem sind Verbote in diesem Kontext **weder sinnvoll noch akzeptabel**, nicht sinnvoll, weil sich Menschen trotzdem während der Arbeit verlieben und das geheim halten werden, und nicht akzeptabel, weil man nicht verlangen kann, dass Menschen ihr Naturell am Werkstor abgeben.

Als Führungskraft muss man zunächst **um die Zuneigung wissen**. Dafür muss man Vertrauen schaffen, wie das in diesem Kapitel beschrieben wird, und regelmäßig mit den Mitarbeiterinnen und Mitarbeitern kommunizieren, beispielsweise in regelmäßigen Mitarbeiterbesprechungen (Jour fixe) und spontanen, offenen Gesprächen. In diesen Gesprächen kann man dem Paar mit aller Vorsicht den **Rat geben**, sich offen zueinander zu bekennen, aber die Zuneigung und die Arbeit nicht zu vermengen. Ein wenig »Händchenhalten« kann ja nicht schaden. Trotzdem sollten die Beziehungen zu den Kollegen nicht vernachlässigt werden und während der Arbeitszeit darf die Konzentration auf die Arbeit nicht dauerhaft eingeschränkt sein. Wenn es problematisch wird, die Arbeit korrekt zu erledigen, wie beim Vier-Augen-Prinzip, hilft nur der Wechsel in verschiedene Abteilungen. Zumindest überdenken muss man das auch, wenn ein Partner die Führungskraft des anderen ist.

Leider haben wir in der Arbeitswelt auch unangenehme Gefühle und die sind ebenso vielfältig wie die angenehmen. Sicherlich angesichts seiner Folgen am bedeutsamsten ist die **Angst**, ein subjektives, häufig unbewusstes Gefühl der Bedrohung, das eine potenziell gefährliche Situation signalisiert. Diese Definition ist recht nüchtern. Trotzdem meinen viele Menschen, Angst sei etwas Krankhaftes. Das ist aber ein fundamentales Missverständnis. Eine seelische Erkrankung ist nur die sogenannte Angstneurose, die krankhaft übersteigerte Angst, beispielsweise vor kleinen Räumen. Sie hat nur wenig mit der Angst gemeinsam, die jedem Menschen tagtäglich begegnet (Fröhlich 1982, S. 15 ff.).

Ängste sind keine Phänomene am Rande. Ängste sind auch nicht nur eine Angelegenheit der jeweils anderen, sondern seltsam vertraute, doch äußerst unliebsame Erscheinungen **auch im Führungsprozess**. Sowohl Führungskräfte als auch ihre Mitarbeiterinnen und Mitarbeiter bekommen es zuweilen mit der Angst zu tun (Abb. 8.14, Bröckermann 1989, S. 22 ff., Klein/Kolb 2008, S. 7 ff.).

Versagensängste	Angst vor Verantwortung
	Angst vor Kontrollen
	Angst vor Vertrauen
	Angst vor Männern bzw. Frauen
	Leistungsangst
	Angst vor Vereinsamung
Existenzängste	Angst um das berufliche Überleben
	Angst vor dem Tod

Abb. 8.14: Ängste in der Arbeitswelt (eigene Darstellung)

Zu den Ängsten, die uns – nicht alle und nicht ständig – in der Arbeitswelt befallen, zählen **Versagensängste**.

- Wer Verantwortung übernimmt, den kann die Angst beschleichen, dieser Verantwortung nicht gewachsen zu sein. Man könnte scheitern und müsste dann mit negativen Konsequenzen rechnen.
- Führungssituationen sind schwerlich kontrollierbar und daher von Zeit zu Zeit beängstigend. Zudem wecken Beurteilungen Ängste. Man weiß nicht, wie sie ausfallen werden.
- Manchmal schöpfen Kolleginnen und Kollegen Verdacht gegeneinander, manchmal trauen Führungskräfte ihren Mitarbeiterinnen und Mitarbeitern nicht und manchmal beargwöhnen Mitarbeiterinnen und Mitarbeiter ihre Führungskräfte.
- Es kommt vor, dass Männer Frauen als Bedrohung empfinden. Frauen erobern manche Männerdomäne. Frauen müssen leider viel zu oft Angst vor sexuellen Nachstellungen haben und fürchten, übergangen und drangsaliert zu werden.
- Die Einsicht, dass man Leistungsreserven schwerlich wecken kann, und der permanente Leistungswettbewerb rufen eine Leistungsangst hervor.

- Von Zeit zu Zeit beschleicht Menschen, die mit beiden Beinen im Berufsleben stehen, die Angst vor der Vereinsamung. Sie befürchten, durch ihre Arbeitsleistung, etwa die vielen Überstunden, in eine Isolation zu geraten.

Ebenso bedeutsam sind die **Existenzängste.**
- Ruhestand, Schließung, Insolvenz und Entlassung, dies sind beängstigende Fragen des beruflichen Überlebens.
- Alle Beschäftigten stehen vor dem Problem, sich im täglichen Geschäft zu behaupten. Sie haben bisweilen Angst, die Arbeit koste sie das Leben.

Diese Ängste werden in aller Regel nicht aufgearbeitet, sondern auf einer unbewussten Schiene abgewehrt. Man arbeitet vermeintlich Sachfragen ab, ist aber in Wirklichkeit in einer Abwehrhaltung. Wenn man diese **Angstabwehr** verstehen will, kommt man zwangsläufig auf psychoanalytische Ansätze (Abb. 8.15, Bröckermann 1989, S. 78 f., 151 ff.).

Rationalisierung	»Da kann man Stress haben.«
Verdrängung	»Ich habe keine Angst.«
Identifikation	»Ich setze mich durch.«
Identifikation mit dem Aggressor	»Ich passe mich an.«
Übertragung	»Du hast Angst.«
Grundannahmen	»Wir brauchen den Chef.« »Petra und Peter schaffen das.« »Die anderen haben Schuld.«

Abb. 8.15: Angstabwehr (eigene Darstellung)

Rationalisierung meint in diesem Zusammenhang, dass Unangenehmes durch vorgeschobene Erklärungen und wohlklingende Worte beschönigt wird. Man spricht dann kaum von sich selbst, sondern lieber in der dritten Person.

Außerdem **verdrängt** man das Wissen, die Erfahrungen und die Gefühle, die auf die eigene Angst hinauslaufen.

Identifikation ist ein psychischer Vorgang, durch den Menschen sich einen Aspekt eines anderen einverleiben und sich nach dem Vorbild des anderen umwandeln. Daraus kann Aggression erwachsen, wenn sie die Angst unbewusst zum Anlass nehmen, sich rücksichtslos zu verhalten, weil sie dem, der sie verursacht, Rücksichtslosigkeit unterstellen.

Eine **Identifikation mit dem Aggressor** kann sich einstellen, wenn eine Person eine andere einseitig ihrem Willen unterwirft. Statt mit der Angst zu leben, die durch diese Aggression ausgelöst wird, heißt sie das Verhalten des Aggressors gut. Sie verwandelt sich damit unbewusst von der bedrohten in die bedrohende Person. Im Ergebnis entsteht eine Art Anpassung.

Eine **Übertragung** ist dadurch gekennzeichnet, dass Wünsche, Hoffnungen und Ängste der Vergangenheit auf die Gegenwart oder eigene Ängste auf andere bezogen werden. Man gaukelt sich vor, man selbst sei nicht betroffen, sondern die anderen.

Wilfred Ruprecht Bion erachtet eine Gruppe als eine Art eigenständiges Wesen, dessen »Organe« die einzelnen Mitglieder darstellen. Menschen benehmen sich in der Gruppe anders als allein, weil sie in der Gruppe eine Funktion übernehmen. *Bion* stellt ferner fest, dass sich Gruppen oft so verhalten, als ob allen Mitgliedern eine von drei denkbaren **Grundannahmen** gemeinsam wäre (Bion 1971, S. 106 ff.):

1. Bisweilen teilen verängstigte Gruppenmitglieder die Grundannahme der **Abhängigkeit**. Sie benehmen sich dann, als sei es Sinn und Zweck ihrer Zusammenkunft, durch eine Führungskraft gestützt zu werden.
2. Wenn eine Gruppe in der Grundannahme der **Paarbildung** arbeitet, verhalten sich ihre verängstigten Mitglieder, als bestünde die Triebfeder ihrer Zusammenkunft darin, dass sich zwei Gruppenmitglieder zusammentun, die der Angst den Boden entziehen.
3. Wenn Gruppenmitglieder die Empfindung in die Tat umsetzen, sie müssten gemeinsam gegen etwas kämpfen oder vor etwas Reißaus nehmen, so teilen sie die Grundannahme, die *Bion* **Kampf und Flucht** nennt.

Damit hat es noch nicht sein Bewenden. Die Angstabwehr weckt ihrerseits Ängste, etwa wenn eine Person sich aus Angst rücksichtslos gibt, dann aber befürchtet, dass sie dadurch vereinsamt. Sie fällt also in eine Verhaltensform einer früheren Entwicklungsstufe zurück. Das nennt man **Regression** (Bröckermann 1989, S. 243 ff.).

So entsteht ein Geflecht von Ängsten, unbewusster Angstabwehr und neuerlichen Ängsten aller Beteiligten, die sich gegenseitig bedingen. Dieses Geflecht legt eine Art Schleier über die Sachfragen. Man ist zwar davon überzeugt, man arbeite Sachfragen ab, dreht sich aber nur im Kreise, wie im folgenden fiktiven **Beispiel**: Das Unternehmen »Schwarz« wird vom Unternehmen »Weiß« übernommen. Die Mitarbeiter bei »Schwarz« haben Angst, an andere Standorte versetzt oder entlassen zu werden. Einige finden das gut (Identifikation mit dem Aggressor), was für viele noch beängstigender klingt. Andere beschimpfen die »Angsthasen« (Übertragung). Die vermeintlichen »Angsthasen« werden rabiat. Und alle glauben, sie seien damit befasst, die Übernahmemodalitäten auszuarbeiten.

Solchen Verstrickungen kann man sich nicht entziehen. Man kann sie aber gerade als Führungskraft in Gesprächen und Besprechungen thematisieren und ihnen damit auf den Grund gehen. Wenn allen klar wird, wen welche Ängste bewegen und wie diese Ängste die aktuelle Situation beeinflussen, kann man eben diese **Ängste** und Angstabwehr ergründen und **aufarbeiten**. Es wäre fatal, wenn die Führungskraft andere ohne Weiteres mit Äußerungen wie »Ich habe

Angst« oder »Lasst uns über unsere Ängste reden« konfrontieren würde. Derartige Äußerungen würden angesichts der vorherrschenden Praxis der Angstabwehr auf Unverständnis und Ablehnung stoßen (Bröckermann 1989, S. 307 ff.).

- Zunächst muss die Führungskraft ein **Verständnis** für die Existenz von Ängsten **wecken** und der Aufarbeitung die Wege ebnen. Folglich wäre es von Vorteil, wenn sich im Rahmen der Personalentwicklung auch ein Angebot findet, das hilft, Ängste zu begreifen.
- Ist das Verständnis vorhanden, kann die Führungskraft gelegentlich **innehalten**, wenn sie den Verdacht hat, dass Ängste und Angstabwehr im Spiel sind. In diesem Fall ist die Arbeit an und mit den Ängsten vorrangig. Man muss in Gesprächen und Besprechungen ergründen, was der Anstoß dafür ist.
- Danach kann die **Arbeit wieder aufgenommen** werden, dann aber ohne verfälschende Abwehrbemühungen und sicherlich effektiver als zuvor (ähnlich Mrazek 2011, S. 48 ff.).

9 Beurteilung

9.1 Management by Results: Wer beurteilt wen?

Eine Beurteilung ist mitunter eine lästige, allseits unangenehme und konfliktträchtige Angelegenheit. Trotzdem hat sich die Einsicht durchgesetzt, dass Beurteilungen gute Dienste leisten.

- Beurteilungen werden in zunehmendem Maße in Tarifverträgen akzeptiert und berücksichtigt. Die **Tarifpartner**, also die Arbeitgeber, Arbeitgeberverbände und Gewerkschaften, fordern freilich Verfahren, die auf einheitlichen, objektiven Kriterien beruhen.
- Dieselbe Forderung erhebt der **Gesetzgeber** mit vielen Vorschriften, vor allem mit dem Allgemeinen Gleichbehandlungsgesetz, wonach Diskriminierungen aus Gründen der Rasse oder der ethnischen Herkunft, des Geschlechts, der Religion oder Weltanschauung, einer Behinderung, des Alters oder der sexuellen Identität zu verhindern oder zu beseitigen sind.
- Aufgrund von Beurteilungen stellt man fest, wie gut die Mitarbeiterinnen und Mitarbeiter ihre Arbeit an ihrem derzeitigen Arbeitsplatz erledigen, wer in der Lage ist, in absehbarer Zeit eine andere Arbeit zu übernehmen, welche Aktivitäten dafür gegebenenfalls erforderlich sind bzw. welchen Erfolg sie hatten. Darüber hinaus setzen viele **Unternehmen** leistungsbezogene Lohn- und Gehaltsbestandteile zur Förderung einer größeren Leistungsgerechtigkeit und zur Schaffung monetärer Leistungsanreize ein, und zwar auf der Grundlage von Beurteilungen. Allerdings muss man eingestehen, dass monetäre Leistungsanreize andere wichtige Ziele wie Kooperation und Arbeitsfreude gefährden können.
- Davon abgesehen eröffnen regelmäßige Beurteilungen den **Mitarbeiterinnen und Mitarbeitern** die Möglichkeit, ihre Leistungen und Fähigkeiten, Motive und Einstellungen sowie ihre Verdienstaussichten selbst besser einzuschätzen. Das ist nicht nur ein Ansporn zu einem bewussten Leistungsverhalten. Sie können ferner ihre Laufbahn danach ausrichten und ihre eigenen Ziele mit den Unternehmenszielen koordinieren.
- Und als **Führungskraft** ist man aufgrund von Beurteilung gezwungen, sich mit seiner Führungsaufgabe auseinanderzusetzen. Um für die Zukunft etwaige Missverständnisse und Missstände zu vermeiden, um auch im Vergleich mit anderen Führungskräften besser abzuschneiden, kann man sein Verhalten als Folge von Beurteilungen korrigieren.

Da offenbar die positiven Aspekte überwiegen, praktiziert man durchweg ein sogenanntes **Management by Results:** In der Regel setzt man auf Beurteilungen. Allerdings ist die Führungskraft nicht immer und in jedem Fall die Person, die andere Menschen beurteilt. Praktiziert werden auch die in Abb. 9.1 ersichtlichen Konstellationen (Becker 2013, S. 583 ff.).

Form	Beurteiler/innen	Beurteilte
Personalauswahl	Personalwesen, Führungskräfte, Betriebsrat, Kolleg/inn/en	Bewerber/innen
Selbstbeurteilung	Beschäftigte	Beschäftigte
Kollegenbeurteilung	Kollege/Kollegin	Kollege/Kollegin
Vorgesetztenbeurteilung	Mitarbeiter/innen	Führungskraft
Mitarbeiterbeurteilung	Führungskraft	Mitarbeiter/innen
Externe Beurteilung	Externe Fachleute	Beschäftigte, Bewerber/innen
360-Grad-Beurteilung	Alle Kontaktpersonen plus Selbstbeurteilung	Beschäftigte

Abb. 9.1: Zuständigkeiten bei Beurteilungen (Bröckermann 2021a, S. 169)

ÜBUNGSAUFGABE

Was halten Sie von 360-Grad-Beurteilungen? Welche Probleme können sie mit sich bringen?

Im Folgenden steht die Mitarbeiterbeurteilung im Fokus, mit deren Hilfe man als unmittelbare Führungskraft die Arbeitsleistung und das Arbeitsverhalten einer Mitarbeiterin bzw. eines Mitarbeiters kontrolliert und würdigt.

9.2 Beurteilungsprozess: Beobachten, beschreiben und bewerten

Eine Führungskraft ist angehalten, ihre Mitarbeiterinnen und Mitarbeiter angemessen und unparteiisch zu beurteilen. Das funktioniert erfahrungsgemäß am besten, wenn man der Richtschnur aus Abb. 9.2 folgt.

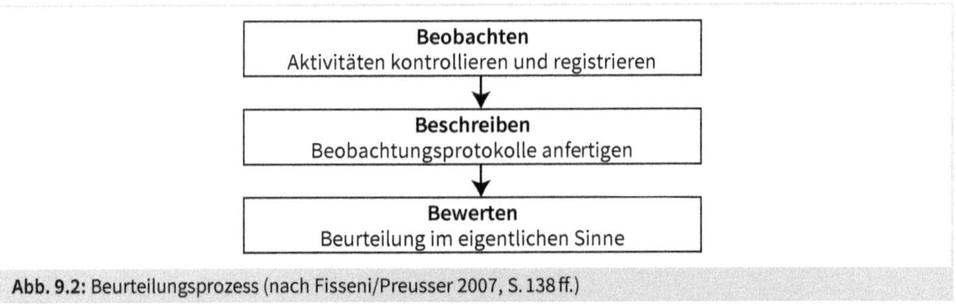

Abb. 9.2: Beurteilungsprozess (nach Fisseni/Preusser 2007, S. 138 ff.)

- Bei der **Beobachtung** tauscht sich die Führungskraft mit den Mitarbeiterinnen und Mitarbeitern, die zur Beurteilung anstehen, keinesfalls wechselseitig aus. Vielmehr kontrolliert und registriert sie ihre Aktivitäten, also beispielsweise ihre Arbeitsverrichtungen, ihre Reaktionen oder die Entstehung und Veränderungen ihrer Meinungen bei Diskussionen (Kiefer/Knebel 2004, S. 60 ff.).
  Für eine Beurteilung sind nicht alle Aktivitäten von Interesse. Die Beobachtung richtet sich auf die **regelmäßige** Arbeitsleistung und das regelmäßige Arbeitsverhalten. Durch die Beobachtung dürfen weder die Mitarbeiterinnen und Mitarbeiter zu einer intensiveren Arbeitsleistung als üblich veranlasst werden, noch darf es zu einem Versagen unter Stressbelastung kommen. Außerdem ist der Sinn der Beobachtung keineswegs eine systematische Fehlersuche. Positive und negative Erscheinungen sind gleichermaßen zu registrieren. Erst die spätere Gegenüberstellung einer Vielzahl von Einzelbeobachtungen erlaubt es, ein endgültiges Urteil zu fällen.
  Objektivität ist immer dann im Ansatz gewährleistet, wenn man die Vorgaben einhält, die der Beurteilungsbogen bzw. das Beurteilungsverfahren hinsichtlich der Fragen macht, in welcher Form, in welchem Turnus, was, wie differenziert, durch wen, bei wem, mit welchem Zeithorizont beobachtet werden soll. Aber auch bei Anwendung differenziertester Verfahren basieren sowohl die Beobachtung als auch der gesamte Beurteilungsvorgang letztlich auf subjektiven Wertungen.
- Die **Beschreibung** darf nicht mit der Bewertung verwechselt werden. Eine Beschreibung dient ausschließlich dazu, Ordnung in die Einzelbeobachtungen zu bringen (Mentzel 1997, S. 85).
  Für die Beobachtung bzw. die Beobachtungszeiträume sollen nämlich **Beobachtungsprotokolle** angefertigt werden. Sie verhindern, dass man die Beobachtungen später aus dem Gedächtnis reproduzieren muss. Bei diesem Abrufen aus dem Gedächtnis ist die Gefahr groß, dass wichtige Beobachtungsdetails falsch eingeschätzt oder vergessen werden. Gefordert sind eine möglichst wertungsfreie Wiedergabe der Beobachtungen und eine Systematisierung in Bezug auf die Beurteilungskriterien und -merkmale. Dadurch werden Tendenzen feststellbar, die eine Bewertung ermöglichen (Mentzel/Grotzfeld/Haub 2012, S. 191 ff.).
  In einem personalwirtschaftlich gut organisierten Unternehmen bekommt man als Führungskraft fallweise Auflistungen von **Beobachtungskriterien** mit verbalen Beschreibungen wie in Abb. 9.3.

Ausbildungsverhalten	
Einstellung zur Mitarbeit und Ausbildung	• Stellt die/der Auszubildende von sich aus Fragen, wenn ihr/ihm am Arbeitsplatz Arbeitsabläufe oder Zusammenhänge unklar sind? • …
Sorgfalt und Genauigkeit	• Vergisst die/der Auszubildende die ihr/ihm übertragenen Arbeiten auszuführen; kontrolliert sie/er unaufgefordert ihre/seine eigene Arbeit? • …

Lernverhalten und Lerngeschwindigkeit	• Benötigt die/der Auszubildende mehrmalige Erklärungen, bis sie/er den Sachverhalt verstanden hat; vergisst sie/er bereits Erklärtes? • …
Sozialverhalten	
Auftreten	• Vernachlässigt die/der Auszubildende ihr/sein Äußeres; passt sie/er ihr/sein Äußeres den jeweiligen Erfordernissen an? • …
Sprachliche Gewandtheit	• Ist die/der Auszubildende in der Lage, sich schriftlich verständlich auszudrücken, führen unklare Formulierungen oft zu Missverständnissen? • …
Verhalten gegenüber Mitarbeiterinnen und Mitarbeitern	• Zeigt die/der Auszubildende Bereitschaft zur Teamarbeit; übernimmt sie/er bei Zusammenarbeit mit anderen eine aktive, konstruktive Rolle? • ...
Ausbildungsergebnis	
Erworbene Kenntnisse und Fertigkeiten	• Hat die/der Auszubildende die im Ausbildungsrahmenplan vorgesehenen Kenntnisse und Fertigkeiten erworben? • …

Abb. 9.3: Beobachtungskriterien für Auszubildende (nach Knebel 1995, S. 48 f.)

Optimal ist es, wenn für jedes Beobachtungskriterium **Beobachtungsmerkmale** wie in Abb. 9.4 definiert sind.

Beobachtungskriterium	Inwieweit geht die Mitarbeiterin bzw. der Mitarbeiter auf die Bedürfnisse der Kundin bzw. des Kunden ein?
Beobachtungsmerkmale	Baut positive Atmosphäre auf Hört aktiv zu Hält Blickkontakt Achtet die Person der/des anderen Lässt die Kundin bzw. den Kunden ausreden Zeigt seinem Gesprächspartner Wertschätzung

Abb. 9.4: Beispiel für ein Beobachtungskriterium und zugeordnete Merkmale (nach Bröckermann 2021a, S. 105)

Wenn diese Werkzeuge nicht vorhanden sind, sollte die Führungskraft sie einfordern. Notfalls muss man sie selbst erstellen. Allerdings ist der Aufwand dafür recht hoch: Auf der Grundlage des Anforderungsprofils muss man Verhaltensweisen für typische Arbeitssituationen beschreiben, die Erfolg versprechend sind. Aus diesen Verhaltensweisen leitet man im Anschluss Beobachtungskriterien und -merkmale ab (Bröckermann 2021a, S. 103 ff.)

- Nur wer weiß, wie die Arbeit ausgeführt wird, kann die Erledigung durch die Mitarbeiterinnen und Mitarbeiter einschätzen. Deshalb ist es für die **Bewertung**, also die Beurteilung im eigentlichen Sinne unumgänglich, dass sich die Führungskraft den Arbeitsvollzug immer wieder erläutern lässt oder sogar zeitweilig selbst übernimmt, soweit sie dazu fachlich überhaupt in der Lage ist.
  Man muss demnach einen geeigneten **Beurteilungsmaßstab** an die systematisch beschriebenen Beobachtungen anlegen. Der Beurteilungsbogen leistet hier regelmäßig Hilfe für die Formulierung oder er fordert eine Kennzeichnung von Aussagen bzw. Erfüllungsgraden wie in Abb. 9.5 (Mentzel 2018, S. 82).

Leistungsmenge ist der quantitative Umfang der Arbeit	Beurteilungsmerkmal hat **geringe mittlere große** Bedeutung	min. → max. **1 2 3 4 5**
	Zutreffendes einkreisen	Punktzahl einkreisen

Abb. 9.5: Beispiel für einen Beurteilungsmaßstab (nach Mentzel 1997, S. 97)

Anders ist das nur bei den sogenannten freien Beurteilungen. Sie haben den Charakter eines Gutachtens, bei dem die Führungskraft frei entscheidet, was wichtig und erwähnenswert ist. Hier muss sie sich auf die Eignung für eine ganz bestimmte Arbeit konzentrieren und einen Vergleich zwischen dem beobachteten Verhalten und der Betriebsnorm ziehen (Bröckermann 2021a, S. 162, 179 f.).

ÜBUNGSAUFGABE

Beurteilen Sie Ihren Zahnarzt. Wie gehen Sie vor? Welche Probleme ergeben sich nahezu zwangsläufig bei dieser Beurteilung?

9.3 Beurteilungsgespräch: Kritisieren und loben

Jede Führungskraft muss sich verdeutlichen, dass alle Mitarbeiterinnen und Mitarbeiter, egal welcher Hierarchiestufe, verantwortungsbewusste, mündige Partnerinnen und Partner im Betrieb sind und auch als solche behandelt werden wollen. Folglich muss sie die Beurteilungsergebnisse mit den Beurteilten einzeln durchsprechen.

Die **Notwendigkeit und** die **Chancen** eines Beurteilungsgesprächs, das man auch als Kritikgespräch bezeichnet, hat auch der Gesetzgeber erkannt (Hossiep/Bittner/Berndt 2008, S. 35 ff.):

- § 81 des Betriebsverfassungsgesetzes legt die **Unterrichtungs- und Erörterungspflicht** des Arbeitgebers fest. Unter anderem besagt diese Vorschrift, dass man als Führungskraft mit den Mitarbeiterinnen und Mitarbeitern besprechen muss, wie ihre Kenntnisse und Fähigkeiten im Rahmen der betrieblichen Möglichkeiten den künftigen Anforderungen angepasst werden können.
- Nach § 82 des Betriebsverfassungsgesetzes können einzelne Mitarbeiterinnen und Mitarbeiter verlangen, dass mit ihnen die Beurteilung ihrer Leistung sowie die Möglichkeiten ihrer **beruflichen Entwicklung** im Betrieb erörtert werden.
- Nach § 83 des Betriebsverfassungsgesetzes haben die Mitarbeiterinnen und Mitarbeiter außerdem das Recht, Einsicht in ihre **Personalakte** zu nehmen. In aller Regel beinhaltet die Personalakte auch die Beurteilungen.
- In den §§ 84 bis 86 des Betriebsverfassungsgesetzes ist das **Beschwerderecht** geregelt. Mitarbeiterinnen und Mitarbeiter haben das Recht, sich bei den zuständigen Stellen, also auch den Führungskräften zu beschweren, wenn sie sich benachteiligt, ungerecht behandelt oder in sonstiger Weise beeinträchtigt fühlen.

Zu diesen Gesprächen können die Mitarbeiterinnen und Mitarbeiter ein Betriebsratsmitglied zur Unterstützung oder Vermittlung hinzuziehen.

Allein diese Rechtsvorschriften sind schon Grund genug für die Offenheit und Transparenz von Beurteilungen, die folglich mit einem **Beurteilungsgespräch** ausklingen sollten (Abb. 9.6).

Vorbereitung	Durchführung	Aufbereitung
• Termin und • Zeitrahmen festlegen • Einladen • Einschätzung seitens der/des Beurteilten anregen • Geeigneten Raum wählen • Atmosphäre herstellen • Beurteilung vergegenwärtigen	• Unter vier Augen • Begrüßung • Regeln: offen, aktiv, konzentriert, gezielt und verantwortlich kommunizieren, nicht immer sprechen, beruhigen und inspirieren, Willen zum Zuhören zeigen, Ablenkungen fernhalten, auf den Gesprächspartner einstellen, Geduld und Selbstbeherrschung, Fragen stellen • In Abschnitte aufteilen: Ermunterung, Zielorientierung, Befund, Rückäußerungen, Vereinbarungen • Verabschiedung	• Ergebnisse festhalten • Eigene Zusagen umsetzen • Kontrolle der Zusagen des Gesprächspartners

Abb. 9.6: Beurteilungsgespräch (Bröckermann 2021 a, S. 182)

Ein Beurteilungsgespräch muss gut **vorbereitet** werden, und zwar sowohl von der Beurteilerin bzw. dem Beurteiler, also im Rahmen der üblichen Mitarbeiterbeurteilung der unmittelbaren Führungskraft, wie auch von der bzw. dem Beurteilten.

- Die Beurteilten können sich nur dann vernünftig vorbereiten, wenn sie rechtzeitig, unter Umständen sogar schriftlich eingeladen wurden. Sie sollten sich ihre eigene Einschätzung ihrer Leistungen und Verhaltensweisen sowie ihre Erwartungen und Vorstellungen für die Zukunft vergegenwärtigen.
- Als Führungskraft fällt einem die Aufgabe zu, den Gesprächstermin festzulegen und die Einladung auszusprechen. Man muss genügend Zeit einplanen, das heißt in der Regel ungefähr eine halbe bis eine Stunde. Im Einzelfall kann auch wesentlich mehr Zeit notwendig sein. Schließlich ist ein geeigneter Raum auszuwählen, der es ermöglicht, das Gespräch frei von Störungen und unbeobachtet in einer angenehmen Atmosphäre zu führen. Vor allem muss man sich die Beurteilung selbst vor Augen führen und überlegen, welche Ergebnisse besonders wichtig sind und auf welche Details es dem Mitarbeiter besonders ankommen könnte (Kiefer/Knebel 2004, S. 108 ff.).

Um Vertraulichkeit und Offenheit zu gewährleisten, sollte das Gespräch nach Möglichkeit unter vier Augen **durchgeführt** werden, es sei denn, die bzw. der Beurteilte wünscht die Teilnahme eines Betriebsratsmitglieds. Bei Meinungsverschiedenheiten könnte die Führungskraft auf der nächsten Hierarchiestufe hinzugezogen werden. Besser wäre es jedoch, auch die Meinungsverschiedenheiten unter vier Augen zu klären. Das Beurteilungsgespräch soll auf gleicher Augenhöhe und mit der Absicht geführt werden, gemeinsam zu einem tragfähigen Ergebnis zu kommen. Trotzdem steuert man als Führungskraft den Gesprächsablauf, da man die Beurteilung verantwortet. Wie bei allen Gesprächen sollte man offen, aktiv, konzentriert, gezielt und verantwortlich kommunizieren, nicht immer sprechen, den Gesprächspartner inspirieren, den Willen zum Zuhören zeigen, Ablenkungen fernhalten, sich auf den Gesprächspartner einstellen, Geduld haben, die Selbstbeherrschung behalten und schließlich Fragen stellen. Um zu vermeiden, dass etwas vergessen wird, empfiehlt es sich, das Gespräch in Abschnitte aufzuteilen (ähnlich Kiefer/Knebel 2004, S. 117 ff.).

- Für die erste Phase, die **Ermunterung**, kann man voraussetzen, dass die bzw. der Beurteilte einerseits gespannt, andererseits oft angespannt oder gar verkrampft ist. Immerhin will sich ein anderer ein Urteil über die eigene Person erlauben, und nur selten wird das Bild, das man von sich selbst hat, mit dem der Führungskraft völlig übereinstimmen. Dem steht man zuweilen mit einer gewissen Hilflosigkeit und dem Gefühl des Ausgeliefertseins gegenüber. Eine Beurteilung kann jedoch nur dann Erfolg versprechen, wenn die Bereitschaft besteht, sich dem Verfahren zu unterziehen. Dann und nur dann kann man jemanden von der Notwendigkeit bestimmter Maßnahmen überzeugen. Deshalb ist es wichtig, von Anfang klarzustellen, dass es nicht um eine Verurteilung geht, sondern um die Vorbereitung auf die Zukunft. Man muss folglich eine Atmosphäre gewährleisten, die als freundlich, sachlich und entkrampft erlebt werden kann. Gleich zu Beginn des Gesprächs muss man einen möglichst positiven Kontakt aufbauen, und während des gesamten Ablaufs beibehalten, selbst wenn die Beurteilung einen negativen Tenor hat. Dieses Ziel erreicht man, indem man Fairness, Rücksicht und Gerechtigkeit gewährleistet. Das ist leichter gesagt als getan. Es mag aber schon helfen, wenn man nicht auf seine höhergestellte Position pocht und wenn man einen angenehmen Gesprächseinstieg findet.

- In der zweiten Phase, der **Zielorientierung**, versucht die Führungskraft einen Konsens über die letztmals festgesetzten Arbeitsinhalte und Ziele herzustellen. Dabei wird geklärt, welche Ziele erreicht wurden und welche leistungshemmenden oder leistungsfördernden Faktoren auftraten. Der bzw. dem Beurteilten soll klar werden, dass die Beurteilung kein Selbstzweck, sondern die Basis für die zukünftige Arbeit ist. Wenn dies erkannt und auch akzeptiert wurde, können auch negative Einzelurteile eher akzeptieren werden. Die beiden ersten Phasen werden regelmäßig nicht viel länger als fünf bis zehn Minuten dauern.
- Die dritte Phase, der **Befund**, beinhaltet die Information über die Beurteilungsergebnisse sowie die Erörterung der erbrachten Leistungen und der gezeigten Verhaltensweisen anhand der einzelnen Beurteilungskriterien. Hier geht es einerseits um Anerkennung und Bestätigung guter Leistungen und geschätzter Verhaltensweisen, andererseits um Kritik und Ursachenforschung angesichts ungenügender Leistungen und bemängelter Verhaltensweisen. Dabei ist man gehalten, nicht in einen Monolog zu verfallen, sondern Stärken und Schwächen zu diskutieren. Zur Orientierung sollte man das Gesamturteil vorab mitteilen und die Arbeitsschwerpunkte, Probleme und Ergebnisse im Beurteilungszeitraum hervorheben. Bei der Besprechung der Beurteilungskriterien und -merkmale ist es angeraten, alle für die Beurteilung relevanten Tatsachen als Begründung anzuführen. Dabei sollte jedes Beurteilungskriterium und -merkmal einzeln durchgesprochen werden, da ansonsten positive oder negative Einzelaspekte verloren gehen könnten. Eine wichtige Entscheidung besteht darin, auf welche Beurteilungsinhalte Akzente gesetzt werden, denn es gibt durchaus Fälle, wo der Ausbau der Stärken aufs Ganze gesehen wichtiger ist als die Kritik an Schwächen. Je mehr jemand in einem Gespräch kritisiert wird, desto geringer wird sein Selbstwertgefühl, desto größer wird unter Umständen die Abwehrhaltung und desto schwächer kann sich die Leistung nach dem Gespräch darstellen. Deshalb sollte man nicht unbedingt der Reihenfolge im Beurteilungsbogen folgen, sondern vom Allgemeinen zum Speziellen, von den wichtigen zu den weniger wichtigen und von den gut beurteilten zu den schlecht beurteilten Kriterien und Merkmalen übergehen. Bei Letzteren kann man gegebenenfalls gleich auf Förderungs- und Entwicklungschancen oder andere Verbesserungsmöglichkeiten zu sprechen kommen. Verbesserungen gegenüber der letzten Beurteilung sollten stark hervorgehoben werden. Gegebenenfalls sind eine oder im Verlaufe des Gesprächs auch mehrere Zusammenfassungen in Form von Soll-Ist-Vergleichen oder Stärken-Schwächen-Analysen angebracht. Bei alledem muss man sich vergegenwärtigen, dass man nicht die Person beurteilt, sondern ihre Leistungen und ihr Verhalten.
- Gewiss sollte ein Beurteilungsgespräch erst geführt werden, wenn man als Führungskraft zu einem sicheren Urteil gekommen ist. Dennoch sollte die bzw. der Beurteilte genügend Gelegenheit für Zwischenfragen, Ergänzungen und auch Korrekturen haben. Die Führungskraft muss nachdrücklich dazu auffordern, sich zu Wort zu melden. Daran knüpft die vierte Phase an, die Phase der **Rückäußerungen**. Hier kann man wichtige Informationen über Ursachen, aber auch Motive und Möglichkeiten erhalten, die neue oder ergänzende Einsichten verschaffen. Bestenfalls wird das Gespräch nun ständig zwischen Befund und Rückäußerung hin und her schwingen. Gerade durch die Möglichkeit, bei einer unangemessenen Beurteilung gegebenenfalls direkt Widerspruch einlegen zu können, werden die Ak-

zeptanz und Glaubwürdigkeit der Beurteilungsergebnisse erhöht. Deshalb sollte man als Führungskraft das Urteil revidieren, falls es sich wider Erwarten im Verlauf der Rückäußerungen zeigt, dass etwas unzutreffend beurteilt wurde. Andererseits dürfen kontroverse Beurteilungen nicht durch Kompromissversuche ausgeglichen werden. In diesem Fall ist es eher angezeigt, der bzw. dem Beurteilten Zeit zum Nachdenken zu geben und das Angebot eines erneuten Gesprächs zu machen.

- Das Beurteilungsgespräch sollte, wenn eben möglich, nicht disharmonisch, sondern mit neuen Zielen und Perspektiven enden. So werden in der fünften und letzten Phase Schlussfolgerungen gezogen und **Vereinbarungen** getroffen, die die Entfaltung auf dem bestehenden Arbeitsplatz und die Festlegung künftiger Arbeitsgebiete realistisch thematisieren. Hier kann das Beurteilungsgespräch zu einem Zielvereinbarungsgespräch werden. Ferner sollten Verbesserungs- und Förderungsmöglichkeiten angesprochen werden, gegebenenfalls durch Maßnahmen der Personalentwicklung. Diesen Aspekt bezeichnet man als Beratungs- und Fördergespräch. Selbst wenn die Beurteilung in vielen Punkten negativ ist, kann die Führungskraft die bzw. den Beurteilten auf diesem Weg bei der Erledigung der Arbeit unterstützen und ihr bzw. ihm Hilfestellung bei der Überwindung von Schwierigkeiten geben. Man darf nichts versprechen, was nicht eingehalten werden kann. Eine Entgelterhöhung oder Maßnahmen der Personalentwicklung müssen beispielsweise in aller Regel zunächst mit dem Personalwesen abgesprochen werden. Die festgelegten Maßnahmen können in die Zielvereinbarungen aufgenommenen werden und sind so bei der nächsten Beurteilung leichter zu überprüfen. Abschließend sollte die Führungskraft die Überzeugung äußern, dass bei der nächsten Beurteilung gleichermaßen erfreuliche oder, falls notwendig, bessere Ergebnisse besprochen werden. Besteht hingegen keine Hoffnung auf Besserung, muss eine Trennung in Erwägung gezogen werden.

Im Sinne einer fundierten **Aufbereitung** müssen die im Beurteilungsgespräch erzielten Ergebnisse dokumentiert werden. Dabei ist jeweils eine situationsadäquate, in dem betreffenden Unternehmen übliche Form zu wählen. Durchweg erhalten die Beteiligten je eine Ausfertigung des von ihnen nach Beendigung des Gesprächs unterschriebenen Beurteilungsbogens. Das Original wird der Personalakte beigefügt. Ferner muss die Führungskraft, wie bei jedem Gespräch, die eigenen Zusagen umgehend umsetzen und für die Kontrolle der Zusagen des Gesprächspartners sorgen.

ÜBUNGSAUFGABE

Wann haben Sie zum letzten Mal einen Menschen gelobt, der Ihnen nahesteht, etwa ein Familienmitglied oder jemanden aus Ihrem Freundeskreis. Was haben Sie gesagt?

Es wird vielfach beklagt, Führungskräfte sprächen bereitwillig über unbefriedigende Leistungen und übten schnell Kritik, hielten sich aber mit Anerkennung sehr zurück. Laut der »EY Jobstudie 2019«, für die vom Beratungs- und Wirtschaftsprüfungsunternehmen Ernst & Young

1.510 Beschäftigte in Deutschland repräsentativ befragt wurden, empfinden sogar 40 Prozent der Beschäftigten ihre Arbeit nicht als ausreichend gewürdigt (Simon/Heinen 2019, S. 11).

Dabei ist jede Anerkennung ein Ansporn, also ein motivierender Anreiz. Als Führungskraft sollte man folglich keinesfalls das **Lob** vergessen, eine spezielle Ausprägung des Beurteilungsgesprächs, die nicht an ein formalisiertes Verfahren geknüpft sein muss (Abb. 9.7).

Vorbereitung	Durchführung	Aufbereitung
• Atmosphäre herstellen • Gründe vergegenwärtigen	• Zeitnah kurz und bündig ausschließlich positive Aspekte thematisieren • Regeln: offen, aktiv, konzentriert, gezielt und verantwortlich kommunizieren, Ablenkungen fernhalten	• Ergebnisse festhalten • Eigene Zusagen umsetzen

Abb. 9.7: Lob (eigene Darstellung)

Ein Lob kann sich ganz allgemein auf die Person beziehen. Die Führungskraft muss aber bedenken, dass sie damit eine hohe Erwartungshaltung provoziert. Davon abgesehen thematisiert ein Lob kurz und bündig ausschließlich positive Aspekte: »Ich freue mich, dass Sie mit Ihren Überstunden den Kundenauftrag gerettet haben.« Längliche Lobeshymnen sind den Betroffenen eher peinlich. Man erwartet vielmehr, dass besonderer Einsatz als solcher wahrgenommen und kurz thematisiert wird. Das Lob ist im Kern ein Beurteilungsgespräch, denn es hat einen Vergleich von erwartetem Verhalten oder Leistungen einerseits und tatsächlichem Verhalten bzw. Leistungsergebnissen andererseits zum Inhalt. Die weiter oben angesprochenen Empfehlungen gelten aber nur sehr eingeschränkt. Ein Lob kann unvermittelt und sollte zeitnah erfolgen. Eine gute Gesprächsatmosphäre ist wichtig, aber ein Lob kann man auch vor anderen aussprechen. Zuweilen ist das sogar wirkungsvoller als ein Lob unter vier Augen. Man sollte sich auf seinen Gesprächspartner einstellen, offen, aktiv, konzentriert, gezielt und verantwortlich kommunizieren und Ablenkungen fernhalten. Vereinbarungen für die Zukunft und deren Kontrolle sind hingegen zu vernachlässigen, aber keinesfalls die Dokumentation und die Umsetzung etwaiger eigener Zusagen (Winkler/Hofbauer 2010, S. 21 ff.).

9.4 Ein anderes Feedback: Jour fixe und Jahresgespräch

Beurteilungen sind regelmäßig mit **Problemen** behaftet (Ulmer 2000, S. 57 ff.).

- Mit Beurteilungskriterien und Noten lässt sich die menschliche Persönlichkeit nicht annähernd erfassen. Das gilt auch für die Arbeitsleistung, die jemand vor dem Hintergrund seines persönlichen Potenzials und seiner momentanen Lebenssituation erbringt.

- Um nur ja keine Leistungsfacette zu übersehen, sind Beurteilungssysteme häufig mit einer Vielzahl von Beurteilungskriterien und -stufen überfrachtet. So kommt es zu Überschneidungen und damit zu Doppelbewertungen.
- Mit der Zeit ergibt sich unaufhaltsam eine Konzentration um den Mittelwert, weil Mitarbeiter mit dauerhaft schlechten Leistungen versetzt oder entlassen und solche mit dauerhaft guten Leistungen befördert werden, bis sie im Vergleich zu ihresgleichen ebenfalls zur Mitte wandern. So unterscheiden sich die Beurteilungswerte aller Mitarbeiter früher oder später nur noch durch Kommawerte, und die Beurteilungsgespräche verlieren ihren Bezugspunkt.
- Selbst die intensivsten Vorbereitungen und die ausgefeiltesten Beurteilungsverfahren schließen Fehler nicht gänzlich aus. Fehlerhafte Beurteilungen haben falsche, manchmal schwerwiegende Entscheidungen und Konflikte aufgrund dauerhaft gestörter Beziehungen zur Folge.
- Die Beschreibung der Beobachtungen und die Formulierung einer Beurteilung setzen einen Zeitbedarf von durchschnittlich ein bis zwei Stunden voraus. Dazu kommt noch das Beurteilungsgespräch, das mindestens eine halbe bis eine Stunde in Anspruch nimmt. Regelmäßige Beurteilungen bedeuten folglich eine wesentliche Arbeitsbelastung.
- Zu guter Letzt lässt die Telearbeit, die immer mehr an Boden gewinnt, eine verhaltensorientierte Beurteilung kaum zu. Hier kommt fast nur eine Kontrolle, ob und inwiefern die Ziele erreicht wurden, in Betracht.

Aus dieser Kritik kann man allerdings nicht schließen, dass man auf jegliche Beurteilung verzichten kann. Die Mitarbeiterinnen und Mitarbeiter benötigen ein Feedback, das heißt Hinweise auf ihr Verhalten, ihre Stärken und Schwächen. Und als Führungskraft muss man einschätzen, ob und welche leistungsbezogenen Entgelte und Personalentwicklungsmaßnahmen angebracht sind. Deshalb sollte man bedenken, ob man auf komplizierte, detaillierte Beurteilungen verzichten und sie durch das Management by Objectives und vor allem auf Gespräche und Besprechungen ersetzen kann. Als einzelne Führungskraft wird man das kaum umsetzen, aber anregen können (Sprenger 2001, S. 80 ff.).

Ein Rückgriff auf das sogenannte Johari-Fenster, benannt nach den Vornamen der Urheber *Joseph Luft* und *Harry Ingham*, unterstreicht die Bedeutsamkeit des Feedbacks. *Luft* und *Ingham* fordern, dass Menschen sich wechselseitig Rückmeldung, also ein **Feedback**, geben, um die Selbst- und Fremdwahrnehmung zu korrigieren (Abb. 9.8, Luft 1971, S. 22 ff.).

	Dem Selbst bekannt	Dem Selbst nicht bekannt
Anderen bekannt	I Bereich der freien Aktivität	II Bereich des blinden Flecks
Anderen nicht bekannt	III Bereich des Vermeidens oder Verbergens	IV Bereich der unbekannten Aktivität

Abb. 9.8: Johari-Fenster (nach Luft 1971 S. 22)

In vier Quadranten beschreiben sie das Bewusstsein für unterschiedliche Verhaltensbereiche eines Menschen:

I Mit dem Bereich der **freien Aktivität** sind die öffentlich zugänglichen Sachverhalte und Tatsachen gemeint. Das Verhalten ist uns selbst bewusst und für andere wahrnehmbar.

II Im Bereich des **blinden Flecks** ist das Verhalten für andere sichtbar und erkennbar, uns selbst jedoch nicht bewusst. Es handelt sich also um Verdrängtes und Gewohnheiten.

III Der Bereich des **Vermeidens oder Verbergens** beinhaltet das, was wir selbst wissen, aber anderen nicht offenbaren, also das »Private«.

IV Mit dem Bereich der **unbekannten Aktivität** ist das Unterbewusstsein angesprochen, das weder wir selbst noch andere kennen.

ÜBUNGSAUFGABE

Bitte machen Sie sich je ein persönliches Beispiel für die Quadranten I, II und III des Johari-Fensters bewusst, also eine Ihrer Verhaltensweisen, die Sie und andere kennen, eine Verhaltensweise aus Ihrem blinden Fleck, von der man Ihnen berichtet hat, und etwas, das Sie anderen nicht offenbaren.

Bei Menschen, die sich kaum kennen, ist der Bereich der freien Aktivität naturgemäß sehr klein. Erst nach und nach wächst die Bereitschaft zu mehr Offenheit. Durch Feedback wird der Bereich des Vermeidens oder Verbergens kleiner und der blinde Fleck schrumpft. Das ist die beste Voraussetzung dafür, das Selbstbild, das nicht in allen Aspekten der Realität entspricht, zu korrigieren (Abb. 9.9).

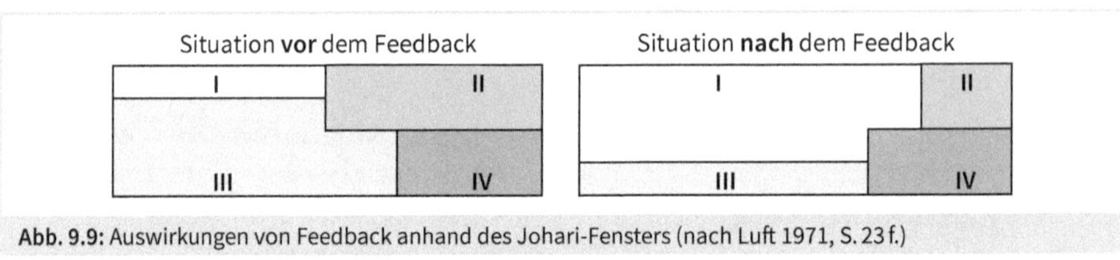

Abb. 9.9: Auswirkungen von Feedback anhand des Johari-Fensters (nach Luft 1971, S. 23 f.)

Als Führungskraft sollte man deshalb einerseits durch das Feedback, das man den Mitarbeiterinnen und Mitarbeitern gibt, andererseits durch das Feedback, das man von ihnen einfordert, eine **Vertrautheit** schaffen, die hilft, sich selbst und die Mitarbeiterinnen und Mitarbeiter besser zu verstehen.

Folglich können gut vorbereitete und mit Bedacht geführte Mitarbeitergespräche und Besprechungen ein Beurteilungssystem mit Kriterien, Merkmalen, Gewichtungen, Faktoren, Punkten und Werten durchaus ersetzen, und mithin als Beurteilungen fungieren. Besonders bewährt hat sich auch in diesem Zusammenhang ein **Jour fixe**, eine turnusmäßige Mitarbeiterbesprechung an einem bestimmten Wochentag zu einer festen Stunde innerhalb der Arbeitszeit. In dieser Besprechung kann man – neben anderen Themen – Stärken, Schwächen und Verhaltensweisen ansprechen, die die gesamte Abteilung etwas angehen. In der Folge müssen sie einerseits durch spontane, offene Gespräche und andererseits regelmäßige **Jahresgespräche** mit jeder Mitarbeiterin und jedem Mitarbeiter ergänzt werden. Allerdings muss man als Führungskraft dabei mit Bedacht vorgehen. Auch eine ehrliche Rückmeldung kann verletzend sein. Insofern sei auf die Ausführungen zum Beurteilungsgespräch verwiesen. Mögliche Fragen für das Jahresgespräch sind in Abb. 9.10 aufgelistet.

- Was gefällt Ihnen hier, was nicht, was ärgert Sie?
- Was möchten Sie geändert sehen?
- Welche Arbeit würden Sie lieber abgeben und wohin?
- Welche Arbeit möchten Sie übernehmen und von wem?
- Wohin möchten Sie sich entwickeln?
- Welche Ihrer Begabungen werden hier nicht genutzt?
- Wo fühlen Sie sich überfordert?
- Welche Aus-, Fort- oder Weiterbildung würde Sie interessieren?
- Welche Aus-, Fort- oder Weiterbildung benötigen Sie dringend?
- Was erwarten Sie von mir?
- Über was möchten Sie sonst noch sprechen?

Abb. 9.10: Fragen im Jahresgespräch (nach Mentzel/Grotzfeld/Haub 2012, S. 70 f.)

9.5 Wahrnehmungsverzerrungen: Bewusste und unbewusste Faktoren

ÜBUNGSAUFGABE

Der Urlaub und das Wochenende sind oft subjektiv viel zu schnell vorbei, obwohl die Woche immer sieben Tage und der Tag immer 24 Stunden hat. Warum scheint die schöne Zeit schneller zu vergehen?

Bei Beurteilungen ist man immer auf die eigene Wahrnehmung angewiesen, und die kann gründlich in die Irre führen. Man unterliegt einer Reihe von subjektiven Einflüssen, die dazu führen, dass man bestimmte Aspekte stärker oder verfremdet betrachtet und andere eher ausblendet. So entstehen Fehleinschätzungen, die man als **Wahrnehmungsverzerrungen** bezeichnen kann (Abb. 9.11, Kiefer/Knebel 2004, S. 82 ff.).

Intrapersonelle Einflüsse	Interpersonelle Einflüsse	Situative Faktoren	Vorbereitung + Durchführung
• Selektive Wahrnehmung • Vorurteile und Vermutungen • Statusfehler • Wertesystem und Projektion • Beurteilertypen • Egoismen	• Sympathie und Antipathie • Erster Eindruck • Kontakt-Effekt • Halo-Effekt • Übertragungsfehler • Reihenfolge-Effekt • Andorra-Phänomen • Dominanz	• Gegenwärtige Situation • Augenblickliche Rolle	• Erfahrung unzureichend • Kriterien unbestimmt

Abb. 9.11: Wahrnehmungsverzerrungen (eigene Darstellung)

Intrapersonelle Einflüsse kann man auf die beteiligten Personen zurückführen.

- Aufgrund der persönlichen Situation, der eigenen Interessen, Einstellungen und Bedürfnisse tendieren die Menschen bewusst oder unbewusst dazu, aus der Vielzahl der Informationen nur einen begrenzten Ausschnitt auszuwählen und diese wenigen Informationen zur Grundlage des Urteils zu machen. Eine bewusste **selektive Wahrnehmung** praktiziert etwa ein Förderer einer Person, der deren Vorzüge und zugleich die Nachteile der Konkurrenten hervorhebt. Ein Beispiel für eine unbewusste selektive Wahrnehmung gibt Orgon in der Komödie Tartuffe, der den Titelhelden, einen frömmelnden Heuchler, lieb gewonnen hat und wider alle berechtigten Einwände als »armen Mann« bezeichnet.
- Da Beurteilerinnen bzw. Beurteiler kaum alle Fakten und Zusammenhänge kennen, sind sie auf Annahmen angewiesen. Wenn solche Annahmen jedoch die realen Fakten und Zusammenhänge überdecken, bezeichnet man sie als **Vorurteile und Vermutungen**. Sie beruhen auf eigenen Persönlichkeitstheorien, positiven oder negativen Erfahrungen mit anderen Personen, die man als ähnlich einschätzt, bereits vorliegenden Urteilen oder der kritiklosen Übernahme der Aussagen Dritter bzw. der herrschenden Meinung. Man versäumt es, eine tatsächliche Analyse vorzunehmen, wenn man etwa vom Namen seines Gegenübers, seiner Sprachgewandtheit oder seines Akzents auf seine Nationalität und darüber auf seine Intelligenz und Leistungsfähigkeit schließt.
- Ein **Statusfehler** liegt vor, wenn Personen, die bereits zu Rang und Namen gekommen sind, allein aufgrund dieser Tatsache tendenziell besser angesehen werden. Ein Statusfehler ist ebenfalls zu verzeichnen, wenn jemand nur deshalb schlechter eingeschätzt wird, weil er seit längerer Zeit keine beruflichen oder persönlichen Fortschritte gemacht hat.
- Bei einer Beurteilung können Menschen ferner durch das persönliche **Wertesystem**, das heißt eine **Projektion**, zu einer Fehleinschätzung der anderen kommen. In diesem Fall übertragen sie Eigenschaften, Vorstellungen und Erwartungen, die sie bei sich selbst wahrnehmen, ungeprüft auf andere. Dadurch wird jeder Ansatz verhindert, sich in die Lage des anderen zu versetzen und gezielt auf ihn einzugehen. Beispielsweise sollte maßgeblich für

eine Beurteilung nicht die eigene, vielleicht besonders hervorragende Leistungsfähigkeit sein, sondern die Leistungsfähigkeit eines durchschnittlichen Menschen.

- Ganz ähnlich verhält es sich mit der Grundeinstellung in Bezug auf andere Menschen. Man kennzeichnet diese Grundeinstellung anhand von **Beurteilertypen**. Der objektive Beurteilertyp wägt ab und scheut sich nicht, wo es angebracht ist, die besten oder die schlechtesten Urteile abzugeben. Der nachsichtige Beurteilertyp setzt die Anforderungen zu niedrig oder er hat nicht den Mut, Schwächere schlechter zu beurteilen. Der scharfe Beurteilertyp hält gute Leistungen für selbstverständlich, sodass bei ihm mittlere und schlechte Beurteilungen vorherrschen. Der vorsichtige Beurteilertyp legt sich nicht fest. Daher tendieren seine Urteile deutlich zur Mitte. Der extreme Beurteilertyp tendiert zu positiven und negativen Extremwerten. Er kennt nur wenige durchschnittliche Beurteilungen (Lohaus 2009, S. 37 ff.).
- **Egoismen** können die Einschätzung von Personen zur Farce machen. Die Ursachen liegen vornehmlich im intra-, aber auch im interpersonellen Bereich. Es handelt sich zum Beispiel um Begünstigungsabsichten, die sogenannte Protektion, Schädigungsabsichten, Rache und Vergeltungssucht sowie eigene Schwächen, die durch bewusstes Abwerten anderer Personen vertuscht werden sollen.

Die Beziehungen zwischen den Beteiligten, die **interpersonellen Einflüsse**, können ebenfalls die Wahrnehmung verzerren.

- Interpersonelle Einflüsse machen sich häufig als **Sympathie und Antipathie** bemerkbar. Sie wirken aus dem Unbewussten auf das Urteil ein und lassen sich nie völlig ausschließen.
- Bedeutsam ist auch der **erste Eindruck**, der Primacy-Effekt. Wer einen fremden Menschen kennenlernt, begibt sich auf unbekanntes Terrain und sucht nach Ähnlichkeiten, um einen Überblick zu gewinnen und um sich Sicherheit in einer unsicheren Situation zu verschaffen. Menschen neigen also ganz allgemein dazu, sich von einem anderen in relativ kurzer Zeit, nach dem ersten Eindruck eben, eine positive oder negative Vorstellung zu machen und an dieser Vorstellung, auch bei gegenteiliger Erfahrung, festzuhalten. Der erste Eindruck wird durch alle fünf Sinne, besonders aber durch das Aussehen, das gesprochene Wort, die Stimmlage, den Akzent, die Sprechgeschwindigkeit, die Haltung, die Gestik und die Mimik geprägt (Lohaus 2009, S. 43).
- Andererseits haben diverse Untersuchungen bewiesen, dass das Urteil über andere Menschen umso besser ausfällt, je öfter man Kontakt mit ihnen hatte. Dieser **Kontakt-Effekt** beruht wohl darauf, dass die zunächst Fremden durch häufigere Begegnungen vertrauter werden. Sie verlieren mithin ihre zu Beginn leicht beängstigende Fremdheit. Das kann zwar einen negativen ersten Eindruck abmildern, ihn aber nicht ins Gegenteil verkehren.
- Hinter dem **Halo-Effekt**, auch als Kategorisierung bekannt, steht gleichfalls die Tendenz, unbewusst aus wenigen anfänglichen Beobachtungen ein hypothetisches Gesamtbild zu konstruieren. Von einer einzelnen, auffallend guten oder schlechten Verhaltensweise oder

Äußerung schließt man auf den gesamten Menschen. Deshalb die Benennung dieses Effekts nach dem altgriechische Wort Halo, das den Hof um eine Lichtquelle bezeichnet: Ins Auge fällt nur die Lichtquelle (Lohaus 2009, S. 42 f.).
- Der **Übertragungsfehler** bzw. das Einfrieren resultiert aus früheren Erfahrungen und Erlebnissen. Die einmal eingeprägte Verhaltensweise kann nur sehr schwer revidiert werden. Wenn jemand zuvor Versprechen und Zusagen nicht eingehalten hat, wird man ihm Misstrauen entgegenbringen. Nur eine Aussprache kann die Unvoreingenommenheit wiederherstellen.
- Ein weiterer interpersoneller Einfluss macht sich als **Reihenfolge-Effekt** bemerkbar. Damit ist das Phänomen angesprochen, dass Urteile nicht in Bezug auf absolute Dimensionen getroffen werden, sondern in Bezug auf andere Personen. Im Ergebnis werden Menschen besser beurteilt, wenn sie das Glück haben, an einem Tag vorzusprechen, an dem nur tendenziell weniger schätzenswerte Personen auftreten.
- Passt sich eine Person unbewusst der Vorstellung an, die sich ihr Gegenüber von ihr macht, spricht man von einer gegenseitigen Beeinflussung oder prägnanter vom **Andorra-Phänomen**, benannt nach einem Schauspiel von *Max Rudolf Frisch*. Der Betreffende schlüpft also in die Rolle, die sein Gegenüber von ihm erwartet. Spricht beispielsweise in Norddeutschland eine Rheinländerin vor, so erwartet man dort von ihr unter Umständen, sie möge eine fröhliche Karnevalistin sein. Diese Erwartungshaltung kann durch subtile Gesten und Bemerkungen ausgedrückt werden. Um gut anzukommen, geht sie möglicherweise auf die Erwartung ein und gibt sich fröhlicher, als sie in Wirklichkeit ist.
- Interpersonelle Einflüsse greifen aber auch, wenn mehrere Personen mit einer Beurteilung befasst sind. Da sie den Verlauf und das Ergebnis gemeinsam diskutieren, kann die bewusste oder unbewusste **Dominanz** einer dieser Personen zu einer Fehleinschätzung führen.

Zu den intra- und interpersonellen gesellen sich auch **situative Faktoren**, die zu Fehleinschätzungen führen können.
- Alle Beteiligten unterliegen den Einflüssen der **gegenwärtigen Situation**, die eine nachhaltige Wirkung haben. Ein Raum, der nur wenig Ruhe bietet oder zu heiß bzw. zu kalt ist, Kommunikationspartner, die nicht ganz bei der Sache zu sein scheinen und vieles andere mehr können beide Seiten aus der Ruhe bringen und das Urteil verfälschen.
- Einflüsse außerhalb der gegenwärtigen Situation entziehen sich oft gänzlich der Kenntnis, sind aber möglicherweise entscheidend. Wenn die Beteiligten aus einer gespannten privaten respektive beruflichen Atmosphäre kommen oder etwa erkältet sind, kann das nicht ohne Folgen auf ihr Verhalten und ihr Urteil bleiben. Man nimmt das Gegenüber aber trotzdem nur in der **augenblicklichen Rolle** bzw. Kommunikationssituation wahr und nicht beispielsweise als Witwer, der um seine Frau trauert. So können Verhaltensweisen und Äußerungen oft völlig missverstanden werden.

Letztlich können sich Wahrnehmungsverzerrungen aufgrund der mangelhaften Vorbereitung und Durchführung einer Beurteilung einschleichen. Hier kommen besonders
- eine unzureichende **Erfahrung** und
- unbestimmte **Kriterien** infrage.

9.6 Zerrbilder auflösen: Supervision, Feedback und Selbstbeurteilung

Lassen sich einige Einflüsse noch recht gut in Grenzen halten, beispielsweise durch die Bestimmung von Auswertungskriterien, Gesprächs- und Beurteilungserfahrung sowie eine angemessene Gesprächssituation, so sind andere, wie etwa Vorurteile, Sympathie und der erste Eindruck, nur schwer beherrschbar. Wahrnehmungsverzerrungen lassen sich deshalb niemals völlig vermeiden. Trotzdem muss eine Führungskraft daran arbeiten, Standpunkte nicht durch persönliche Verarbeitungsprozesse zu verzerren.

ÜBUNGSAUFGABE

In vielen Sportarten gibt es einen zweiten Schiedsrichter außerhalb des Spielfeldes. Das hat sich offenbar bewährt. Warum kommt es trotzdem manchmal immer noch zu Fehlentscheidungen?

Hilfreich ist es zweifellos, wenn man **nicht alleine beurteilt**. Das ist aber bei recht vielen Beurteilungsverfahren nicht vorgesehen. Außerdem wird eine Beurteilung durch mehrere Beteiligte immer noch nicht objektiv. Man macht sich bestenfalls auf den Weg zu mehr Objektivität. Eventuell spitzt man aber unbemerkt gemeinsame Vorurteile zu.

An sich ist die **Supervision** ein empfehlenswerter Weg, sich die größtenteils unbewussten Fehldeutungen zu verdeutlichen. Sie bezweckt nämlich eine distanzierte Selbstreflexion des beruflichen Alltags. Dafür braucht man eine in dieser Methode geschulte und geübte Person, die als Supervisorin bzw. Supervisor einen regelmäßigen Gesprächskontakt hält. Mit dieser Person spricht die Führungskraft über die Probleme, den möglichen Eigenanteil, die Arbeitsbeziehungen sowie die eigenen Erwartungen und die Erwartungen, die ihr entgegengebracht werden. Allerdings muss der Arbeitgeber Flagge zeigen, indem er die Kosten für die interne oder externe Supervision übernimmt, und das ist, außer im sozialen Bereich, nicht unbedingt üblich (Wegerich 2015, S. 52).

Wo Supervision nicht zur Verfügung steht, empfiehlt es sich, von Vertrauten ein **Feedback** einzuholen, die sowohl das Unternehmen als auch die praktizierte Beurteilung aus eigener Anschauung kennen. Das könnten Kolleginnen und Kollegen sein. Mit ihnen kann die Führungskraft ohne große Vorbehalte über Beurteilungen sprechen und mögliche Wahrnehmungsverzerrungen ergründen.

Und schließlich hilft eine **Selbstbeurteilung**, etwa in Form eines Fragebogens (Abb. 9.12, Crisand/Kramer/Schöne 2003, S. 19).

Selektive Wahrnehmung	
Welche Bemerkungen oder Gesten sind mir aufgefallen?	
Vorurteile und Vermutungen	
Kenne ich Personen, die ihr/ihm ähnlich sind?	
Welche Erfahrungen habe ich mit diesen Personen gemacht?	
Was denken andere Menschen über sie/ihn?	
Was halte ich generell von »Leuten wie ihr/ihm«?	
Statusfehler	
Welche Verdienste oder Mankos hat sie/er?	
Projektion	
Welche meiner Vorstellungen und Erwartungen erkenne oder vermisse ich bei ihr/ihm?	
Beurteilertypen	
Schätze ich andere Menschen eher nachsichtig, scharf, vorsichtig oder extrem ein?	
Egoismen	
Spielen bei meinem Urteil über sie/ihn persönliche oder private Interessen eine Rolle?	
Sympathie und Antipathie	
Kann ich sie/ihn gut oder schlecht leiden?	
Erster Eindruck	
Wann und wie habe sie/ich ihn kennengelernt?	
Welchen Eindruck hatte ich beim ersten Kennenlernen?	
Kontakt-Effekt	
Wie oft und wie lange stehe ich mit ihr/ihm in Kontakt?	
Halo-Effekt	
Was ist aus meiner Sicht typisch für sie/ihn?	
Übertragungsfehler	
Welche Erfahrungen habe ich früher mit ihr/ihm gemacht?	

Reihenfolge-Effekt	
Mit wem vergleiche ich sie/ihn, wie schätze ich diese Person ein?	
Andorra-Phänomen	
Was habe ich ursprünglich von ihr/ihm erwartet?	
Inwiefern hat sie/er meinen Erwartungen entsprochen?	
Dominanz	
Habe ich mich mit anderen abgestimmt, hat dabei eine/r das Ergebnis maßgeblich bestimmt?	
Gegenwärtige Situation	
In welcher Situation habe ich mit ihr/ihm gesprochen?	
Haben mich meine Lebens- und Arbeitsumstände beeinflusst?	
Augenblickliche Rolle	
Kenne ich ihre/seine Lebens- und Arbeitsumstände?	
Wann war sie/er zurückhaltend und wann zwanglos?	
Fazit	
Inwiefern könnte das, was ich den Antworten auf die obigen Fragen entnehme, meine Einschätzung beeinflusst haben?	

Abb. 9.12: Eigene Wahrnehmungsverzerrungen aufdecken (eigene Darstellung)

Die Fragen sollte man sich so ehrlich wie möglich selbst beantworten. Später kann man darüber entscheiden, ob man einem Vertrauten etwas offenbart, und wenn ja, dann Wahrnehmungsverzerrungen, die man immer wieder feststellt oder mit denen man besondere Mühe hat.

10 Selbstmanagement

10.1 Selbsteinschätzung: Perspektivwechsel

Eine Führungskraft kann andere nur dann gut führen, wenn sie zum **Selbstmanagement** in der Lage ist, das heißt, wenn sie sich selbst situationsangemessen steuern kann. Sie muss sich der Stärken und Schwächen eigener Denkweisen und Verhaltensmuster bewusst werden (Weibler 2016, S. 353).

Für diese **Selbsteinschätzung** hilft ein Perspektivwechsel, der einer Führungskraft nicht wirklich schwerfallen wird, denn als Führungskraft kennt man das, was in diesem Buch in den ersten neun Kapitel beschrieben und erläutert wird, von zwei Seiten.

- Zunächst war man ja nicht Zeit Lebens Führungskraft. Man, hat also als Mitarbeiterin oder Mitarbeiter **selbst erlebt, was es heißt, geführt zu werden**.
- Ferner ist man zumeist nicht nur Führungskraft einer Gruppe von Menschen, sondern zugleich Mitarbeiterin bzw. Mitarbeiter der Führungskraft einer höheren Hierarchieebene. Man ist »**in der Klemme**«, das heißt, man muss sich nicht nur mit dem auseinandersetzen, was die Gruppe einem anträgt, sondern auch mit dem, was die Führungskraft von einem verlangt, an die man selbst berichtet.
- Und schließlich beeinflusst man als Führungskraft nicht nur seine Mitarbeiterinnen und Mitarbeiter. Vielmehr **wird man von ihnen gleichfalls beeinflusst**, etwas zu tun oder unterlassen.

> ÜBUNGSAUFGABE
>
> Möglicherweise gehören Sie zu den Beifahrerinnen bzw. Beifahrern, die im Auto die Fahrerin bzw. den Fahrer immer wieder zurechtweisen. Bitte tauschen Sie einmal die Plätze und überprüfen Sie, ob Sie es tatsächlich besser machen.

Deshalb ist man gut beraten, sich die Erläuterungen der ersten neun Kapitel dieses Buchs noch einmal »durch eine andere Brille« anzusehen und sich dabei **Fragen** wie die folgenden zu stellen:

- Wie gehe ich mit der Informationsflut und mit Geheimhaltung um?
- Wie reagiere ich, wenn die Informationen, die ich bekomme, nicht gut aufbereitet sind?
- Wie komme ich mit den Informationsroutinen anderer zurecht?
- Wie verhalte ich mich in Gesprächen und Besprechungen, zu denen ich eingeladen werde?
- Wie wirkt meine Körpersprache auf andere?
- Was gebe ich im Gespräch bewusst und was gegebenenfalls unbewusst von mir preis?
- Dränge ich mich in der Kommunikation mit anderen in den Vordergrund oder halte ich mich zurück?
- Behandle ich meine Mitarbeiterinnen und Mitarbeiter wie Kinder und wie gehen andere mit mir um?

- Arbeite ich mit Anreizen, die mich ansprechen, oder bemühe ich mich, Anreize zu finden, die meine Mitarbeiterinnen und Mitarbeiter ansprechen?
- Welche Motive bewegen mich, was möchte ich erreichen?
- Wie bin ich in meiner Arbeit verwurzelt, in welcher Beziehung steht meine Arbeit zu meinen persönlichen Zielen?
- Warum arbeite ich mehr oder weniger intensiv in unterschiedlichen Arbeitsgebieten?
- Bin ich der Meinung, dass meine Arbeitssituation viele negative, aber auch positive Aspekte hat, und dass ich mich nicht über Gebühr einsetzen sollte? Was kann ich dagegen tun?
- Fühle ich mich ermattet oder krank, bin ich oft krank und kann das in meiner Arbeit begründet sein?
- Werden mir Ziele vorgegeben oder kann ich Ziele mit anderen Verantwortlichen abstimmen?
- Bin ich meinen Mitarbeiterinnen, Mitarbeitern und Vorgesetzten gegenüber loyal und sind sie es mir gegenüber?
- Welche Probleme ergeben sich bei meiner Personalplanung und wer unterstützt mich in welcher Weise bei der Lösung dieser Probleme?
- Ist meine Stellenbeschreibung stimmig?
- Welche Befugnisse habe ich und welche Verantwortung trage ich?
- In welcher Situation habe ich meine Macht ausgespielt, in welcher Situation war ich gehorsam?
- In welchen Situationen geht mir alles, verbunden mit einem Hochgefühl, wie selbstverständlich von der Hand?
- Wo und inwiefern entspricht meine Eignung den Anforderungen meiner Stelle und wo nicht?
- Muss ich meine Eignungsdefizite verstecken oder werde ich in Form von Aus-, Fort- und Weiterbildung unterstützt?
- Spiele ich bei der Nachfolgeplanung für attraktive Stellen eine Rolle, wenn nicht, was unternehme ich?
- Mit wem verstehe ich mich über die Grenzen meines Zuständigkeitsbereichs hinweg gut und welche Auswirkungen hat das auf meine Arbeit?
- Welche Rollen übernehme ich in Gruppen außerhalb meiner Arbeit und schlüpfe ich in meiner Arbeit zuweilen ungewollt in eine solche Rolle?
- Kann ich mit allen in meinem Umfeld auf Augenhöhe zusammenarbeiten?
- Wem in meinem beruflichen Umfeld kann ich nicht vertrauen und warum? Wie kann ich das ändern?
- Mit wem in meinem beruflichen Umfeld habe ich einen Konflikt und warum? Wie kann ich das ändern?
- Werde ich gemobbt oder kann es sein, dass jemand in meinem beruflichen Umfeld gemobbt wird und ich bislang nicht eingegriffen habe? Wie sollte ich mich jetzt verhalten?
- Wem in meinem beruflichen Umfeld bin ich besonders zugetan und wie verhalte ich mich richtig?
- Wovor habe ich Angst und mit wem kann ich darüber sprechen?
- Werde ich beurteilt und wie gehe ich mit Lob und Kritik um?

- Wie gehe ich speziell mit einer Vorgesetztenbeurteilung um? Bleiben meine Mitarbeiterinnen und Mitarbeiter dabei anonym?
- Werde ich aus meiner Sicht falsch wahrgenommen? Täusche ich mich bzw. wie kann ich die Wahrnehmungsverzerrung korrigieren?

10.2 Arbeitsorganisation: Effektive Personalführung

Auch für Führungskräfte gilt das, was *Mihály Csikszentmihályi* in seinen Befragungen geschildert wurde: Die Herausforderungen der zu bewältigenden Arbeit müssen den eigenen Fähigkeiten entsprechen. Auf diese an sich selbstverständliche Erkenntnis wird auch im Kapitel Delegation hingewiesen, dort aber mit dem Fingerzeig auf die Mitarbeiterinnen und Mitarbeiter. Aber auch eine Führungskraft möchte gerne, dass sich ein Flow-Erlebnis einstellt, das heißt das Hochgefühl, bei dem einem alles wie selbstverständlich von der Hand geht. Bei zu hohen Herausforderungen ist das erste Warnzeichen eine Beunruhigung. Bleibt die Herausforderung auf diesem hohen Niveau, und das ist bei Führungskräften nicht selten der Fall, wird aus der Beunruhigung **Stress** durch Überforderung (Abb. 6.8, Csikszentmihályi 2000, S. 59 ff.).

Dass dieser Stress nicht selten ist, zeigt der »Management Report« des Hernstein Instituts. Auf die Frage, was sie belastet und welche dieser Faktoren sie gerne verändern würden, gab knapp die Hälfte der 1.500 befragten Führungskräfte an, dass sie ihre Arbeitsmenge nicht oder nur teilweise planen und abschätzen können. Knapp 40 Prozent waren der Meinung, keine oder nur teilweise ausreichend Zeit für ihre Aufgaben zu haben, 44 Prozent verzichteten sogar ganz oder teilweise auf Pausen. 42 Prozent klagen über mangelnde Vereinbarkeit von Beruf und Privatleben (Hernstein 2016, S. 8).

Um den besagten Stress in Grenzen zu halten, gilt es, die eigene Arbeit zu organisieren. Bei dieser **Arbeitsorganisation** geht es vorrangig um die Effektivität und nicht um die Effizienz (*Blumenau/Windolph 2021, o. S.*):

- Die **Effektivität** zielt darauf ab, die richtigen Dinge zu tun, das heißt Maßnahmen zu ergreifen, die einen dem gesteckten Ziel näher bringen. Diese Zielorientierung ist der Maßstab der eigenen Arbeitsorganisation.
- Bei der **Effizienz** geht es darum, die Dinge richtig zu tun, also das eigene Handeln so zu optimieren, dass man das gewünschte Ziel auch möglichst schnell und mit wenig Aufwand erreicht. Diese Tätigkeitsorientierung steht hinter der eigenen Zeitplanung, von der später die Rede sein wird, denn zunächst muss man wissen, was man überhaupt tun muss, um ein Ziel zu erreichen, und erst dann bedenken, wie man das bestmöglich anstellt.

Die eigene Arbeitsorganisation kann die Führungskraft nur optimieren, wenn sie die anliegende Arbeit und die Art und Weise, wie sie diese bislang bewältigt, auf der Grundlage der besagten Selbsteinschätzung in Form einer **Selbstbeobachtung** analysiert (König/Kleinmann 2020, S. 174).

Man kann sich nicht ständig an alles erinnern. Deshalb muss man als Führungskraft möglichst viel in Dateien oder auf dem Papier schriftlich festhalten. Dabei darf man nicht die Übersicht verlieren. Die Aufbewahrung und Systematisierung relevanter Notizen bzw. ein Ablage- und Wiedervorlagesystem schaffen **Ordnung am Arbeitsplatz** (König/Kleinmann 2020, S. 177).

Ferner ist es notwendig, **Informationsroutinen** festzuschreiben, wie es im Kapitel Kommunikation erläutert wird. Den Menschen, mit denen man es zu tun hat, muss man vermitteln, wie man es mit den Informationskanälen und der Informationsdichte, der Erreichbarkeit und Abwesenheit, Unterschriften und Resonanz hält (Abb. 2.2, Lehky 2007, S. 180 ff.).

Ohne die Festlegung von **Zielen**, ohne **Planung**, ohne **Delegation** und ohne eine **Beurteilung**, ob und wie man die gesetzten Ziele erreicht hat, man spricht in diesem Zusammenhang von Führungscontrolling, kommt man als Führungskraft mit der eigenen Arbeit nicht zurande. Zu diesen Aspekten der Arbeitsorganisation geben die gleichnamigen Kapitel Auskunft.

Man kann die eigenen Vorsätze nicht immer in die Tat umsetzen. Im Gegenteil, man entscheidet sich öfter als vermutet spontan anders. Dagegen kann man sich wappnen, indem man sich zu einem relativ **frühen Zeitpunkt unwiderruflich festlegt** (König/Kleinmann 2020, S. 175 f.).

Dabei hilft eine **To-do-Liste**, also eine Übersicht darüber, was aktuell und in naher Zukunft ansteht (Berhe/Künzel 2021, o. S.).

Die To-do-Liste kann man durch die **Ivy-Lee-Methode**, so benannt nach dem Urheber *Ivy Ledbetter Lee*, präzisieren. Man notiert sechs wichtige Arbeiten, die aktuell erledigt werden müssen, sortiert sie nach Wichtigkeit und erledigt sie diszipliniert. Andere Arbeit ist nicht erlaubt. Erst wenn man die erste Position auf der Liste komplett erledigt hat, geht man die nächste an und so weiter. Wenn Arbeiten an einem Tag unerledigt bleiben, notiert man diese auf die Liste des nächsten Tages. Diese Liste wird wieder mit neuen Arbeiten ergänzt, sodass immer insgesamt sechs auf dem Zettel stehen (Vogt 2017, o. S.).

Auch wenn oft das Gegenteil behauptet wird, das Multitasking, das parallele Abarbeiten vieler Anliegen, ist oft nicht zielführend. Man sollte sich vielmehr möglichst **auf ein Anliegen konzentrieren** und alles nacheinander, aber jeweils ausgesprochen fokussiert erledigen, wie das mit der Ivy-Lee-Methode vorgegeben wird (König/Kleinmann 2020, S. 177).

ÜBUNGSAUFGABE

Sie sind alleine zu Hause. Das Telefon klingelt. Gleichzeitig klopft jemand an der Tür und der Wasserkessel pfeift. Was machen Sie?

Anlass zur Fokussierung gibt auch das **Pareto-Prinzip**, benannt nach *Vilfredo Frederico Pareto*. Demnach erzielt man mit 20 Prozent des Aufwandes 80 Prozent des Ergebnisses. Die restlichen

80 Prozent des Aufwandes verwendet man darauf, die fehlenden 20 Prozent des Ergebnisses zu erzielen. Allerdings ist es nicht direkt ersichtlich, welche 20 Prozent einen am weitesten bringen (Bellon 2021, o. S.).

Deshalb ist eine **Prioritätensetzung** unabdingbar, am einfachsten mit der **ABC-Methode**. Man weist den anliegenden Arbeiten drei unterschiedliche Prioritätenstufen zu, hoch, mittel oder niedrig (Vogt 2017, o. S.):

1. Priorität: Was muss heute oder diese Woche erledigt werden?
2. Priorität: Was soll erledigt werden?
3. Priorität: Was kann erledigt werden?

Detaillierter ist das Eisenhower-Prinzip, das auch im Rahmen der Delegation eine wichtige Rolle spielt (Abb. 6.1, Neuberger 2002, S. 485):

1. Priorität: Wichtige, dringliche Arbeit muss umgehend zur Erledigung vorgesehen werden. Zugleich muss man dafür sorgen, dass diese Konstellation nicht mehr auftritt.
2. Priorität: Entscheidungen für wichtige, aber nicht dringliche Arbeit kann man in Ruhe vorbereiten. Hier wird man jedoch festlegen, wann sie von wem erledigt werden soll.
3. Priorität: Dringliche, aber nicht wichtige Arbeit sollte man ganz in die Hände der Mitarbeiterinnen und Mitarbeiter legen und Unterstützung für den Fall anbieten, das sich inhaltliche oder terminliche Probleme ergeben.
4. Priorität: Weniger wichtige und weniger dringliche Arbeit kann man entweder, nachdem man alle Betroffenen informiert hat, fallen lassen oder zur Erledigung vorsehen, wenn die Kapazitäten das zulassen.

Man sollte aber nicht immer als Erstes die Arbeit mit der höchsten Priorität angehen. »**Eat the Frog**« lautet der überzeugende Vorschlag von *Brian Tracy*, der sich dabei auf ein Zitat des Schriftstellers *Mark Twain* bezieht. *Tracy* will damit sagen, dass man den Arbeitstag mit der unangenehmsten, »hässlichsten« Arbeit beginnen sollte, weil dann die Konzentration, Energie, Willenskraft und Motivation am höchsten sind und einen den Rest des Tages ein gutes Gefühl und der Gedanke begleitet, das Schwierigste bereits hinter sich zu haben (Bellon 2021, o. S.).

10.3 Zeitmanagement: Effiziente Personalführung

Wenn man andere führt, ist der Arbeitsalltag in der Regel recht vielfältig und unstetig. Leistungsverdichtung, Prozessbeschleunigung, Innovationsdruck, Personalabbau und dergleichen sorgen dafür, dass man als Führungskraft in besonderem Maße gezwungen ist, seine **Zeit rational** zu **nutzen** (Neuberger 2002, S. 485).

Während die Arbeitsorganisation vorrangig auf Effektivität ausgerichtet ist, geht es beim **Zeitmanagement** um Effizienz. Man will die gesteckten Ziele möglichst schnell und mit wenig Aufwand erreichen.

ÜBUNGSAUFGABE

Sie haben eine Urlaubsreise mit dem Auto geplant. Wie immer in der Urlaubszeit ist die Verkehrslage problematisch und im Detail unvorhersehbar. Sie müssen Ihr Urlaubsdomizil aber bis spätestens 18:00 Uhr übernehmen. Wie sieht Ihre Planung für die Anreise aus? Welche Einflussgrößen berücksichtigen Sie?

Am Anfang steht auch hier eine systematische Analyse. Man muss den Ist-Zustand beispielsweise in einem Stunden-, Tages- und Wochenprotokoll erheben, das heißt festhalten, woran man wann arbeitet. Am Ende dieser **Selbstbeobachtung** kann man feststellen, wie man sein Zeitmanagement ändern kann und soll (König/Kleinmann 2020, S. 174).

Es kann sich herausstellen, dass man immer wieder durch **Unterbrechungen** abgelenkt wird. Das ist bei Führungskräften eher die Regel als die Ausnahme. Dann muss man sich nicht nur vornehmen, sich nicht unterbrechen zu lassen, sondern im Voraus ungestörte, konzentrierte Stunden einplanen und tatsächlich einhalten, die man für wichtige, vor allem strategische Fragestellungen nutzt (König/Kleinmann 2020, S. 175 f.).

Diese Abschirmung ist eine Form der eigenen **Zeitplanung**, die viele weitere Aspekte hat. Sie erfolgt am besten in einem Raster mit zunehmender Verfeinerung: Jahres-, Monats-, Wochen- und Tagesplanung. Neben den althergebrachten Zeitplanern in Papierform ist dafür geeignete Software auf nahezu jedem mobilen Endgerät und für nahezu jede EDV-Umgebung verfügbar. Ferner können hier Zusatzinformationen wie Übersichten über Steuertermine, Schulferien und Feiertage dienlich sein (Holzbaur 2000, S. 117).

Es ist wichtig, den Tag nicht völlig zu verplanen, sondern **Zeitpuffer** vorzusehen, da immer etwas dazwischenkommen kann (Lieber 2017, S. 271).

Regelmäßige **Pausen** erhalten Leistungsfähigkeit. Die Daumenregel lautet, dass man nach ein bis zwei Stunden eine kleine Pause einlegen sollte (Berhe/Künzel 2021, o. S.).

Grundsätzlich sollte man **Zeitblöcke** schaffen, die am persönlichen Arbeitsrhythmus ausgerichtet sind. Bei größeren Projekten empfiehlt es sich, Meilensteine zu setzen, um Zwischenziele festzuhalten und erreichen zu können (Vogt 2017, o. S.).

Selbstverständlich ist auch das konkrete Terminieren der Zielerreichung notwendig. Es fällt Menschen aber im Allgemeinen recht schwer, die **Bearbeitungsdauer** realistisch einzuschätzen. Das gilt insbesondere für umfangreiche Projekte. In diesem Zusammenhang ist es hilfreich, von Anfang an mögliche Schwierigkeiten zu bedenken und sich möglichst viele Details ins Bewusstsein zu rufen. Ebenso nutzbringend ist es, sich zu fragen, wie lange andere brauchen und andere einschätzen zu lassen, wie lange man selbst braucht (König/Kleinmann 2020, S. 176).

Es bietet sich an, wichtige Anliegen zu einer Zeit zu erledigen, in der man über ein hohes Leistungspotenzial verfügt. Der biologische **Leistungsrhythmus** des Menschen ist in der Regel so beschaffen, dass man morgens gegen 9:30 Uhr und nachmittags gegen 16 Uhr das höchste Leistungspotenzial hat, gegen Mittag, am frühen Abend und ein bis zwei Stunden nach Mitternacht indessen das niedrigste. Im Wochenverlauf sind der Montag und der Freitag durch ein Leistungstief gekennzeichnet. Erst am Dienstag kommt man in ein Leistungshoch, das sich mit leichten Abschwächungen bis zum Donnerstag hält (Bröckermann 2021a, S. 150).

Die bereits an anderer Stelle erwähnte »EY Jobstudie 2019« ergab, dass die Vereinbarkeit von Beruf und Privatleben für 48 Prozent der Beschäftigten in Deutschland im eigenen Alltag schwieriger geworden ist (Simon/Heinen 2019, S. 17).

Im Rahmen der Zeitplanung muss man als Führungskraft folglich auch das eigene Gleichgewicht zwischen Arbeit und Freizeit, die sogenannte **Work-Life-Balance** sicherstellen. Ohne dieses Gleichgewicht kann man nicht dauerhaft leistungsfähig bleiben. Als wichtigste Instrumente gelten Arbeitszeitmodelle, die im Kapitel Planung aufgelistet sind. Sie bieten Gestaltungsräume für die individuelle und flexible Zeiteinteilung je nach Lebensphase und privatem Engagement (Abb. 5.12, Kirschten 2014, S. 17 ff.).

Manche Führungskräfte, oft die jüngeren, wollen gar keine strikte Trennung von Arbeit und Freizeit. Sie sind bereit, auch außerhalb der regulären Arbeitszeit zu arbeiten. Diese Führungskräfte sollten dann aber unbedingt durchsetzen, dass sie auch private Angelegenheiten während der Arbeitszeit abwickeln können. Diesen »Tauschhandel« nennt man **Work-Life-Blending** (Scholz 2018, S. 34 ff.).

Quellenverzeichnis

Adams 1963: Adams, J. S., »Towards an Understanding of Inequity«, in: Journal of Abnormal and Social Psychology, Volume 67/1963, S. 422 – 436.

AG Berlin 2015: Arbeitsgericht Berlin, »Liebschaften im Büro sind Privatsache«, in: Westdeutsche Zeitung vom 25.07.2015, S. 13.

Albs 2005: Albs, N., Wie man Mitarbeiter motiviert: Motivation und Motivationsförderung im Führungsalltag, Berlin 2005.

Andrzejewski 2002: Andrzejewski, L., »Die Angst des Vorgesetzten vor dem Trennungsgespräch«, in: Personalführung, Heft 06/2002, S. 76 – 84.

Aschauer 1970: Aschauer, E., Führung, Stuttgart 1970.

Badura/Münch 2014: Badura, B. und Münch, E., »Gesundheitsgerechte Organisationsentwicklung«, in: Schwuchow, K. und Gutmann, J. (Herausgeber), Personalentwicklung: Themen, Trends, Best Practices 2015, Freiburg 2014, S. 259 – 274.

Bandura 1976: Bandura, A., Lernen am Modell: Ansätze einer sozial-kognitiven Lerntheorie, Stuttgart 1976.

Bartscher/Huber 2007: Bartscher, T. und Huber, A., Praktische Personalwirtschaft: Eine praxisorientierte Einführung, 2. Auflage, Wiesbaden 2007.

Becker 2011: Becker, M., Systematische Personalentwicklung: Planung, Steuerung und Kontrolle im Funktionszyklus, 2. Auflage, Stuttgart 2011.

Becker 2013: Becker, M., Personalentwicklung: Bildung, Förderung und Organisationsentwicklung in Theorie und Praxis, 6. Auflage, Stuttgart 2013.

Becker/Beck/Herz 2012: Becker, M., Beck, A. und Herz, A., »Macht der Experten – Ohnmacht der Unternehmen?«, in: Personalführung, Heft 02/2012, S. 26 – 33.

Bellon 2021: Bellon, A., »Zeitmanagement-Methoden«, in: https://www.flowfinder.de/zeitmanagement-methoden/ vom 26.06.2021.

Berkel 2008: Berkel, K., Konflikttraining, 9. Auflage, Frankfurt am Main 2008.

Berne 1967: Berne, E., Games People play, New York 1967.

Berhe/Künzel 2021: Berhe, J. und Künzel, S., »Zehn Arbeitsorganisations-Tipps für Betriebsräte«, in: https://www.neue-betriebsraete.de/post/10-arbeitsorganisations-tipps-und-methoden-fuer-eine-optimale-arbeitsorganisation vom 26.06.2021

Berthel/Becker 2017: Berthel, J. und Becker, F. G., Personal-Management: Grundzüge für Konzeptionen betrieblicher Personalarbeit, 11. Auflage, Stuttgart 2017.

Bion 1971: Bion, W. R., Erfahrungen in Gruppen und andere Schriften, Stuttgart 1971.

Birkenbihl 1993: Birkenbihl, V. F., Das erfolgreiche Meeting, Landsberg 1993.

Blake/Shepard/Mouton 1964: Blake, R. R., Shepard, H. A. and Mouton, J. S., Managing Intergroup Conflict in Industry, Houston 1964.

Bleich/Paul 2013: Bleich, T. und Paul, C., »Entlohnung und Gerechtigkeit«, in: WISU: Das Wirtschaftsstudium, Heft 12/2013, S. 1525 – 1528.

Blessin/Wick 2017: Blessin, B. und Wick, A., Führen und führen lassen, 8. Auflage, Konstanz 2017.

Blumenau/Windolph 2021: Blumenau, A. und Windolph, A., »Effizienz – Effektivität«, in: https://projekte-leicht-gemacht.de/blog/definitionen/effizienz-effektivitaet/ vom 26.06.2021.

Blumenschein/Ehlers 2002: Blumenschein, A. und Ehlers, I. U., Ideen-Management: Wege zur strukturierten Kreativität, München 2002.

Bodenmann et al. 2004: Bodenmann, G., Perrez, M., Schär, M. u. Trepp A., Klassische Lerntheorien, 1. Auflage, Bern 2004.

Brandenburg/Nieder 2003: Brandenburg, U. und Nieder, P., Betriebliches Fehlzeiten-Management: Anwesenheit der Mitarbeiter erhöhen – Instrumente und Praxisbeispiele, Wiesbaden 2003.

Brandt 2007: Brandt, O., Das betriebliche Vorschlagswesen: Grenzen und Gestaltungspotenzial, München, Mering 2007.

Bröckermann 1989: Bröckermann, R., Führung und Angst, Frankfurt am Main, Bern, New York, Paris 1989.

Bröckermann 2009: Bröckermann, R., »Innere Kündigung«, in: Scholz, C., Vahlens Großes Personallexikon, München 2009, S. 500.

Bröckermann 2020: Bröckermann, R., »Onboarding«, in: Rosenstiel, L. von, Regnet, E. und Domsch, M. E. (Herausgeber), Führung von Mitarbeitern: Handbuch für erfolgreiches Personalmanagement, 8. Auflage, Stuttgart 2020, S. 227 – 236.

Bröckermann 2021a: Bröckermann, R., Personalwirtschaft: Lehr- und Übungsbuch für Human Resource Management, 8. Auflage, Stuttgart 2021.

Bröckermann 2021b: Bröckermann, R., Prüfungstraining Personalwirtschaft: Repetitorium, Aufgaben, Klausuren, 2. Auflage, Stuttgart 2021.

Bruner 1990: Bruner, J. S., Acts of Meaning, Cambridge, MA 1990.

Bundesarbeitsministerium/IAB 2016: Bundesarbeitsministerium und Institut für Arbeitsmarkt- und Berufsforschung, »Mitarbeitergespräche machen zufrieden«, in: Westdeutsche Zeitung vom 02.04.2016, S. 8.

Cohn 1975: Cohn, R. C., Von der Psychoanalyse zur themenzentrierten Interaktion, Stuttgart 1975.

Comelli/Rosenstiel/Nerdinger 2014: Comelli, G., Rosenstiel, L. von und Nerdinger, F. W., Führung durch Motivation, 5. Auflage, München 2014.

Crisand/Kramer/Schöne 2003: Crisand, E., Kramer, S. und Schöne, M., Personalbeurteilungssysteme: Ziele – Instrumente – Gestaltung, 3. Auflage, Heidelberg 2003.

Csikszentmihályi 1992: Csikszentmihályi, M., Flow: Das Geheimnis des Glücks, Stuttgart 1992.

Csikszentmihályi 2000: Csikszentmihályi, M., Das Flow-Erlebnis, Stuttgart 2000.

Drucker 1954: Drucker, P., The Practice of Management, New York 1954.

Ehrmann 2002: Ehrmann, H., Unternehmensplanung, 4. Auflage, Ludwigshafen 2002.

Ernst & Young 2016: Ernst & Young, »Mangelndes Vertrauen in Arbeitgeber: Nicht einmal die Hälfte der Arbeitnehmer vertraut ihrem Chef«, in: https://www.impulse.de/management/personalfuehrung/mangelndes-vertrauen-in-arbeitgeber/3495960.html vom 04.10.2016.

Esser 2003: Esser A., »Mobbing«, in: Auhagen, A. E. und Bierhoff, H.-W. (Herausgeber), Angewandte Sozialpsychologie: Das Praxishandbuch, Weinheim, Basel, Berlin 2003, S. 394 – 408.

Esser/Wolmerath 2005: Esser, A. und Wolmerath, M., Mobbing: Der Ratgeber für Betroffene und ihre Interessenvertretung, 6. Auflage, Frankfurt am Main 2005.

Faßler 1997: Faßler, M., Was ist Kommunikation?, München 1997.

Fraune 2012: Fraune, B., »Wenn der Chef lobt, klappt's auch mit der Arbeit«, in: Westdeutsche Zeitung vom 21.03.2012, S. 1.

Felfe 2009: Felfe, J., Mitarbeiterführung, Göttingen, Bern, Wien, Paris, Oxford, Prag, Toronto, Cambridge (MA), Amsterdam, Kopenhagen, Stockholm 2009.

Femppel/Zander 2008: Femppel, K. und Zander, E., Praxis der Personalführung: Was Sie tun und lassen sollten, 2. Auflage, München 2008.

Fiedler 1967: Fiedler, F. E., A Theory of Leadership Effectiveness, New York, St. Louis, San Francisco, Toronto, London, Sydney 1967.

Fisher/Ury/Patton 2004: Fisher, R. D., Ury, W. L. und Patton, B. M., Das Harvard Konzept: Sachgerecht verhandeln – erfolgreich verhandeln, 22. Auflage, Frankfurt am Main, New York 2004.

Fisseni/Preusser 2007: Fisseni, H.-J. und Preusser, I., Assessment-Center: Eine Einführung in Theorie und Praxis, Göttingen, Bern, Wien, Toronto, Seattle Oxford, Prag 2007.

Fleishman 1973: Fleishman, E. A., »Twenty Years of Consideration and Structure«, in: Fleishman, E. A. and Hunt, J. G. (Herausgeber), Current Developments in the Study of Leadership, Carbondale 1973, S. 1 – 37.

Forsa/Haufe Akademie 2019: Forsa im Auftrag der Haufe Akademie, »60 %«, in: Managerseminare, Heft 04/2019, S. 10.

Forsa/Hay/Stepstone 2012: Forsa, Hay und Stepstone, »Kollegen kommen vor Kröten«, in: Managerseminare, Heft 05/2012, S. 9.

Franken 2007: Franken, S., »Qualität der Personalführung«, in: Bröckermann, R., Müller-Vorbrüggen, M. und Witten, E. (Herausgeber), Qualitätskonzepte im Personalmanagement: Grundlagen und Fallbeispiele, Stuttgart 2007, S. 225 – 239.

Franken 2010: Franken, S., Verhaltensorientierte Führung: Handeln, Lernen und Ethik in Unternehmen, 3. Auflage, Wiesbaden 2010.

Franken/Steinhausen 2007: Franken, S. und, »Top-Performance der Personalführung: Führungsleitlinien bei ProACTIV«, in: Bröckermann, R., Müller-Vorbrüggen, M. und Witten, E. (Herausgeber), Qualitätskonzepte im Personalmanagement: Grundlagen und Fallbeispiele, Stuttgart 2007, S. 241 – 253.

Freimuth 2010: Freimuth, J., Moderation, Göttingen, Bern, Wien, Paris, Oxford, Prag, Toronto, Cambridge (MA), Amsterdam, Kopenhagen, Stockholm 2010.

Fröhlich 1982: Fröhlich, W. D., Angst: Gefahrensignale und ihre psychologische Bedeutung, München 1982.

Gibb 1969: Gibb, C. A., »Leadership«, in: Lindzey, G. and Aronson, E., Handbook of Social Psychology, Volume 4: Group Psychology and Phenomena of Interaction, Reading u. a. 1969, S. 205 – 282.

Glasl 2013: Glasl, F., Konfliktmanagement: Ein Handbuch für Führungskräfte, Beraterinnen und Berater, 11. Auflage, Bern, Stuttgart 2013.

Glueck 1976: Glueck, W. F., Business Policy: Strategy Formation and Management Action, New York 1976.

Golas 1997: Golas, H. G., Der Mitarbeiter: Ein Lehrbuch für Personalführung, Betriebssoziologie und Arbeitsrecht, 9. Auflage, Berlin 1997.

Goleman 1999: Goleman, D., »Emotionale Intelligenz – zum Führen unerlässlich«, in: Harvard Business Manager, Heft 03/1999, S. 27 – 36.

Graf/Edelkraut 2017: Graf, N. und Edelkraut, F., Mentoring: Das Praxisbuch für Personalverantwortliche und Unternehmer, 2. Auflage, Wiesbaden 2017.

Graumann/Semrau/Skrabek 2013: Graumann, M., Semrau, T. und Skrabek, C., »Motivieren SMART formulierte Zielvereinbarungen wirklich?«, in: zfo – Zeitschrift Führung + Organisation, Heft 02/2013, S. 117 – 124.

Haeske 2003: Haeske, U., Konflikte im Arbeitsleben, München 2003.

Hargie 2013: Hargie, O., Die Kunst der Kommunikation: Forschung – Theorie – Praxis, Bern 2013.

Heidenreich 2007: Heidenreich, J., Kostenfaktor Mobbing: Wie Manager Ursachen erkennen und erfolgreich vorbeugen, Weinheim 2007.

Hentze/Brose 1990: Hentze, J. und Brose, P., Personalführungslehre, 2. Auflage, Bern, Stuttgart, Wien 1990.

Hentze et al. 2005: Hentze, J., Graf, A., Kammel, A. und Lindert, K., Personalführungslehre, 4. Auflage, Bern, Stuttgart, Wien 2005.

Hernstein 2016: Hernstein Institut, »Zwischenmenschliches belastet besonders«, in: Managerseminare, Heft 02/2016, S. 8.

Herzberg/Mausner/Snyderman 1959: Herzberg, F. I., Mausner, B. M. and Snyderman, B. B., The Motivation to Work, New York 1959.

Heyse/Erpenbeck 2009: Heyse, V. und Erpenbeck, J., Kompetenztraining: 64 Modulare Informations- und Trainingsprogramme für die betriebliche, pädagogische und psychologische Praxis, 2. Auflage, Stuttgart 2009.

Höher/Höher 2004: Höher, P. und Höher, F., Konfliktmanagement: Konflikte kompetent erkennen und lösen, Bergisch Gladbach 2004.

Höhn 1986: Höhn, R., Führungsbrevier der Wirtschaft, 12. Auflage, Bad Harzburg 1986.

Holst/Friedrich 2017: Holst; E. und Friedrich, M., »Führungskräfte-Monitor 2017, Update 1995 – 2015«, Berlin 2017.

Holzbaur 2000: Holzbaur, U. D., Management, Ludwigshafen 2000.

Homans 1960: Homans, G. C., Theorie der sozialen Gruppe, Köln u. a. 1960.

Hossiep/Bittner/Berndt 2008: Hossiep, R., Bittner, J. E. und Berndt, W., Mitarbeitergespräche: motivierend, wirksam, nachhaltig, Göttingen, Bern, Wien, Paris, Oxford, Prag, Toronto, Cambridge (MA), Amsterdam, Kopenhagen 2008.

Hugo-Becker/Becker 2000: Hugo-Becker, A. und Becker, H., Psychologisches Konfliktmanagement, 3. Auflage, München 2000.

Hüther 2009: Hüther, G., »Andere motivieren zu wollen, ist hirntechnischer Unsinn«, in: zfo – Zeitschrift Führung + Organisation, Heft 03/2009, S. 159 – 160.

Jiranek/Edmüller 2007: Jiranek, H. und Edmüller, A., Konfliktmanagement: Konflikten vorbeugen, sie erkennen und lösen, 2. Auflage, Freiburg, Berlin, München 2007.

Jung 2017: Jung, H., Personalwirtschaft, 10. Auflage, Berlin, Boston 2017.

Kanning 2004: Kanning, U. P., Standards der Personaldiagnostik, Göttingen, Bern, Toronto, Seattle, Oxford, Prag 2004.

Katz/Kahn 1966: Katz, D. and Kahn, R. L., The Social Psychology of Organizations, 1st Edition, New York 1966.

Kiefer 2002: Kiefer, T., »Die Macht positiver und negativer Gefühle in der Arbeitswelt: Emotionen aus der Perspektive der Organisationspsychologie«, in: Personalführung, Heft 12/2002, S. 49 – 55.

Kiefer/Knebel 2004: Kiefer, B.-U. und Knebel, H., Taschenbuch Personalbeurteilung: Feedback in Organisationen, 11. Auflage, Heidelberg 2004.

Kießling-Sonntag 2000: Kießling-Sonntag, J., Handbuch Mitarbeitergespräche: Führen durch Gespräche, zentrale Gesprächstypen, Mitarbeiterjahresgespräch, Berlin 2000.

Kirschten 2014: Kirschten, U., Work-Life-Balance: Herausforderungen – Konzepte – Praktische Erfahrungen, Renningen 2014.

Klein/Kolb 2008: Klein, H.-M. und Kolb, C., Angstfrei im Job: Überwindung typischer Ängste im Berufsalltag, Berlin 2008.

Knebel 1995: Knebel, H., Taschenbuch Personalbeurteilung: Feedback in Organisationen, 9. Auflage, Heidelberg 1995.

Knoblauch 2004: Knoblauch, R., »Motivation und Honorierung der Mitarbeiter als Personalbindungsinstrumente«, in: Bröckermann, R. und Pepels, W. (Herausgeber), Personalbindung: Wettbewerbsvorteile durch strategisches Human Resource Management, 1. Auflage, Berlin 2004, S. 101 – 130.

Köhler 1971: Köhler, W., Die Aufgabe der Gestaltpsychologie, Berlin 1971.

König/Kleinmann 2020: König, C. J. und Kleinmann, M., »Zeitmanagement«, in: Rosenstiel, L. von, Regnet, E. und Domsch, M. E. (Herausgeber), Führung von Mitarbeitern: Handbuch für erfolgreiches Personalmanagement, 8. Auflage, Stuttgart 2020, S. 173 – 182.

Krämer 2012: Krämer, M., Grundlagen und Praxis der Personalentwicklung, 2. Auflage, Göttingen 2012.

Krech/Crutchfield/Ballachey 1962: Krech, D., Crutchfield, R. S. and Ballachey, E., Individual in Society, New York 1962.

Küpers/Weibler 2005: Emotionen in Organisationen, Stuttgart 2005.

Lefrancois 2006: Lefrancois, G. R., Psychologie des Lernens, 4. Auflage, Heidelberg 2006.

Lehky 2007: Lehky, M., Die 10 größten Führungsfehler – und wie Sie sie vermeiden, Frankfurt am Main, New York 2007.

Leue 2010: Leue, V., »Unverkrampfter Kontakt«, in: Westdeutsche Zeitung vom 21.08.2010, Wochenende S. 13.

Leymann 1993a: Leymann, H., Mobbing: Psychoterror am Arbeitsplatz und wie man sich dagegen wehren kann, 1. Auflage, Hamburg 1993.

Leymann 1993b: Leymann, H., »Ätiologie und Häufigkeit von Mobbing am Arbeitsplatz: Eine Übersicht über die bisherige Forschung«, in: Zeitschrift für Personalforschung, Heft 02/1993, S. 271 – 284.

Leymann 2009: Leymann, H., Mobbing: Psychoterror am Arbeitsplatz und wie man sich dagegen wehren kann, 14. Auflage, Reinbek 2009.

Lieber 2017: Lieber, B., Personalführung … leicht verständlich, 3. Auflage, Konstanz 2017.

Likert 1961: Likert, R., New Patterns of Management, New York 1961.

Likert 1967: Likert, R. The Human Organization, New York 1967.

Linde/Heyde 2003: Linde, B. von der und Heyde, A. von der, Gesprächstechniken für Führungskräfte: Methoden und Übungen zur erfolgreichen Gesprächsführung, Freiburg, Berlin, München, Zürich 2003.

Lohaus 2009: Lohaus, D., Leistungsbeurteilung, Göttingen, Bern, Wien, Paris, Oxford, Prag, Toronto, Cambridge (MA), Amsterdam, Kopenhagen 2009.

Luft 1971: Luft, J., Einführung in die Gruppendynamik, Stuttgart 1971.

Lukasczyk 1960: Lukasczyk, K., »Zur Theorie der Führer-Rolle«, in: Psychologische Rundschau, Heft 11/1960, S. 179 – 188.

Mag 2003: Mag, W., »Personalplanung und Mitbestimmung – Teil 2«, in: WiSt: Wirtschaftswissenschaftliches Studium, Heft 03/2003, S. 148 – 153.

Maslow 1954: Maslow, A. H., Motivation and Personality, New York 1954.

Mayo 1933: Mayo, G. E., Human Problems of an Industrial Civilization, New York 1933.

McClelland 1978: McClelland, D. C., Macht als Motiv: Entwicklungswandel und Ausdrucksformen, Stuttgart 1978.

Mentzel 1997: Mentzel, W., Unternehmenssicherung durch Personalentwicklung, 7. Auflage, Freiburg im Breisgau 1997.

Mentzel 2018: Mentzel, W., Personalentwicklung: Erfolgreich motivieren, fördern und weiterbilden, 5. Auflage, München 2018.

Mentzel/Grotzfeld/Haub 2012: Mentzel, W., Grotzfeld, S. und Haub, C., Mitarbeitergespräche erfolgreich führen: Einzelgespräche, Meetings, Zielvereinbarungen und Mitarbeiterbeurteilungen, 10. Auflage, Freiburg, München 2012.

Meschkutat/Stackelbeck/Langenhoff 2003: Meschkutat, B., Stackelbeck, M. und Langenhoff, G., Der Mobbing-Report: Repräsentativstudie für die Bundesrepublik Deutschland, 4. Auflage, Dortmund u. a. 2003.

Milgram 1974: Milgram, S., Obedience to Authority: An experimental View, New York 1974.

Miner 1993: Miner, J. B., Role Motivation Theories, London, New York 1993.

Mrazek 2011: Mrazek, S., »Angst frisst Ressourcen auf«, in: Personalwirtschaft, Heft 12/2011, S. 48 – 50.

Mudra 2004: Mudra, P., Personalentwicklung: Integrative Gestaltung betrieblicher Lern- und Veränderungsprozesse, München 2004.

Mühlisch 2000: Mühlisch, S., Mit dem Körper sprechen, Wiesbaden 2000.

Neuberger 1999: Neuberger, O., Mobbing: Übel mitspielen in Organisationen, 3. Auflage, München, Mering 1999.

Neuberger 2002: Neuberger, O., Führen und führen lassen: Ansätze, Ergebnisse und Kritik der Führungsforschung, 6. Auflage, Stuttgart 2002.

Nicolai 2004: Nicolai, C., »Stellenbeschreibungen als Führungsinstrument«, in: WISU: Das Wirtschaftsstudium, Heft 02/2004, S. 177 – 180.

Nicolai 2019: Nicolai, C., Personalmanagement, 6. Auflage, München 2019.

Niermeyer/Postall 2008: Niermeyer, R. und Postall, N., Führen: Die erfolgreichsten Instrumente und Techniken, 2. Auflage, Freiburg, Berlin, München 2008.

Nöllke 2009: Nöllke, M., Psychologie für Führungskräfte, München 2009.

Odiorne 1965: Odiorne, G. S., Management by Objectives, New York 1965.

Oechsler 1977: Oechsler, W. A., »Voraussetzungen von Innovation und Kreativität«, in: Macharzina, K. und Oechsler, W. A. (Herausgeber), Personalmanagement I, Organisations- und Mitarbeiterentwicklung, Wiesbaden 1977, S. 91 – 110.

Oechsler/Paul 2019: Oechsler, W. A. und Paul, C., Personal und Arbeit: Einführung in das Personalmanagement, 11. Auflage, Berlin, Boston 2019.

Oelsnitz/Busch 2016: Oelsnitz, D. von der und Busch, M. W.: »Moderne Führungskonzepte und Gesundheit«, in: WISU: Das Wirtschaftsstudium, Heft 07/2015, S. 792 – 797.

O. V. 2008: Ohne Verfasser, »Normale Bürger werden zu Folterknechten«, in: Westdeutsche Zeitung vom 20.12.2008, S. 8.

Olfert 2019: Olfert, K., Personalwirtschaft, 17. Auflage, Herne 2019.

Oppermann-Weber 2008: Oppermann-Weber, U., Mitarbeiterführung: Führungsansätze passend auswählen – Führungsinstrumente richtig einsetzen, 3. Auflage, Berlin 2008.

Pawlow 1973: Pawlow, I. P, Auseinandersetzung mit der Psychologie, München 1973.

Pinnow 2008: Pinnow, D. F., Führen: Worauf es wirklich ankommt, 3. Auflage, Wiesbaden 2008.

Pulte 2006: Pulte, P., Das deutsche Arbeitsrecht: Kompaktwissen für die Praxis, 2. Auflage, München 2006.

Rauen 2000: Rauen, C., »Der Ablauf eines Coaching-Prozesses«, in: Rauen, C. (Herausgeber), Handbuch Coaching, Göttingen, Bern, Toronto, Seattle 2000, S. 171 – 187.

Reddin 1977: Reddin, W. J., Das 3-D-Programm zur Leistungssteigerung des Managements, München 1977.

Regnet 2007: Regnet, E., Konflikt und Kooperation: Konflikthandhabung in Führungs- und Teamsituationen, Göttingen, Bern, Wien, Paris, Oxford, Prag, Toronto, Cambridge (MA), Amsterdam, Kopenhagen 2007.

Regnet 2014: Regnet, E., »Kommunikation als Führungsaufgabe«, in: Rosenstiel, L. von, Regnet, E. und Domsch, M. E. (Herausgeber), Führung von Mitarbeitern: Handbuch für erfolgreiches Personalmanagement, 7. Auflage, Stuttgart 2014, S. 213 – 222.

Rigby/Sutherland/Noble 2019: Rigby, D. K., Sutherland, J. und Noble, A., »Das agile Unternehmen«, in: Harvard Business Manager, Heft 01/2019, S. 32 – 42.

Roethlisberger/Dickson 1939: Roethlisberger, F. J. and Dickson, W. J., Management and the Worker, Cambridge 1939.

Rosenstiel 2012: Rosenstiel, L. von, »Leadership und Change«, in: Bruch, H., Krummaker, S. und Vogel, B. (Herausgeber), Leadership – Best Practices und Trends, 2. Auflage, Wiesbaden 2012, S. 145 – 156.

Rudow 2004: Rudow, B., Das gesunde Unternehmen: Gesundheitsmanagement, Arbeitsschutz und Personalpflege in Organisationen, München, Wien 2004.

Rühl/Hoffmann 2008: Rühl, M. und Hoffmann, J., Das AGG in der Unternehmenspraxis: Wie Unternehmen und Personalführung Gesetz und Richtlinien rechtssicher und diskriminierungsfrei umsetzen, Wiesbaden 2008.

Saaman 2010: Saaman AG, »Studie zur Wirksamkeit von Zielvereinbarungen, Oktober 2010 bis Dezember 2010«, in: http://www.leistungskultur.eu vom 13.07.2021.

Schirmer/Woydt 2016: Schirmer, U. und Woydt, S., Mitarbeiterführung, 3. Auflage, Berlin, Heidelberg 2016.

Schmalen/Pechtl 2013: Schmalen, H. und Pechtl, H., Grundlagen und Probleme der Betriebswirtschaft, 15. Auflage, Stuttgart 2013.

Scholz 2014: Scholz, C., Personalmanagement: Informationsorientierte und verhaltenstheoretische Grundlagen, 6. Auflage, München 2014.

Scholz 2018: Scholz, C., »Blendwerk Work-Life-Blending«, in: Managerseminare, Heft 02/2018, S. 34 – 40.

Schuler 2014: Schuler, H., Psychologische Personalauswahl: Eignungsdiagnostik für Personalentscheidungen und Berufsberatung, 4. Auflage, Göttingen, Bern, Wien, Paris, Oxford, Prag, Toronto, Boston, Amsterdam, Kopenhagen, Stockholm, Florenz, Helsinki 2014.

Schulz von Thun 1981: Schulz von Thun, F., Miteinander reden: Störungen und Klärungen, Reinbek 1981.

Schulz von Thun 2009: Schulz von Thun, F., »Ich lebe noch«, in: Managerseminare, Heft 01/2009, S. 62 – 67.

Schulz von Thun/Ruppel/Stratmann 2006: Schulz von Thun, F., Ruppel, J. und Stratmann, R., Miteinander reden: Kommunikationspsychologie für Führungskräfte, 5. Auflage, Reinbek 2006.

Schwarz 2010: Schwarz, G., Konfliktmanagement: Konflikte erkennen, analysieren, lösen, 8. Auflage, Wiesbaden 2010.

Sievers 1987: Sievers, B., »Motivation als Sinnersatz«, in: Gruppendynamik, Heft 02/1987, S. 159 – 178, Heft 03/1987, S. 269 – 295.

Simon/Heinen 2019: Simon; O. und Heinen, M., »EY Jobstudie 2019: Motivation, Zufriedenheit und Work-Life-Balance«, München, Eschborn 2019.

Skinner 1953: Skinner, B. F., Science and Human Behavior, New York 1953.

Sprenger 1995: Sprenger, R. K., Mythos Motivation: Wege aus einer Sackgasse, 8. Auflage, Frankfurt am Main, New York 1995.

Sprenger 2001: Sprenger, R. K., Aufstand des Individuums: Warum wir Führung komplett neu denken müssen, 2. Auflage, Frankfurt am Main, New York 2001.

Sprenger 2012: Sprenger, R. K., »Vertrauen: wichtiger als Strategie!«, in: Bruch, H., Krummaker, S. und Vogel, B. (Herausgeber), Leadership – Best Practices und Trends, 2. Auflage, Wiesbaden 2012, S. 77 – 86.

Steinle/Ahlers/Gradtke 2000: Steinle, C., Ahlers, F. und Gradtke, B., »Vertrauensorientiertes Management: Grundlegung, Praxisschlaglicht und Folgerungen«, in: zfo – Zeitschrift Führung + Organisation, Heft 04/2000, S. 208 – 217.

Stogdill 1972: Stogdill, R. M., »Persönlichkeitsfaktoren und Führung: Ein Überblick über die Literatur«, in: Kunczik, M. (Herausgeber), Führung: Theorien und Ergebnisse, Düsseldorf, Wien 1972, S. 86 – 123.

Stogdill 1974: Stogdill, R. M., Handbook of Leadership, New York 1974.

Strackbein/Strackbein 2002: Strackbein, R. und Strackbein, D., Ergebnisorientiert delegieren: Engagement fordern, Selbstverantwortung fördern, Wiesbaden 2002.

Stührenberg 2003: Stührenberg, L., Professionelle betriebliche Kommunikation: Erfolgsfaktoren der Personalführung, Wiesbaden 2003.

Tannenbaum/Schmidt 1958: Tannenbaum, R. and Schmidt, W. H., »How to choose a Leadership Pattern«, in Harvard Business Review, Volume 02/1958, S. 95 – 101.

Teske 2014: Teske, B., »Amor beflügelt«, in: Human Rources Manager, Heft 10 – 11/2014, S. 31 – 33.

Thiel 2003: Thiel, A., »Populäre Irrtümer‹ des Konfliktmanagements«, in: Personal, Heft 10/2003, S. 50 – 51.

Ulmer 2000: Ulmer, G., »Leistungsbeurteilung – Spiel mit dem Feuer«, in: io management, Heft 03/2000, S. 57 – 59.

Vogelauer 2005: Vogelauer, W., Methoden-ABC im Coaching: Praktisches Handwerkszeug für den erfolgreichen Coach, 4. Auflage, München 2005.

Vogt 2017: Vogt, M., »Selbstmanagement: Wie Sie Prioritäten richtig setzen«, in: https://www.management-circle.de/blog/selbstmanagement-wie-sie-prioritaeten-richtig-setzen/ vom 29.03.2017.

Vroom 1964: Vroom, V. H., Work and Motivation, New York, London, Sydney 1964.

Walenta/Kirchler 2011: Walenta, C. und Kirchler, E., Führung, Wien 2011.

Warr/Clapperton 2011: Warr, P. und Clapperton, G., Richtig motiviert mehr leisten: Konzepte und Instrumente zur Steigerung der Arbeitszufriedenheit (Original: The Joy of Work? Jobs, Happiness, and You, übersetzt von H. Freundl), Stuttgart 2011.

Watzlawick/Beavin/Jackson 2017: Watzlawick, P., Beavin, J. H. und Jackson, D. D., Menschliche Kommunikation, 13. Auflage, Bern 2017.

Weber 1972: Weber, M. C. E., Wirtschaft und Gesellschaft, 5. Auflage, Tübingen 1972.

Wegge 2004: Wegge, J., Führung von Arbeitsgruppen, Göttingen, Bern, Toronto, Seattle 2004.

Wegerich 2015: Wegerich, C., Strategische Personalentwicklung in der Praxis: Instrumente, Erfolgsmodelle, Checklisten, Praxisbeispiele, 3. Auflage, Berlin, Heidelberg 2015.

Weiand 2011: Weiand, A., Personalentwicklung für die Praxis, Stuttgart 2011.

Weibler 2016: Weibler, J., Personalführung, 3. Auflage, München 2016.

Weilbacher 2012: Weilbacher, J. C., »Liiiiieeeeeebe!«, in: Human Resources Manager, Heft 04 – 05/2012, S. 6.

Weinreich/Weigl 2002: Weinreich, I. und Weigl, C., Gesundheitsmanagement erfolgreich umsetzen: Ein Leitfaden für Unternehmen und Trainer, Neuwied, Kriftel 2002.

Weuster 2008: Weuster, A., Personalauswahl: Anforderungsprofil, Bewerbersuche, Vorauswahl und Vorstellungsgespräch, 2. Auflage, Wiesbaden 2008.

Wilpert 2007: Wilpert, B., »Organisation und Umwelt«, in: Schuler, H. (Herausgeber), Lehrbuch Organisationspsychologie, 4. Auflage, Bern 2007, S. 641 – 659.

Winkler/Hofbauer 2010: Winkler, B. und Hofbauer, H., Das Mitarbeitergespräch als Führungsinstrument: Handbuch für Führungskräfte und Personalverantwortliche, 4. Auflage, München 2010.

Witten/Mathes/Mencke 2007: Witten, E., Mathes, V. und Mencke, M., Betriebliches Innovationsmanagement: Wie Sie erfolgreich neue Produkte und Dienstleistungen entwickeln, Berlin 2007.

Wunderer 2009: Wunderer, R., Führung und Zusammenarbeit: Eine unternehmerische Führungslehre, 8. Auflage, München, Köln 2009.

Wunderer/Grunwald 1980: Wunderer, R. und Grunwald, W., Führungslehre, Band I: Grundlagen der Führung, Berlin, New York 1980.

Zuschlag 2001: Zuschlag, B., Mobbing: Schikane am Arbeitsplatz, 3. Auflage, Göttingen, Bern, Toronto, Seattle 2001.

Stichwortverzeichnis

T

U

V

W

Z

Über den Autor

Prof. Dr. Reiner Bröckermann studierte Rechts- und Wirtschaftswissenschaften. Nach seiner Promotion zu einem führungswissenschaftlichen Thema war er einige Jahre Personalbeauftragter eines internationalen Unternehmens und Personalleiter im Mittelstand. Es folgten Berufungen zum Gründungsdekan in Thüringen und zum Professor im Rheinland. Er ist nicht nur als Dozent, Forscher, Berater, Coach und Trainer tätig, sondern auch als Autor und Herausgeber einer Vielzahl von Publikationen, nicht zuletzt zum Thema Führungskompetenz.

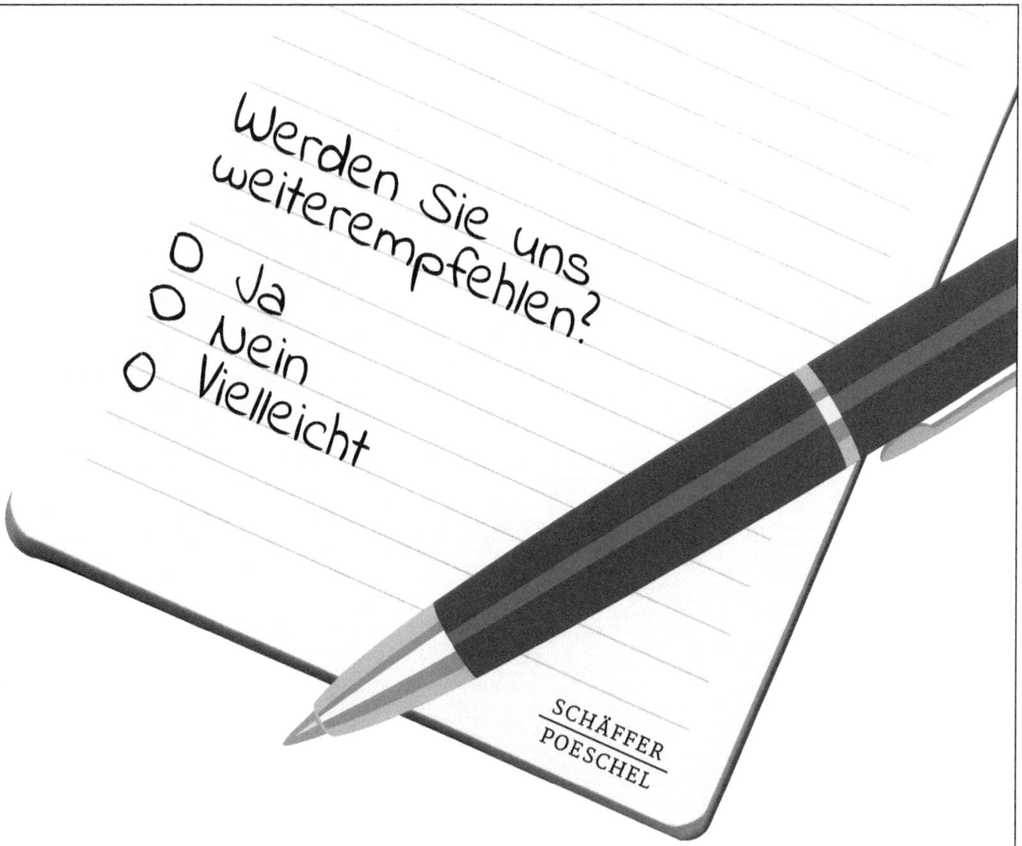